日本外地都市計画史

五島寧 著

鹿島出版会

日本外地都市計画史　目次

第4章 都市計画法令と建築法令の一体化……101

第5章 郊外の乱開発を防ぐ手法
――市街化調整区域と緑地区域……133

第6章 内地より詳細な土地利用規制——用途地域の細分化……167

第7章 内地と異なる開発手法——土地区画整理と土地の公有化……193

本書に登場する主な法令名

内地

- 都市計画法（1919）
- 市街地建築物法（1919）
- 特別都市計画法（1923）
- 建築基準法（1950）
- 都市計画法（1968）

台湾

- 台湾都市計画関係民法等特例（1936）
- 台湾都市計画令（1936）
- 台湾都市計画令施行規則（1936）
- 台湾都市計画令施行規則（1941）

朝鮮

- 朝鮮市街地計画令（1934）
- 朝鮮市街地計画令施行規則（1934）
- 朝鮮市街地計画令施行規則（1935）
- 朝鮮市街地計画令（1940）
- 朝鮮市街地計画令施行規則（1940）

関東州

- 関東州州計画令（1938）
- 関東州州計画令施行規則（1939）

満洲国

- 国都建設計画法（1933）
- 国都建設計画法施行令（1933）
- 都邑計画法（1936）
- 都邑計画法施行規則（1937）
- 都邑計画法建築細則（新京）（1939）
- 国都建設計画法（1938）
- 国都建設計画法施行令（1938）
- 都邑計画法（1942）
- 都邑計画法施行規則（1943）
- 建築法案（未制定）

本書の図中の縮尺は原図自体に書かれているものであり、実際の縮尺とは異なる。

第1章

本書の視点

本章では、
これまでの通説と、
本書が明らかにしようとする
事柄をふまえ、
外地都市計画を論じる意義を述べる。

第1節 はじめに

戦前の日本では、旧憲法施行以降に統治下に置かれた地域は「外地」と呼ばれ、内地（日本本土）とは異なる法令が施行された。内地の「都市計画法」「市街地建築物法」に相当する法令（以下、都市計画法令）が整備されたのは、台湾、朝鮮、関東州である。日本の強い影響下にあった満洲国も一般に外地と呼ばれ、都邑計画法が制度化された。本書は、戦前の日本の外地における都市計画を論じている。このようなテーマを研究する意義は大きく次の二つがあると考えている。

日本の都市計画制度・手法の移出事例である

戦前日本の外地では、内地の法律が直接適用されないため、各々独自の都市計画法令が存在した。「朝鮮市街地計画令」「台湾都市計画令」「関東州州計画令」、満洲国「都邑計画法」は、内地の「都市計画法」や「市街地建築物法」を母法とし、現地の事情・状況や時代の変遷に応じて修正を加えられて策定されている。本書の第2章で確認するとおり、外地の都市計画法令は、日本の制度と基本構造が同じである。

外地都市計画法令は、建築物法令と一体化していることから、内地より先進的と紹介される。例えば満洲国の都市計画制度には、ドイツとの類似性が指摘される土地公有化や、近隣住区の法制化など、内地に見られない特徴もある。これは内地よりも進化した都市計画を意味するのだろうか。

旧外地にとって都市計画制度史における変曲点である

台北や京城（現在のソウル）は日本統治以前からの既存都市で、日本統治下の都市計画は伝統的市街地の上に展開されている。台湾や韓国では第二次世界大戦後の一定期間、「台湾都市計画令」や「朝鮮市街地計画令」は有効な法規として機能した。台湾や韓国で最初に導入された近代都市計画制度は日本統治下の都市計画法令である。今日に至る歴史的な文脈の中で、日本統治時代の都市計画の与えたインパクトは小さくないと考えられる。

日本統治時代の都市計画に係る一次資料は、ことごとく文語体の日本語で記述されており、非日本語使用者にとっては分析のハードルが極めて高い。このことが、台湾や韓国（および中国）で当該分野の研究が進みにくい背景にある。これらの史料を参照が容易な現代日本語で整理しておくことにも意義があると考えられる。

本書のねらい

第2節

わが国で日本の旧外地都市計画を対象とした研究としては、越沢明による満洲[*1]に関する一連の研究が有名で、新京[*2]（現在の長春）と哈爾浜《ハルビン》[*3]の単行本が刊行されている。台湾の通史的研究[*4]では、後藤新平の役割や昭和期以後の近代都市計画の手法の内容が概観されている。石田頼房は、越沢より早く満洲国「都邑計画法」の土地利用規制に着目している。石田は都邑計画法の「緑地区」「緑地区域」を挙げて、「地域地区型」から「区域区分型」に移行したと指摘し、「都邑計画法」（一九四二）の四十三条「都邑計画区域内ノ土地ヲ市街区域ト緑地区域ノ二種ニ区分決定スルコトヲ要ス」が、市街化区域・市街化調整区域と極めてよく似た制度だったと述べている。[*5]また、近代日本の都市計画制度の通史において、満洲国の都市建設における土地公有化や「都邑計画法」（一九四二）の緑地区域を高く評価している。[*6]

旧外地である韓国・台湾の現地の研究者による論考も知られる。韓国の孫禎睦《ソンジョンモク》[*7]は、京城市区改修予定路線ならびに主要市街地の市区改正事業を、朝鮮総督府が実施した都市計画の起源であるとし、その後一九三四年の「朝鮮市街地計画令」、および戦時中の防空法による

*1 越沢明『植民地満州の都市計画』アジア経済研究所、一九七八年

*2 越沢明『満州国の首都計画』日本経済評論社、一九八八年

*3 越沢明『哈爾浜の都市計画』総和社、一九八九年

*4 越沢明「台湾・満州・中国の都市計画」『植民地化と産業化（近代日本と植民地第3巻）』岩波書店、一九九三年、一八九頁

*5 石田頼房「新市街地形成の計画化に関する手法について」『都市計画と居住環境（川名吉ヱ門先生退官記念論文集）』東京都立大学工学部建築工学科都市計画研究室、一九七八年、六三〜七八頁

*6 石田頼房『日本近現代都市計画の展開』自治体研究社、二〇〇四年、一六四〜一六九頁

市街地疎開で完結したとする時代区分に沿って、朝鮮総督府および日本政府の資料と総督府官報、当時の新聞記事などから事実関係を発掘・整理している。近年では、廉馥圭《ヨムボッキュ》[*8]が、宗廟貫通道路の敷設問題や、京城市区改正を巡る日本人住民の動向など、興味深い論点を提示しながら、京城の都市計画史を取りまとめている。廉は孫の言説の検証や相対化を図り、「朝鮮市街地計画令」の内容にも踏み込んだ分析が見られるが、内地（日本）や、他の外地（台湾など）との比較による相対化はなされていない。

日本統治下の台湾の都市計画一般について、黄武達[*9]が台湾総督公文書や計画図の収集・整理を進めている。黄武達は告示文や計画図を網羅的に発掘・整理しており、この点に関してはこれを超える研究は当分出てこないと筆者は考えている。「台湾都市計画令」については成案の条文に関する記述はあるが、検討経緯については分析されておらず、他の外地（朝鮮など）との比較もなされていない。

なお、中国では満洲国や関東州の都市計画に関するまとまった論考は、管見の限り存在しないようである。

現状では、韓国・台湾・中国における研究から、旧外地の都市計画制度に対する俯瞰的な視点を見いだすことは困難な状況である。旧外地の都市計画制度に対する考察は、事実上石田と越沢の論考のみという状態が続いており、その見解は広く浸透している。石田や越沢が外地都市計画法令について評価するのは、都市計画・建築法令の一体化、先進的な土地利用規制、市街地建設における土地公有化である。

石田による評価は、農地保全の必要性という観点からの緑地区域への着目であり、越沢の与えた評価は、日本には都市計画が不在であったとする言説に対する反証であった。それら

*7 孫禎睦『日帝強占期都市計劃研究』一志社（韓国）、一九九〇年

*8 염복규『서울의 기원 경성의 탄생』이데아（韓国）、二〇一六年（邦訳：廉馥圭『ソウルの起源京城の誕生』明石書房、二〇二〇年）

*9 黄武達『日治時代台北市之近代都市計画』南天書局（台湾）、一九九七年など

の文脈の中では一定の意義はあるものの、以下に述べるように、これら評価に関する前提条件の論証は不十分であり、具体性を欠くという問題がある。

越沢明は「日本の都市計画・建築行政について（中略）戦前の方が（中略）密接であった。戦前の日本の植民地や満州国ではこの関係がさらに密接であり、都市計画と建築は合体して同一の法規となっている。（中略）いずれも都市計画法規の中に建築規則が包含されており、またその内容も市街地の形成をコントロールする規制手法の点で日本国内の規則に比べて先進的な条項が少なくない。韓国と台湾では一九六〇年代半ばまで戦前植民地時代の都市計画法規をそのまま使用していた。しかし、一九六〇年代に独自の法規を策定した際、都市計画法と建築法を別個の法律にしてしまい、戦前の法規の長所を放棄してしまった」と述べている。[*10] 越沢は、都市計画と建築法令の一体化を評価しているが、具体的な長所を述べていない。外地における一体化の背景を明らかにするとともに、一体化によっていかなる長所を得たのか（どのような効果があったのか）を明らかにする必要がある。

越沢が「日本国内の規則に比べて先進的な条項」に挙げているのは「関東州州計画令」の農業地域と、満洲国「都邑計画法」の緑地区域である。越沢は、「都邑計画法」（一九四二）の緑地区域を「満州国の都邑計画の先進性」に位置付け、「一九六八年の日本の都市計画法全面改正で創設された『線引き』制度そのものと法文上もほとんど同一の規定となっている。つまり、この点において満州国の法制度は日本国内より四半世紀も進んでいた」[*11]と主張しているが、市街化調整区域と緑地区域の異同については検討されていない。この主張の前提として、両者が同一であるか、少なくとも同一の理論に基づくことが証明される必要があるだろう。

*10 前掲『哈爾浜の都市計画』二八八頁

*11 前掲『哈爾浜の都市計画』三〇五頁

*12 前掲『日本近現代都市計画の展開』一六七頁

*13 満洲国史編纂刊行会編『満洲国史 各論』満蒙同胞援護会、一九七一年、一〇〇二頁

*14 前掲『満洲国の首都計画』一一六〜一一七頁

*15 前掲『日本近現代都市計画の展開』一六五〜一六九頁

*16 越沢明「台北の都市計画 1895－1945」『第7回日本土木史研究発表会論文集』一九八七年、一二一〜一三二頁

石田頼房は市街地内の土地利用規制の先進性についても言及し、満洲国の「都邑計画法」（一九四二）の地域地区制は「建築基準法」（一九七〇）以上の水準であったと結論している。[*12] 都邑計画法（一九四二）は、土地利用規制に優れ、戦後のわが国の法律を先取りし、あるいは水準を超えたというのである。今日のわが国の都市計画制度は、満洲国の法制度の延長線上にあるのだろうか。この見解のとおり、「都邑計画法」（一九四二）の用途規制が細分化されていることは間違いないが、「建築基準法」（一九七〇）と同等の水準であると結論するのであれば、制度の構造や前提条件となる適用の考え方について異同を分析する必要があるだろう。

市街地建設における土地の公有化についても、石田と越沢の評価は高い。満洲国では土地経営と呼ばれる事業手法が展開された。[*13] 行政機関などが、❶従前の土地利用価格で事業区域全体を買収し、❷道路や上下水道等の公共施設整備と宅地造成を行い、❸宅地を売却し、❹売却益で工事費用を償還する、というスキームである。越沢は土地経営を「地価上昇による開発利益が公的に還元されるシステム」と評価するとともに、戦後わが国の宅地造成手法の先取りに位置付けている。[*14] 石田は、「世界的にも先端的な手法」と説明している。[*15] 両者ともに土地経営を評価するが、法的位置付けや制度導入の背景についてはいずれも言及がない。制度研究を完結するためには、法的位置付けや導入背景の分析が必要であることは言うまでもない。

越沢は日本統治時代の都市計画法令が韓国と台湾では六〇年代まで適用されたことを指摘しているが、その背景には言及していない。さらに越沢は、既存の中華民国「都市計画法」が極めて簡単な内容であったため、一九六四年の修正まで「台湾都市計画令」がそのまま援用されたと述べている。[*16] この言説は台湾でも広く浸透しているが、「台湾都市計画令」が廃止されたとされる一九六四年には、中華民国の「建築法」に動きがない。中華民国の「都市計画法」を代替していたとする言説についても検討が必要である。

本書の流れ

以上の問題認識を踏まえ、本書では以下の順序で分析を行う。

第1章では、本書の背景、本書の位置付け、本書の構成について述べる。

第2章では、本書の分析対象となる外地の都市計画制度の変遷を概観する。地域ごとに従前の市街地建設制度の特徴と各法令の成立過程を把握し、各法令相互の位置関係を考察する。

第3章では、京城と台北の市区改正による改造の実態を考察する。これらは、都市計画法令施行以降も直接継承・連続している。今日のソウルや台北の中心部の街路骨格はその時期に形成されたものである。伝統的な空間の構成原理への視点や、日本人・現地人居住地へのインフラ整備の異同を検討する。

第4章では、外地における都市計画・建築法令の一体化の背景と効果（機能強化や新たな権能の獲得）の有無について分析する。まず、一体化の効果の考察に先立ち、内地における「都市計画法」と「市街地建築物法」の関係を考察する。次に、外地都市計画法令において「都市計画法」に相当する法令と「市街地建築物法」に相当する法令が一体化された背景について具体的な経緯を明らかにする。

第5章では外地都市計画制度の特徴とされる緑地系用途規制について分析する。飯沼一省《かずみ》の『地方計画論』（良書普及会、一九三三年）で日本に紹介された緑地制度について、そこに挙げられた実現手段を把握した上で、各外地主要都市における制度化ならびに計画の実態を明らかにする。また、満洲国「都邑計画法」における緑地区および緑地区域と、日本の都市計画法（一九六八）における市街化調整区域を比較分析し、いわゆる線引き制度が満洲国で完成していたとする主張の当否について検討する。

第6章では、外地都市計画法令における用途規制や形態規制の細分化について分析する。外地、特に満洲国の「都邑計画法」（一九四二）の用途・形態規制が、戦後のわが国の法律を先取りし、あるいは水準を超えていたとする評価について、その当否を検討する。

第7章では、土地経営を含む外地都市計画法令における面整備手法について分析する。具体的には、外地都市計画法令における土地区画整理の展開を明らかにする。さらに満洲国における土地経営と集団住区について、制度の起源、特徴、新規市街地への特化との関係、戦後日本の制度との比較などの視点から検討する。

第8章では、韓国と台湾における第二次世界大戦後の都市計画法令の継続使用とその後の法整備への影響について分析する。戦後の一九六〇年代まで、韓国では「朝鮮市街地計画令」が、台湾では「台湾都市計画令」が使用されたことが指摘されている。戦後の韓国・台湾における継続使用の背景、および独自の法整備において都市計画法と建築法が分離された過程、都市計画法と建築法における日本統治時代の法令からの影響を検討する。

第9章では、本書の結論と成果について述べる。

資料の紹介

本書で用いた資料は主に、❶行政機関等作成の文書、❷雑誌、❸新聞である。

❶に含まれる主なものには、日本政府ならびに外地の行政機関等が作成した報告書や官報などがある。単に「官報」と表現した場合は、日本国（大日本帝国）政府が発行した官報を示すこととし、韓国政府が発行した同名の媒体については「（大韓民国）官報」と表現することとする。『台湾総督府報』は、台湾総督府の機関紙である。『府報』に改称された期間については、「（台湾総督）府報」と表現した。

『満洲国政府公報』は、満洲国政府の機関紙で日本の官報に相当する。当初は『満洲国政府公報』の名称で、別冊の日本語版である『満洲国政府公報邦訳』（後に『満洲国政府公報日訳』）が併せて発行された。一九三四（康徳元）年三月一日からは『政府公報』に改称された。改称後については、本書では「（満洲国）政府公報」と表現した。

❸の『満洲日日新聞』は満鉄の機関紙的存在である。『台湾日日新報』は台湾総督府の機関紙的存在の日刊紙で、施策解説や当局者談話が充実している。朝鮮総督府系のメディアに『京城日報』と『毎日申報』がある。『京城日報』は伊藤博文（韓国統監）の指示で、邦人経営の二紙を買収して創刊された邦字紙で、日韓併合後は代表的な日刊紙となった。[*17]『毎日申報』は、英国人の創刊であるが、京城日報社に吸収され、『京城日報』の韓字紙となった。京城日報社の社是には「朝鮮総督府施政の目的を貫徹するに勗《つと》むること」[*18]とあり、両紙は名実ともに朝鮮総督府の新聞であった。『京城日報』には、総督府の公職者へのインタビューが掲

*17 『京城日報社誌』京城日報社、一九二〇年、一～二頁

*18 前掲『京城日報社誌』五頁

載されることから、朝鮮総督府の施策の内容や、朝鮮総督府の公式見解を知ることができる。

❷と❸について、制度の立案・運用に関わった人物が寄稿・解説している場合は当該行政機関の見解を反映しているものとした。

基本的な概念の整理

第3節

本書では当時の固有名詞や概念をそのまま用いる。引用部分は読みやすさを考慮して、旧漢字を新漢字に改め、適宜句点やルビを入れている。法令については、国名や制定・改正年次で区別が必要な場合は、「中華民国「建築法」（一九三八）」などと表記した。その他、特に注意すべき概念として以下の二つがある。

「外地」という用語について

外地とは日清戦争終結後から新たに領有または統治した地域を指す。しかしながら、外地という用語は法的には定義されておらず、行政用語としても慣例的な使用で、定義は必ずしも明確ではない。外務省条約局が一九五五年から六九年にかけて編纂した『外地法制誌』[*19]は、台湾（一八九五年：割譲による領土）、樺太（一九〇五年：割譲による領土）、関東州・満鉄附属地（一九〇五年：租借地）、朝鮮（一九一〇年：併合による領土）、南洋群島（一九一九年：委任統治領）を外

*19　外務省条約局『外地法制誌』一九五五〜一九六九年、第一部〜第七部

地と定義している【図1】。一般的な用法としては、これらに加えて満洲国や太平洋戦争中の占領地を含めて外地と呼ぶことがあった。本書では制度比較の観点から、都市計画法と市街地建築物法に相当する外地の都市計画法令を分析するため、それらが存在した地域を対象とする。具体的には、台湾、朝鮮、関東州、満鉄附属地、および満洲国である。

「都市計画法令」という表現について

外地では都市計画法と市街地建築物法に相当する法令が一体となって策定されており、また、本書で明らかにするとおり、内地では都市計画法を基本法、市街地建築物法を個別法とする体系として構想されている。本書では制度比較の観点から、都市計画法と市街

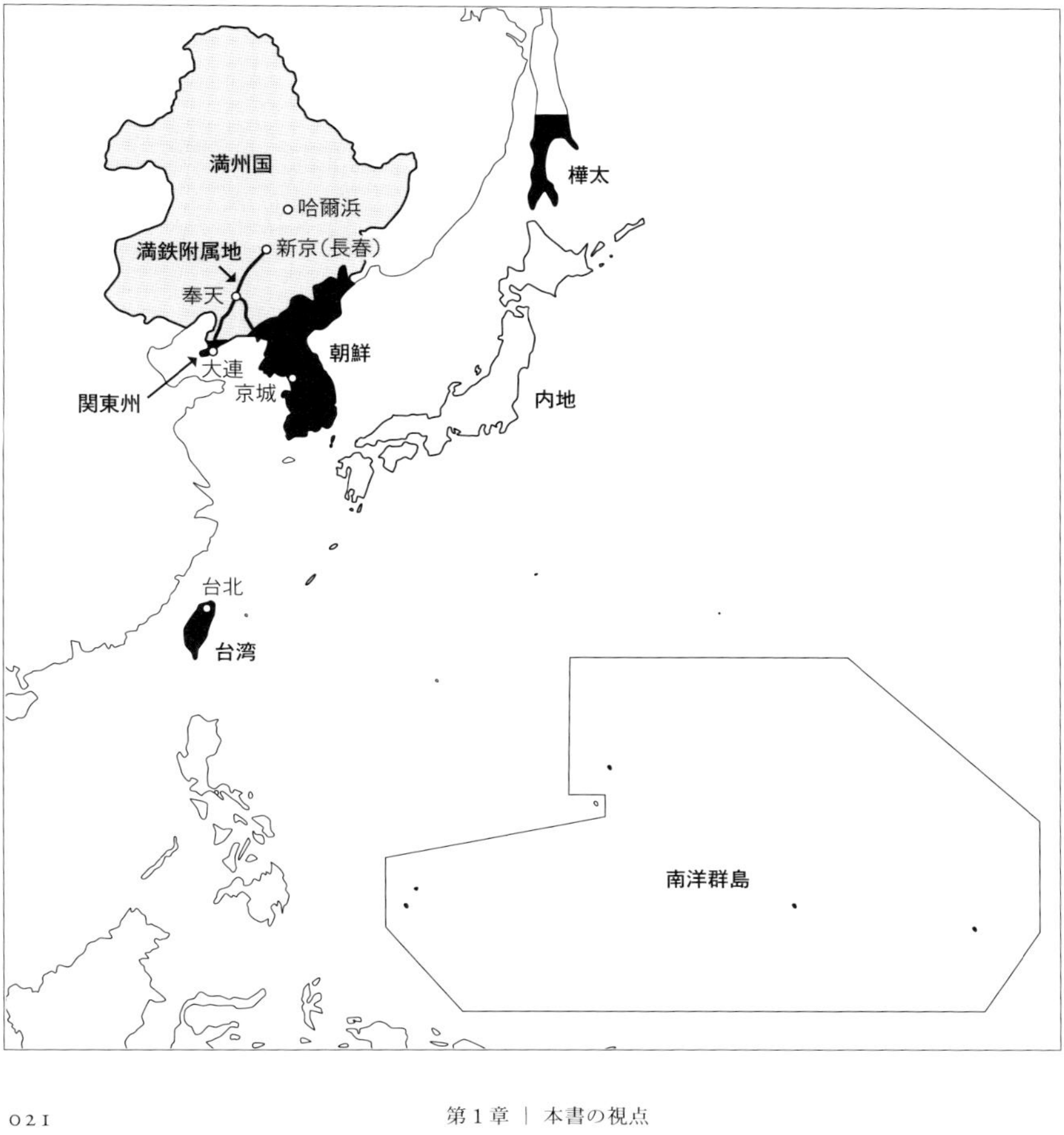

【図1】「外地」の位置関係(筆者作成)

地建築物法に相当する法令を、都市計画法令と総称することとする。具体的には、外地都市計画法令とは、「朝鮮市街地計画令」「台湾都市計画令」「関東州州計画令」、満洲国「都邑計画法」を示し、本書ではこれらを分析の対象とする。「朝鮮市街地計画令」は「朝鮮ニ施行スヘキ法令ニ関スル法律」に基づく朝鮮総督の命令（制令）で、「台湾都市計画令」は「台湾ニ施行スヘキ法令ニ関スル法律」に基づく台湾総督の命令（律令）である。また、「関東州州計画令」は勅令である。これら三つが「令」であるのに対し、満洲国「都邑計画法」は「法」である。従って、これらを「法令」と総称するのが妥当である。

第2章

外地都市計画の流れ

本章では、外地の都市計画の変遷を概観する。地域ごとに従前の市街地建設制度の特徴と各法令の成立過程を把握し、各法令相互の位置関係を考察する。

台北と台湾

第1節

統治の経緯と法制度

日清戦争後に清国から台湾を割譲された日本は、一八九六（明治二九）年に台湾総督府を設置した。さらに「台湾ニ施行スヘキ法令ニ関スル法律」（明治二九年三月三一日法律第六三号）[*1]によって、台湾総督に法律の効力を有する命令（律令《りつれい》）を発する権限が与えられた。台湾総督への委任立法権移譲を憲法違反とする批判が収まらず、一九二一年[*2]に、勅令による内地法施行を原則とする法改正が行われた。

台北の市区計画と台湾家屋建築規則

台湾総督府は一八九七年四月二九日に「台北市区計画委員会規定」[*3]を定め、「市区計画」

*1 官報三八二三号、一八九六（明治二九）年三月三一日

*2 官報二五八三号、一九二一（大正一〇）年三月一五日

*3 台湾総督府報七〇号、一八九七（明治三〇）年四月二九日

*4 台湾総督府報六四四号、一八九九（明治三二）年一一月二一日

*5 官報一六七三号、一八八九（明治二二）年一月二九日

*6 台北県報一八八号、一九〇〇（明治三三）年八月二三日

*7 台北県報二七六号、一九〇一（明治三四）年六月一日

*8 台北庁報四二五号、一九〇五（明治三八）年一〇月七日

*9 台湾総督府民生局『台湾総督府民政事務成績提要 第10編』一九〇五年、四五三～四六二頁

の策定に着手した。また、「市区計画上公用又ハ官用ノ目的ニ供スル為予定告示シタル地域内ニ於ケル土地建物ニ関スル件」（明治三二年一一月二一日律令第三〇号）[*4]（以下「律令第三〇号」）が、市区計画に要する土地の権利制限を定めている。「東京市区改正土地建物処分規則」（明治二二年一月二八日）[*5]が、内務大臣の認可を受けて東京府知事が制限内容を告示する旨（第四条）を定めるのに対し、「律令第三〇号」は市区計画の告示のみで建築等を原則禁止するのが特徴である。「律令第三〇号」は、「台湾都市計画令」発布以前は市区計画に関する唯一の律令ではあったが、市区計画に基づく権利制限であって、事業実施の根拠ではなかった。

一九〇〇年八月二三日に最初の市区計画が台北で策定され、台北城内の道路・公園計画が告示された（台北県告示第六四号）[*6]［図1］。明治時代に台北城の南側（台北県告示第九〇号）[*7]と、既成市街地である艋舺《ばんか》・大稲埕《だいとうてい》（台北庁告示第二〇〇号）[*8]に拡張されている［図2］。一九〇四年以降は、市区計画にのっとって街路と下水道が一体施工されている。[*9]台湾総督府に招聘されたW・K・バルトン（内務省雇工師）の『台北其ノ他ニ於ケル衛生工事設計ニ就キ意見』[*10]の履行であり、「台湾下水規則」

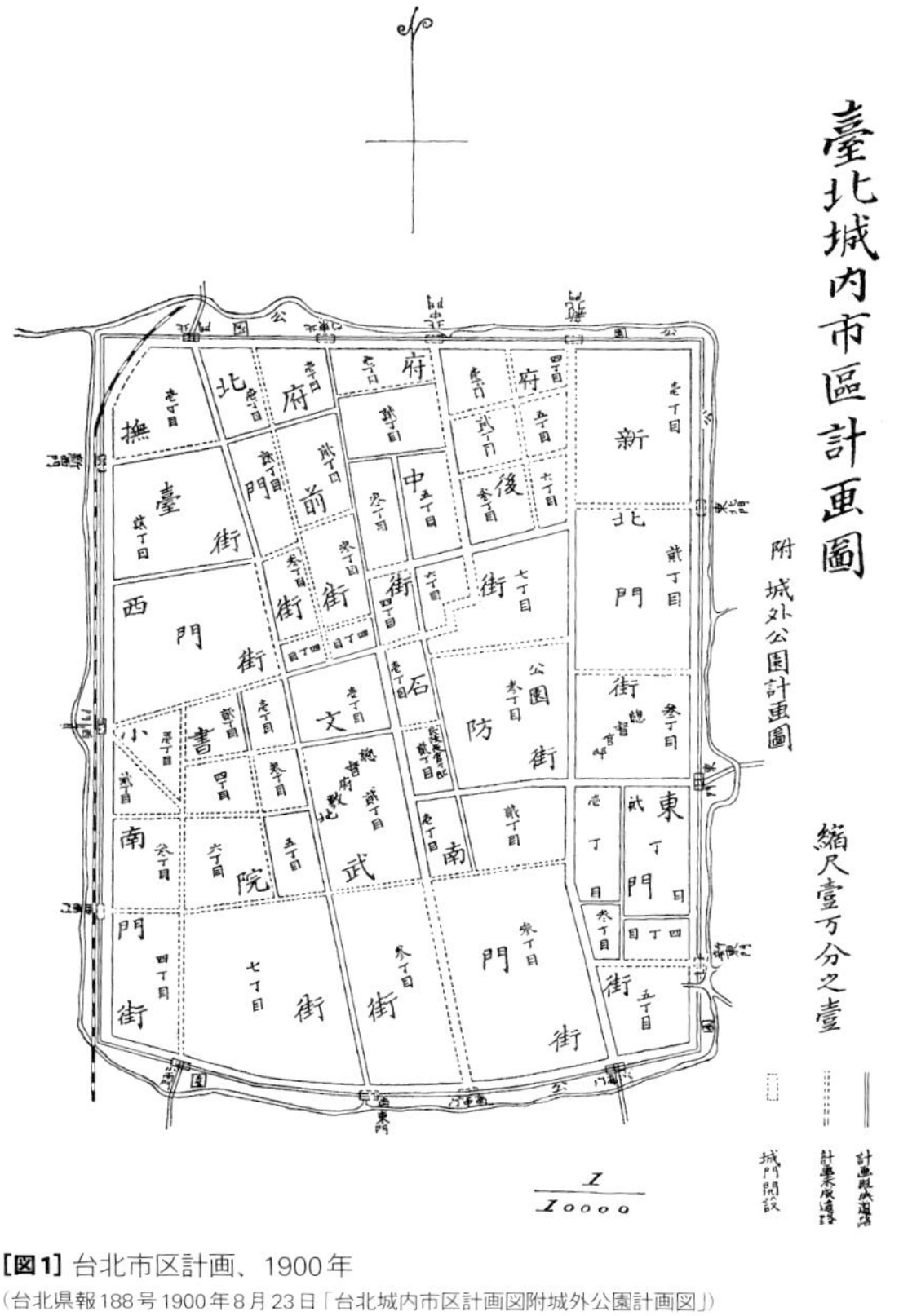

［図1］ 台北市区計画、1900年
（台北県報188号1900年8月23日「台北城内市区計画図附城外公園計画図」）

*10 台湾総督府民政部土木局『台湾水道誌』一九一八年、七二〜七三頁

[図2] 台北市区計画、1905年
（台北庁報425号1905年10月7日「台北市区計画図」）

（明治三二年四月一九日律令六号）[*11]の適用範囲は市区計画区域と定義されている。[*12]

一方、建築法規は、一八九六年に制定された「家屋建築規則」（台北県令第三三号）[*13]に始まる。これは内地人住居の構造規定であった。翌年の一九〇〇（明治三三）年八月一二日には、全ての建築物を対象とする「台湾家屋建築規則」（明治三三年八月一二日律令第一四号）[*14]が制定された。指定道路沿いの亭仔脚《ていしきゃく》（tîng-á-kha）と呼ばれるアーケードの設置義務化（第四条）など地域性を反映した規定を含んでいたことが知られている。一九〇七年には施行細則が改正（明治四〇年七月三〇日府令六三号）[*15]され、建蔽率（第一条）や建築線（第三条）、無接道敷地への通路（第四条）など、集団規定の導入が見られた。適用範囲は市区計画の区域として定義され、市区計画道路に面した建築物では亭仔脚設置が義務付けられた。[*16]市区計画は、明示された公定計画による権利制限で、建築や下水道など来歴の異なる実現手段を統合している点が特徴である。[*17]

台湾都市計画令

一九二〇年以降、台北は人口の急増を経験し、都市の膨張進展に順応する「新都市計画」への転換が求められた。[*18]台湾総督府は、兵庫県都市計画地方委員会から小野栄作を招聘して一九三〇年に計画立案に着手し、一九三二年三月七日に「大台北市区計画」が告示（台北州告示五四号）[*19]された【図3】。計画区域は台北市と松山庄を含む六六七六ヘクタールで、主要幹線五二路線、公園道路五路線、公園一七か所であった。平面計画は質的な転換を遂げたものの、実現手段の根拠となる都市計画法令の制定は滞っていた。これは、一九二一年に改正さ

*11 台湾総督府報五〇二号、一八九九（明治三二）年四月一九日

*12 台北庁報七九一号、一九〇九（明治四二）年六月二七日、台北庁令九号

*13 台湾台北県報三四号、一八九六（明治二九）年一月二六日

*14 （台湾総督）府報七九六号、一九〇〇（明治三三）年八月一二日

*15 （台湾総督）府報二二四三号、一九〇七（明治四〇）年七月三〇日

*16 台北県報二一七号、一九〇〇（明治三三）年一二月二六日、県令第三一号

*17 五島寧「日本統治下台北における近代都市計画の導入に関する研究」『都市計画論文集』四四巻三号、二〇〇九年、八五九〜八六四頁

*18 台湾総督府『台湾総督府事務成績提要第三十八編』一九三九年、二六五〜二七〇頁

*19 台北州報七六五号、一九三二（昭和七年）三月七日

れた「台湾ニ施行スヘキ法令ニ関スル法律（大正一〇年法律第三号）」（以下「法三号」）に拘束されたためである。「法三号」は台湾総督への委任立法制度を規定していたが、勅令による内地法施行を原則とした。律令の制定は施行された内地法に抵触しない範囲に限定されていた。台湾には「民事ニ関スル法律ヲ台湾ニ施行スルノ件」（大正一一年九月一八日勅令第四〇六号）[*20]をもって民法が適用されていたため、律令である都市計画法令は、民法上の財産権を制限できないのである。この問題に対し、台湾総督府は法制局との協議の結果、❶民法が規定するのは私人相互の法律関係、❷公法に属する律令に基づく私権の制限は私人相互の法律関係ではない、❸したがって民法に抵触していない、という論理を構築し、都市計画に関する律令制定への道を開いた。[*21]台湾総督府は一九三五（昭和一〇）年に二回の都市計

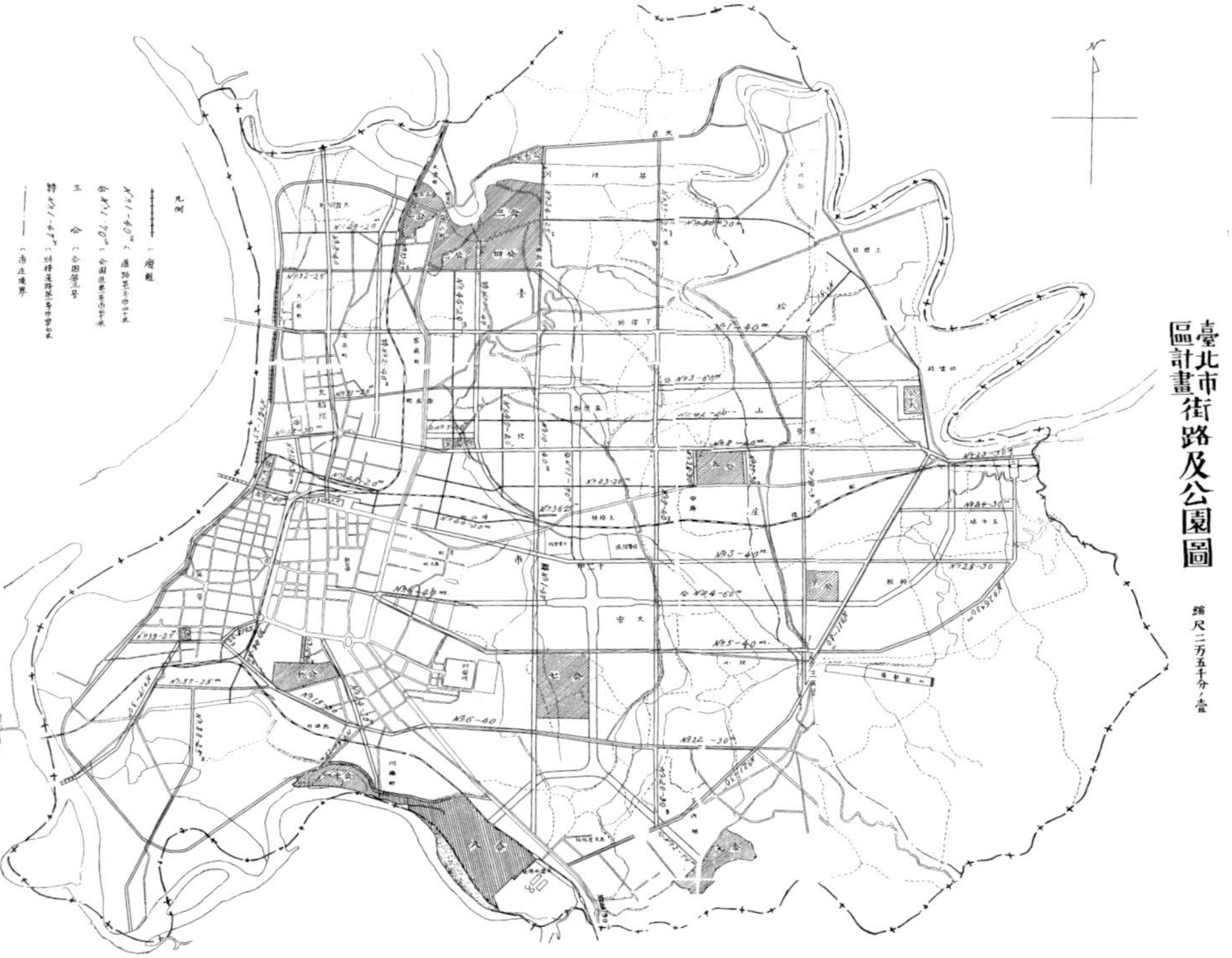

[図3] 大台北市区計画
（台北庁報第425号1905年10月7日「台北市区計画図」）

画法施行準備委員会を開催し、[22]『台湾日日新報』は、台湾総督府が土地区画整理の実施の根拠となる都市計画法令の整備を進めていたことを報じている。[23]台湾総督府は一九三四（昭和九）年九月に都市計画法施行準備委員会を設置し、一九三五（昭和一〇）年二月（第一回）、八月（第二回）の委員会を経て、[24]一九三六年八月二七日に「台湾都市計画令」（昭和一一年八月二七日律令二号）[25]を公布した。また、民法への抵触問題との整合を図るため、「台湾都市計画関係民法等特例」（昭和一一年八月二六日勅令第二七三号）[26]が勅令として公布されている。

内地法と比較して、「台湾都市計画令」には、建築物の接道要件の限定（都市計画道路か土地区画整理に基づく道路のみ）、都市計画事業決定の廃止（計画の決定に統合）、組合施行土地区画整理の排除、全ての用途地域内での特別地区（第6章参照）の導入、亭仔脚の義務化、建築様式の相違に起因する高さ制限の緩和（高さ一五メートル、軒高一一メートルで内地より二メートル緩和）、シロアリの害を考慮した構造制限（木骨レンガ造や木骨石造の禁止）、空地率の制限（亜熱帯気候での通風換気を考慮し、全ての用途地域内で内地より五パーセントずつ多い）などに違いがあった。[27]「都市計画法」（一九一九）や制定当初の「朝鮮市街地計画令」（第一〇条）における都市施設用地の権利制限は、事業認可によって開始されるのに対し、「台湾都市計画令」では計画決定時点で直ちに権利制限が開始される（第九条）。「都市計画法」は一九四〇年の改正でも、計画時点の権利制限は公園、緑地、広場に限定され（第一一条ノ二）、都市施設全般に及ぶのは一九六八年以降である。なお、台湾では従来から律令第三〇号によって市区計画の施設用地への建築・土地の形質変更には許可を要したため、それを踏襲した結果である。[28]また、附則において既定の市区計画は都市計画と見なされることが規定されており、制度上も継続している。

*20 官報三〇四〇号、一九二二（大正一一）年九月一八日

*21 五島寧「台湾都市計画令の立案における委任立法制度の影響に関する研究」『都市計画論文集』四七巻三号、二〇一二年、五二九～五三四頁

*22 小川広吉「台湾都市計画講習録」一九三七年、五五～五七頁

*23 「都市計画法年度内には施行」『台湾日日新報』一二五三五号、一九三五（昭和一〇）年二月二三日、朝刊七面

*24 前掲、「台湾都市計画講習録」

*25 （台湾総督）府報二七七〇号、一九三六（昭和一一）年八月二七日

*26 官報二八九七号、一九三六（昭和一一）年八月二七日

*27 早川透「台湾都市計画令の異色」『都市問題』二四巻五号、一九三七年、六四～六九頁

*28 小栗忠七「常夏紀行後記」『都市公論』一九巻一〇月号、一九三六年、一一五～一五二頁

統治の経緯と法制度

日本は日露戦争時の日韓議定書[29]で一九〇四年に大韓帝国の施政忠告権を得ると、翌年の第二次日韓協約によって韓国の保護国化と統監府の設置[30]をもって外交・内政を掌握した。一九一〇年の日韓併合後は朝鮮総督府に改組した[31]。朝鮮では、「朝鮮ニ施行スヘキ法令ニ関スル法律」（明治四四年三月二五日法律第三〇号）[32]に基づいて、法律を要する事項は制令《せいれい》（朝鮮総督の命令）で規定された（第一条）。朝鮮の場合は、勅令による内地法施行を原則とさせる法改正はなく、最後まで制令を原則とした点で台湾と異なる。

*29 官報六一九四号、一九〇四（明治三七）年二月二七日

*30 官報号外、一九〇五（明治三八）年一二月二一日

*31 官報号外、一九一〇（明治四三）年八月二九日

*32 官報八三二四号、一九一一（明治四四年）三月二五日

*33 五島寧「日本統治下朝鮮の市区改正の特徴に関する研究」『都市計画論文集』四六巻三号、二〇一一年、七一五～七二〇頁

*34 朝鮮総督府内務局土木課『朝鮮土木事業誌』一九三七年、一〇二三頁

*35 前掲、『朝鮮土木事業誌』九一～九五頁

*36 朝鮮総督府官報八一号、一九一二（大正元）年一一月六日

*37 朝鮮総督府官報一三四七号、一

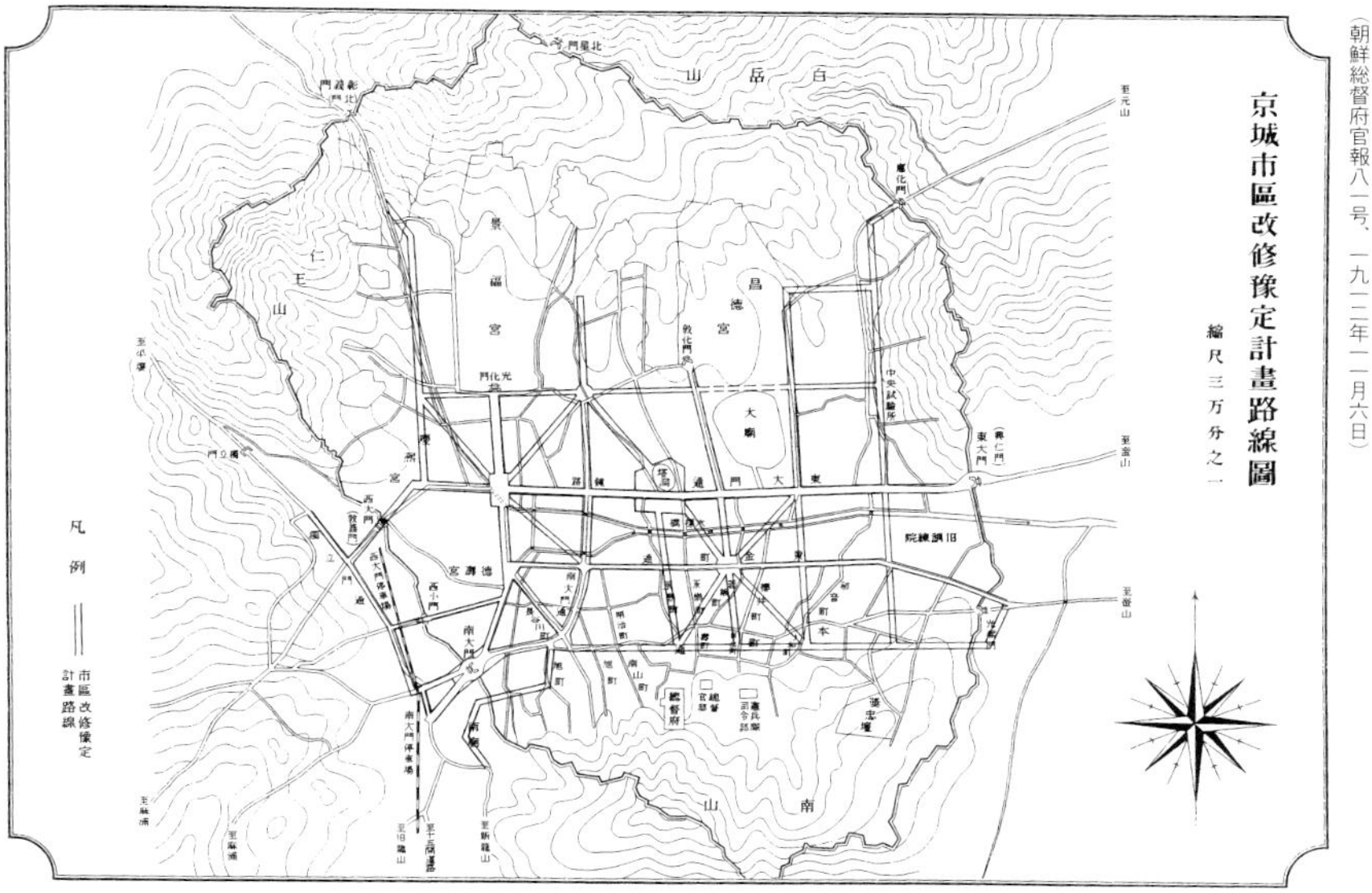

【図4】京城市区改修予定計画路線、一九一二年（朝鮮総督府官報八一号、一九一二年一一月六日）

京城市区改修予定計画路線と市街地建築取締規則

伊藤博文（韓国統監）は、農業振興を通して財政負担を軽減すべく、「築道は農業奨励の捷径《しょうけい》」とする立場から治道事業を推進した。[33] その一環として、一九〇七年に漢城（後に京城、現在のソウル）、「南大門道路開鑿《さく》」[34]が実施され、日韓併合後は太平通（現：太平路）・銅峴《クリゲ》（黄金町通、現：乙支路）が追加された。[35] 朝鮮総督府は、これらを遡及的に包含した京城市区改修予定計画路線を一九一二年一一月六日に告示[36]【図4】し、その後一九一七年二月に二路線を追加し[37]、一九一八（大正七）年まで第一期事業として整備を継続した。一九一九（大正八）年六月には大幅な見直し計画【図5】が告示され[38]、第二期事業として継続された。その後三回（一九二二年[39]、一九二五年[40]、一九二八年[41]）計画の変更

九一七（大正六）年二月二日
*38 朝鮮総督府官報二〇六二号、一九一九（大正八）年六月二五日
*39 朝鮮総督府官報三〇一五号、一九二二（大正一一）年八月二九日
*40 朝鮮総督府官報三八三二号、一九二五（大正一四）年五月二七日
*41 朝鮮総督府官報四五八号、一九二八（昭和三）年七月九日

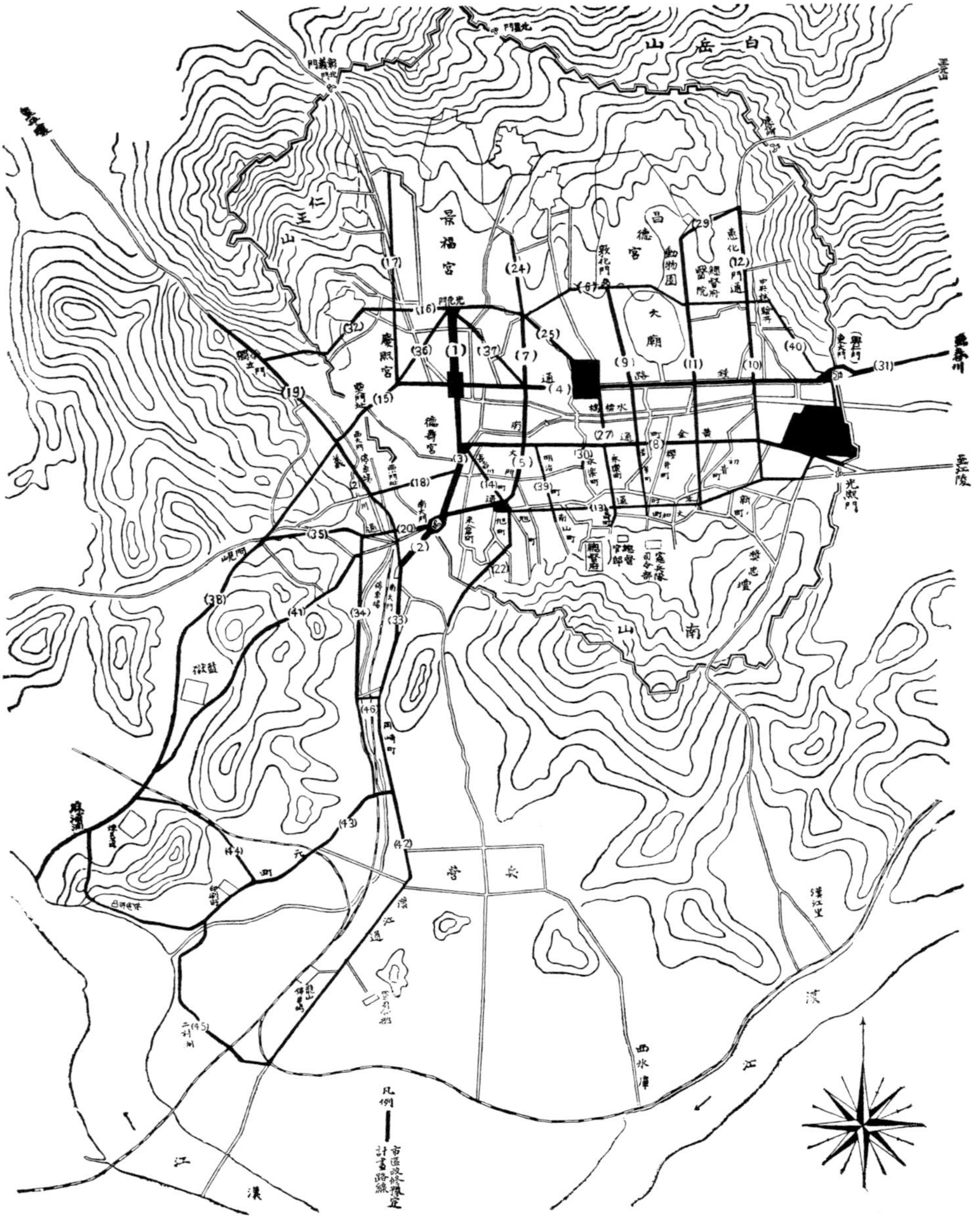

[図5] 第二期京城市区改修予定計画路線、1919年
（朝鮮総督府官報2062号、1919年6月25日）

が告示されている。朝鮮総督府は、直轄事業として一九二九（昭和四）年に至るまでの間に六〇〇万円をかけて二五線路を改修し、以後は京城府を事業主体として国庫補助を与えて事業を推進した。京城市区改修予定計画路線の告示は、朝鮮道路令や朝鮮河川令などの制令と同等に法令集に掲載されている[*42]が、制令ではない。また、路線の起終点と経由地ならびに幅員および平面図以外の情報はない。整備事業は「道路規則」（大正四年一〇月二九日府令四二号）[*43]の附則を制度上の根拠としたが、京城市区改修予定計画路線には建築行為等の制限がなく、建築法令とも没交渉であり、単なる事業予定の明示に過ぎず、制度上も実態も市街地に展開した道路事業であった[*44]。朝鮮総督府の年次施政報告書である『朝鮮総督府施政年報』は、京城市区改修予定路線の整備を「京城市区改正」と記述し、その英訳を"Street Improvement"としている[*45]。

以上のように、「京城市区改正」は、その起源ならびに事業実施において道路整備そのものであった。他に市区改正に関する法令として、朝鮮総督が各道長官に宛てた「訓令第九号」（一九一二年一〇月七日）と「地方市区改正ニ関スル件」（一九一四年一〇月一二日）がある。前者は、地方での市区改正に対する総督府認可の義務づけで、後者はその必要書類の規定である。地方都市における市区計画は公に示されておらず、市区改修計画予定路線の告示は京城の特殊事例である。

一方、建築取り締まりに関する法令に「市街地建築取締規則」（大正二年二月二五日府令第一一号）[*46]がある。これは市街中心からの悪臭・煤煙発生源の排除以外は建築物の単体規定で、「大阪府建築取締規則」（明治四二年八月一八日大阪府令第七四号）[*47]の水準を超えていない[*48]。

*42 朝鮮総督府『朝鮮法令輯覧』朝鮮行政学会、上巻、一九三〇年、六頁

*43 朝鮮総督府官報九七二号、一九一五（大正四）年一〇月二九日

*44 五島寧「計画技術・制度としての市区改正に関する京城（1912－1937）・台北（1895－1932）の比較研究」『第34回日本都市計画学会学術研究論文集』一九九九年、八六五～八七〇頁

*45 Government-General of Chosen, ANUAL REPORT ON ADMINISTRATION OF CHOSEN 1927-28, 1929

*46 朝鮮総督府官報一六九号、一九一三（大正二）年二月二五日

*47 大阪府公報、号外、一九〇九（明治四二）年八月一八日

*48 五島寧「日本統治下京城の近代都市計画導入時期に関する研究」『都市計画論文集』二〇〇七年、四二巻三号、三九一～三九六頁

朝鮮市街地計画令

「朝鮮市街地計画令」（昭和九年六月二〇日制令第一八号）[49]の制定契機は、内地と満洲国との経済的な輸送路の拠点港湾都市として、羅津《らしん》（朝鮮北部の都邑）の計画的な市街地造成が必要とされたため、と説明されてきたが、[50]『京城日報』は羅津が拠点とされる前からの起草作業を報じており、[51]従来説は退けられている。さらに、朝鮮総督府が一九二一年度から実施した都市計画調査[52]や一九二九年一月に朝鮮総督府の案内で京城を視察した土木技術者の直木倫太郎の執筆記事[53]から、「朝鮮市街地計画令」の本来の目的が、京城郊外での土地区画整理による公共事業代替地造成であったことが明らかにされている。[54]「朝鮮市街地計画令」は、一九三四年一一月二〇日に羅津に（告示五七四号、市街地計画区域の決定）[55]、一九三六年

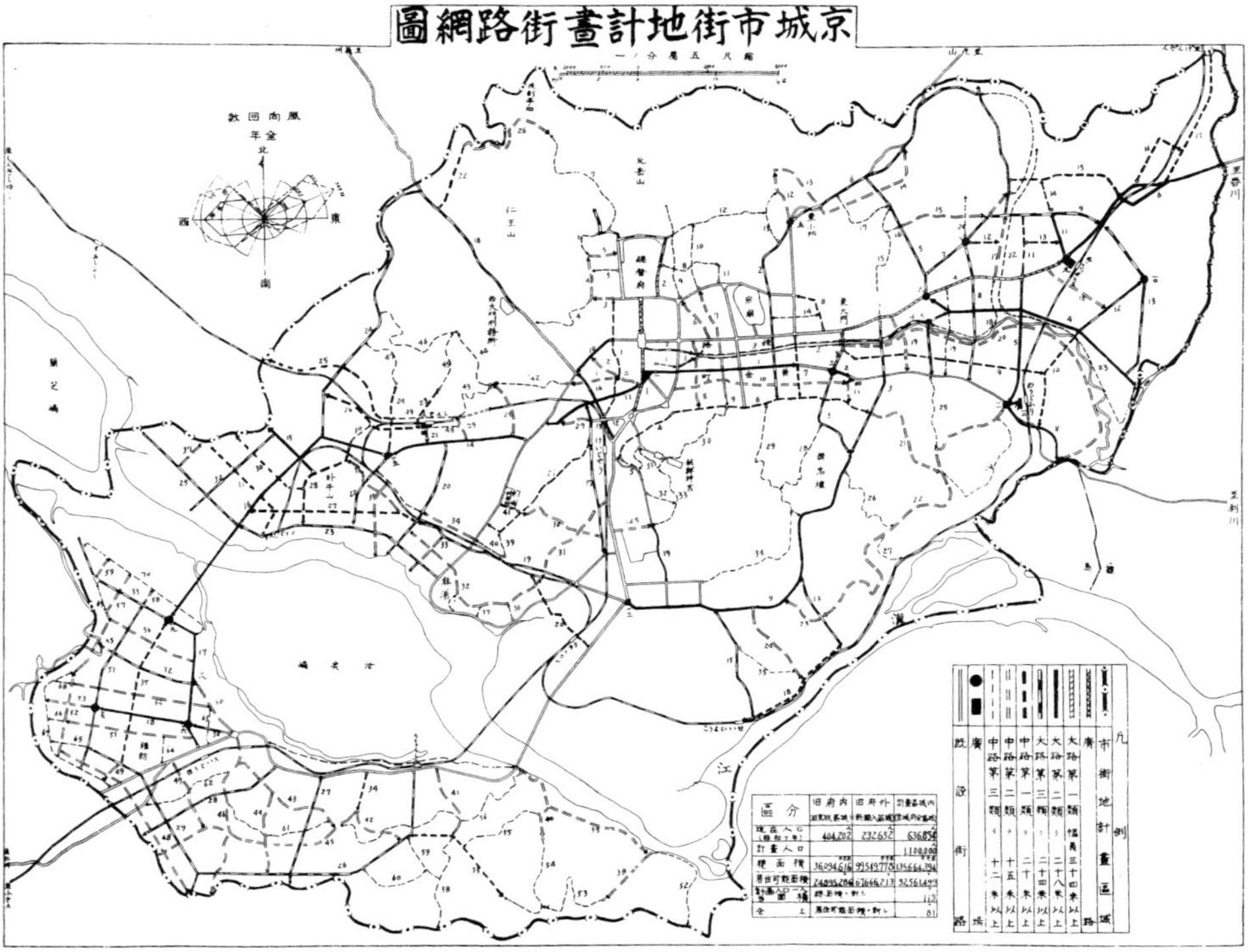

[図6] 京城市街地計画街路網図
（朝鮮総督府内務局「都市計画概要」1938年）

三月二六に京城に（告示一八〇号、市街地計画区域、市街地計画街路、土地区画整理地区の決定）[*56]適用された【図6】。榛葉《しんば》孝平（一九三八年時点の朝鮮総督府土木課長）は、❶都市計画と建築取締の統合、❷既成市街地の改良よりも、市街地拡張と新市街地の創設を重視、❸土地区画整理に組合施行を認めない、❹地方機関を設けず、総督府内の市街地計画委員会に諮問して総督が決定、❺特別税の規程を設けない、❻朝鮮の特殊事情を考慮した一部構造規程の緩和、の六点を特徴と述べている。[*57]「朝鮮市街地計画令」は一九四〇（昭和一五）年一二月一八日に改正された。[*58]主な変更点は、❶目的に「防空」を追加、❷権利制限の強化（建築等の制限を事業認可時から計画決定時に変更）、❸用途地域の変更（住居・工業・商業地域の専用地域化、未指定地を混合地域として制度化、緑地地域の新設）であった。

*49 朝鮮総督府官報二二三二号、一九三四（昭和九）年六月二〇日

*50 孫禎睦『日帝強占期都市計画研究』一志社（韓国）、一九九〇年、一八一～一八三頁

*51 「朝鮮市街地計画令制定」『京城日報』、八一八一号、一九三〇年九月四日、夕刊一面

*52 上田政義「朝鮮に於ける都市計画の一例」『工学』九九号、一九二二年、四八～六三頁

*53 直木倫太郎「京城の土地区画整理」『京城彙報』八九号、一九二九年、一一～一二頁

*54 五島寧「朝鮮市街地計画令の立案過程に関する研究」『都市計画論文集』三九巻三号、二〇〇四年、九一九～九二四頁

*55 朝鮮総督府官報二三五九号、一九三四（昭和九）年一一月二〇日

*56 朝鮮総督府官報二七五八号、一九三六（昭和一一）年三月二六日

*57 榛葉孝平「朝鮮に於ける都市計画の特異性」『都市問題』二七巻五号、一九三八年、一九～二七頁

*58 朝鮮総督府官報四一七三号、一九四〇（昭和一五）年一二月一八日

統治の経緯と法制度

日清戦争後の三国干渉を経て遼東半島の租借権を得ていたロシアは、その拠点的な港湾都市として、一八九九年にダルニー市の建設に着手した。日本軍は日露戦争時にその地の実効支配を開始し、一九〇五年一月遼東守備軍令達第三号をもって二月一一日から「大連」に改名した。当該地の計画について「大体ニ於テ露治時代ノ計画ヲ踏襲スルノ有利ナルヲ認メ」という一大方針が採用され「先ツ其ノ急ヲ要スルモノ」[*59]として、一九〇五年四月に遼東守備軍令達第一三号をもって「大連専管地区設定規則」と「大連市家屋建築取締規則」（遼東守備軍令達第一一号）が制定された。前者は、大連市を軍用地区・日本人居住地区・清国人居住地区に分割し（第一条）、土地利用の考え方と居住・営業に関する手続きを定めている。後者は、建築物を仮建築家屋（第六条～第一七条）と永久建築家屋（第一八条～第二四条）に区分し、それ

*59 関東都督府官房文書課『関東都督府施政誌』一九一九年、三四二頁

*60 関東都督府文書課編『明治40年8月現行 関東都督府法規提要』満洲日日新聞社、一九〇七年、二六五～二六九頁

*61 官報六九二七号、一九〇六（明治三九）年八月一日

*62 官報二〇〇五号、一九一九（大正八）年四月二日

*63 官報号外、一九三四年（昭和九）年一二月二六日

*64 「第二十四回帝国議会衆議院 満洲ニ於ケル領事裁判ニ関スル法律案委員会議録第一回」一九〇八年三月二五日、二頁

*65 外務省条約局法規課『関東州租借地と南満洲鉄道附属地 前編』一九六六年、一四八頁

*66 前掲、『関東都督府施政誌』

ぞれ構造や建蔽率などを定めている。[*60]

日露戦争後に租借権を得た日本は、一九〇六年九月一日に関東州の統治と満鉄附属地の警備を担う関東都督府を設置した。[*61] 一九一九年に軍事部門が関東軍として分離し、民政部門は関東庁となった。[*62] 関東庁は一九三四年に在満洲国大使館の下部組織である関東局に改組された。[*63]

一九〇八（明治四一）年三月の第二十四回帝国議会衆議院満洲ニ於ケル領事裁判ニ関スル法律案委員会において、岡崎敬次郎（法制局長官）は関東州に適用される法体系について答弁している。[*64] 岡崎によれば、関東州は領土でないため大日本帝国憲法の効力が及ばず、同憲法第五条に基づいて制定される法律も適用されない、しかしながら条約に基づく租借地であるため統治権は有する、という論理である。ここから政府は、天皇が統治権に基づいて帝国議会の協賛を要せず立法権を行使できるという見解を採り、勅令による立法権の行使を慣例化した。[*65]

市街計画

関東都督府はロシア時代の計画の踏襲が大連の都市経営上有利であるとして、[*66] 一九〇六年にロシア時代の計画を基礎として道路・上下水道の工事に着手し、総工事費三〇六万円をもってから一九一四年三月に竣工した。[*67] その後、一九一九年六月に、「人口益激増して従来の計画を以て満足し能はざる情勢を現出するに至ったので、理想的大都市たらしむべき拡張計画」として関東庁令第二十一号を発している。[*68] 庁令とは、「関東庁官制」（大正八年四月一一日勅令第九四号）[*69] 第五条に基づく関東長官の命令である。

*67 関東州庁土木課『大連都市計画概要第一輯』一九三七年、二一頁
*68 関東庁庁報三四号、一九一九（大正八）年六月一二日
*69 官報二〇〇五号、一九一九（大正八）年四月一二日

関東庁令第二十一号
大連市並拡張地域ニ於ケル市街計画及地区ノ区分別図ノ通定ム
但シ詳細図ハ民政部土木課出張所ニ就キ閲覧スヘシ
大正八年六月十一日　　関東長官　男爵林権助

庁令第二十一号に登場する「地区ノ区分」は、後述する大連市建築規則に連動し、「市街地建築物法」の用途地域に相当する。「市街計画」や「地区ノ区分」の変更は、庁令第二十一号を変更する庁令として公布されている。つまり、「市街計画」や「地区ノ区分」は、法令に基づく計画というより、法令そのものである。**図7**は当初の「大連市街計画図」（関東庁令第二一号の別図）[*70]である。不鮮明な部分があることから、「大連都市計画概要第一輯」[*71]の記述を参照してトレースした。市街計画に係る関東庁令本文には「大連市並拡張地域ニ於ケル市街計画及地区ノ区分」とあるだけで、具体的な計画の内容は記載されていない。「大連市街計画図」の凡例は「地区ノ区分」に該当する「工場地区、混合地区、住宅地区、商業地区」のみである。これ以降の変更図の凡例も「拡張地域」ないし「地区ノ区分」の範疇であって、道路や公園に関する凡例がない。したがって、計画の対象は、計画の範囲と地区の区分（用途地域に相当）と考えられる。市街計画には道路や公園などの都市施設の計画が含まれていないことがわかる。

大連の旧市街（**図7** 東側の商業地区と住宅地区）は一九二〇年時点でも全て官有地[*72]であって、ロシア時代の計画を基礎として道路・上下水道工事が実施されている。一九二四年七月一日

*70 前掲、関東庁庁報三四号
*71 前掲、「大連都市計画概要第一輯」一八〜一九頁
*72 大連民政署『大連要覧』東亜図書、一九二二年、五七頁
*73 大連市役所『大連市史』一九三六年、四一七頁
*74 「土地競売結果」『満洲日日新聞』四一四五号、一九一九年六月一一日、二面
*75 関東局『関東局施政三十年史』一九三六年、七二一〜七二二頁
*76 「伏見台と建築」『満洲日日新聞』四一四五号、一九一九年六月一一日、二面

に一部が大連市に編入される沙河口会、嶺前屯会[*73]を含めても、市域の九〇パーセントが官有地である。都市施設予定地への権利制限を要しなかったと考えられる。一方、大連市街計画の発表と同時期に伏見台の競売が実施されており、『満洲日日新聞』は、「某当局者談」として、「土地の貸下げは理想として尤も穏健なる方法なれど逐年増加する人口と戸数とに対し貸下げのみを以てするは到底間に合はざる事」であり、「競売を為すの止むなきに至りたる訳」と報じている。[*74]大連の官有地は貸付方式によって土地需要に応じていたが、第一次世界大戦後に民間の土地需要が著しく増大したため、一九一八年二月に官有地競売規則（大正七年二月八日庁令第六号）を定め、売り払い方式を導入している。[*75]関東庁令第二一号で土地利用の用途を指定しなければならない背景には、競売による民有地への対応があったものと考えられる。伏見台は旧市街の西側であり、新規に開発されたエリアである。「純然たる商業地区となす能はず左りとて住宅地区と限定せば不便を感ずる所あるを以て結局は混合地区」[*76]とされている。

大連市建築規則

市街計画と同時に「大連市建築規則」（大正八年六月九日関東庁令第

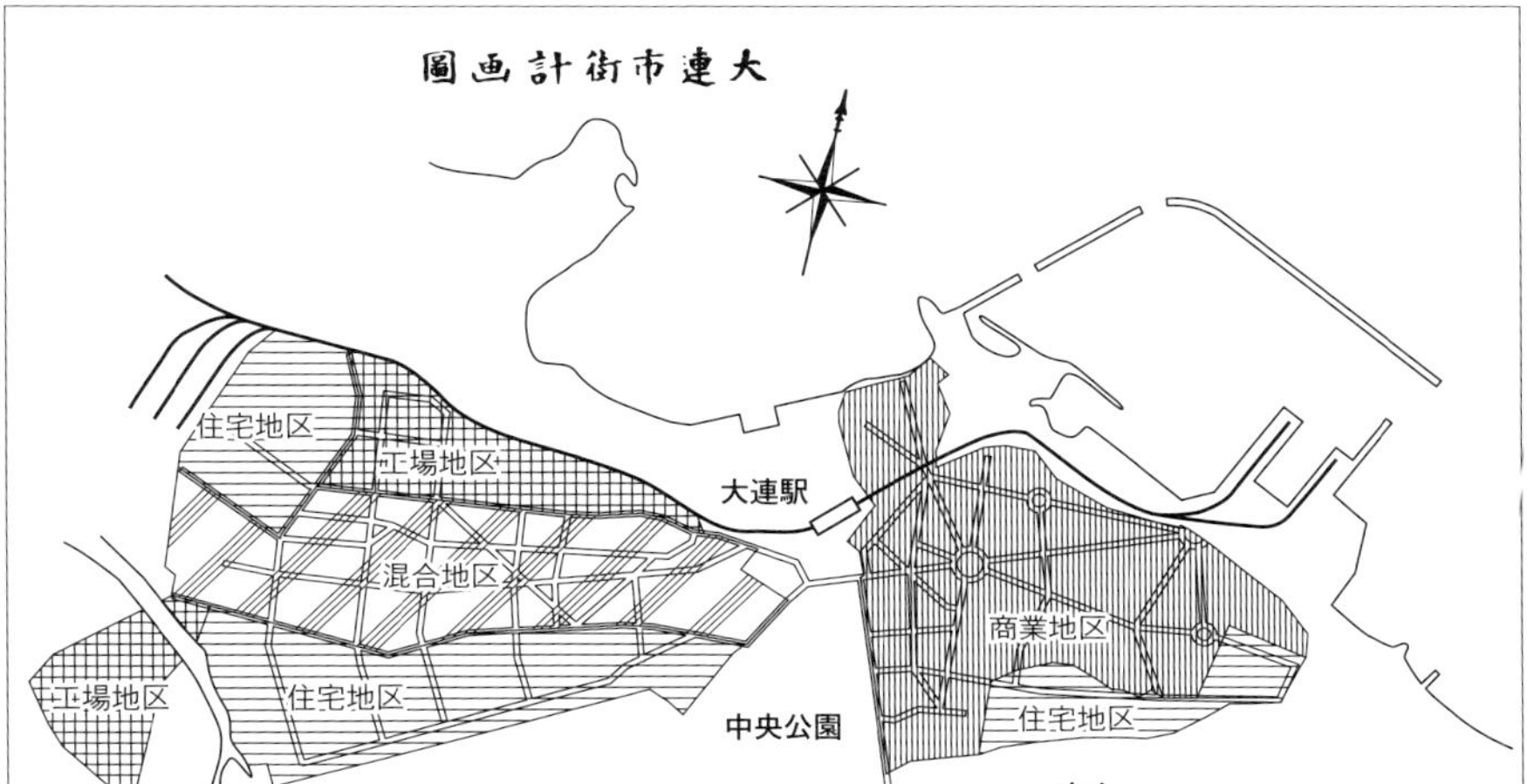

[図7] 大連市街計画図（関東庁庁報34号（1919年6月11日）をトレースした）

一七号）[*77]が施行された。「大連市建築規則」は、全四章七七条で構成され、それぞれ第一章：総則（第一条〜第九条）、第二章：構造設備（第一〇条〜第四六条）、第三章：各地区ニ於ケル建物（第四七条〜第七〇条）、第四章：罰則（第七一条〜第七三条）、附則（第七四条〜第七七条）、を定めている。おおむね「市街地建築物法」と守備範囲は同様であるが、下位の法規が存在せず、「市街地建築物法」の施行令・施行規則・施行細則に相当する内容を含んで一体化している。既存研究[*78]は、「市街地建築物法」と著しく異なる点として、❶道路境界から後退させた建築線、❷市街地全域での最低限高さの制限、❸用途制限の厳格化、❹内地より早い用途地域制実施と成果、を挙げている。

❶については、第三五条に道路境界から一律一尺五寸（四五・四五センチメートル）のセットバックを求める規定がある。同様の規定は「大阪府建築取締規則」（明治四二年八月一八日大阪府令第七四号）[*79]（第一五条、第一六条）や、朝鮮の「市街地建築取締規則」（大正二年二月二五日朝鮮総督府令第一一号）[*80]（第三条）にも存在し、セットバック幅や、軒・螻羽《けらば》・庇が除外対象であることが共通している。大阪では「市街地建築物法」施行後も「市街地建築物法施行細則」（大正九年一二月一日大阪府令第九四号）第五条[*81]によって同様の措置が継続している。

商業地区では四等以上の街路沿いでは街路境界から一尺五寸下がった位置に公定建築線が指定されるとともに、セットバック部分は石材、レンガ、コンクリートによる舗装が義務付けられている（第四八条）。「市街地建築物法」の起草に参画[*82]した内田祥三《よしかず》（東京大学教授）は、「市街の両側の建築線は道路敷地の境界線より幾分後退して指定するといふことが外国諸都市の常例であります。我国でもこれは特別の事由の一つとして商業街路に対して大体斯の如き意味の建築物が指定せらるることにならうと思ひます」と述べている[*83]。

*77 官報二〇六三号、一九一九（大正八）年六月二〇日

*78 越沢明「大連の都市計画史（1898〜1945）(2)」『日中経済協会会報』一三五号、一九八四年、四六〜六二頁

*79 大阪府公報、号外、一九〇九（明治四二）年八月一八日

*80 前掲、朝鮮総督府官報一六九号

*81 大阪府公報、号外、一九二〇（大正九）年一二月一日

*82 「都市改造と中枢人物解剖」『都市公論』三巻一二号、一九二〇年、八四〜八六頁

*83 内田祥三「市街地建築物法及其の附帯命令の梗概——第三 建築線」『建築雑誌』日本建築学会、三五巻四一二号、一九二一年、四八〜五八頁

*84 前掲、関東庁庁報三四号

*85 内田祥三「市街地建築物法及其附帯命令の梗概（三）——第一二 結論」『建築雑誌』日本建築学会、三五巻四一四号、一九二一年、一九七〜一九九頁、建築学会

*86 竹内六蔵「市街地建築物法及其の附帯命令の梗概——第四 建築物の高」『建築雑誌』日本建築学会、三五巻四一二号、一九二一年〜五九〜六九頁

*87 関東局文書課「関東局施政三十年業績調査資料」一九三七年、六六九頁

*88 前掲、『大連都市計画概要第一輯』

❷について、第五二条で広場や街路等級（大正八年六月一一日関東庁告示第二〇号[*84]）ごとに最低限高さを設定している。「市街地建築物法」の策定に参画した[*85]竹内六蔵（警視庁技師）は、「市街地建築物法」でも商業地域の主要道路での適用を想定していたことを説明している。[*86]「市街地建築物法」を大連に特化して施行令・施行規則・施行細則を一体化したと見れば、❶❷は大きな違いではない。

❸について、地区の区分は、住宅地区、商業地区、工場地区、混合地区の四種類である。「市街地建築物法」の用途地域は住居・商業地域からの工場排除が主眼であり、工業地域内での住居・商業利用の混在や、住居地域での商業利用、商業地域での住居利用は可能であるのに対し、大連市建築規則では、工場地区内からの住宅の排除（五七条）を規定しており、内地よりも工業地域での規制に厳格化がみられる。しかしながら、条文には「建築物ニシテ住居ノ安寧ヲ害スル虞アル用途」や「工場其ノ他之ニ準スヘキ建築物ニシテ規模大ナルモノ」とあるだけで、「市街地建築物法施行令」のように用途の具体的な要件や面積規模が定まっていない。

❹は『関東局施政三十年業績調査資料』を根拠としている。「内地に於ては未だ地域制度の実施せられたるもの無き時代に、既に之を実施したることは、都市計画史上に於ける、大連の誇りであるといはねばならぬ」[*87]という記述を根拠に「大きな効果を発揮した」と紹介されたことがあるのだが、用途規制の具体的な要件や面積規模が定まっていないので、内地と同等の土地利用規制とは言えない。さらに、旧大連市街の商業地区四三七万四二五一平方メートルの過半である二六二万四一三七平方メートルについて「商業地区に限定し置くことを不適当と認め」[*88]、一九二四年九月一七日に関東庁令第五七号[*89]をもって混合地区へ変更されてお

*89 関東庁庁報九五二号、一九二四（大正一三）年九月一七日

り【図8】、用途規制の形骸化が進んでいる。事実上の大規模な規制解除であり、大きな効果を発揮したとする評価には疑問が残る。

その他の特徴として、既存道路への接道や無接道地への通路設置に関する規定が存在しない。関東庁が機関内で決定した整備計画に基づいて道路などを整備した上で建築物を統制することから、必要がなかったためと考えられる。また、第一〇条には、「建築物は煉瓦造、石造、『コンクリート』其ノ他耐火壁構造トス」とあって、耐火構造を義務付けていた。

関東州州計画令

大連の人口は一九〇五年（関東州の租借権開始時）の一万八〇〇〇人に比較して、一九二九年時点で一四倍を超える二六万人に達しており、市の膨張発展を統制する必要に迫られた。一九三〇年一月に関東庁長官は内務局土木課に対し本格的な大連都市計画の樹立を命じて都市計画係を設置するとともに、三月に「大連都市計画委員会規則」（関東庁令第一八号）[*90]を公布し、都市

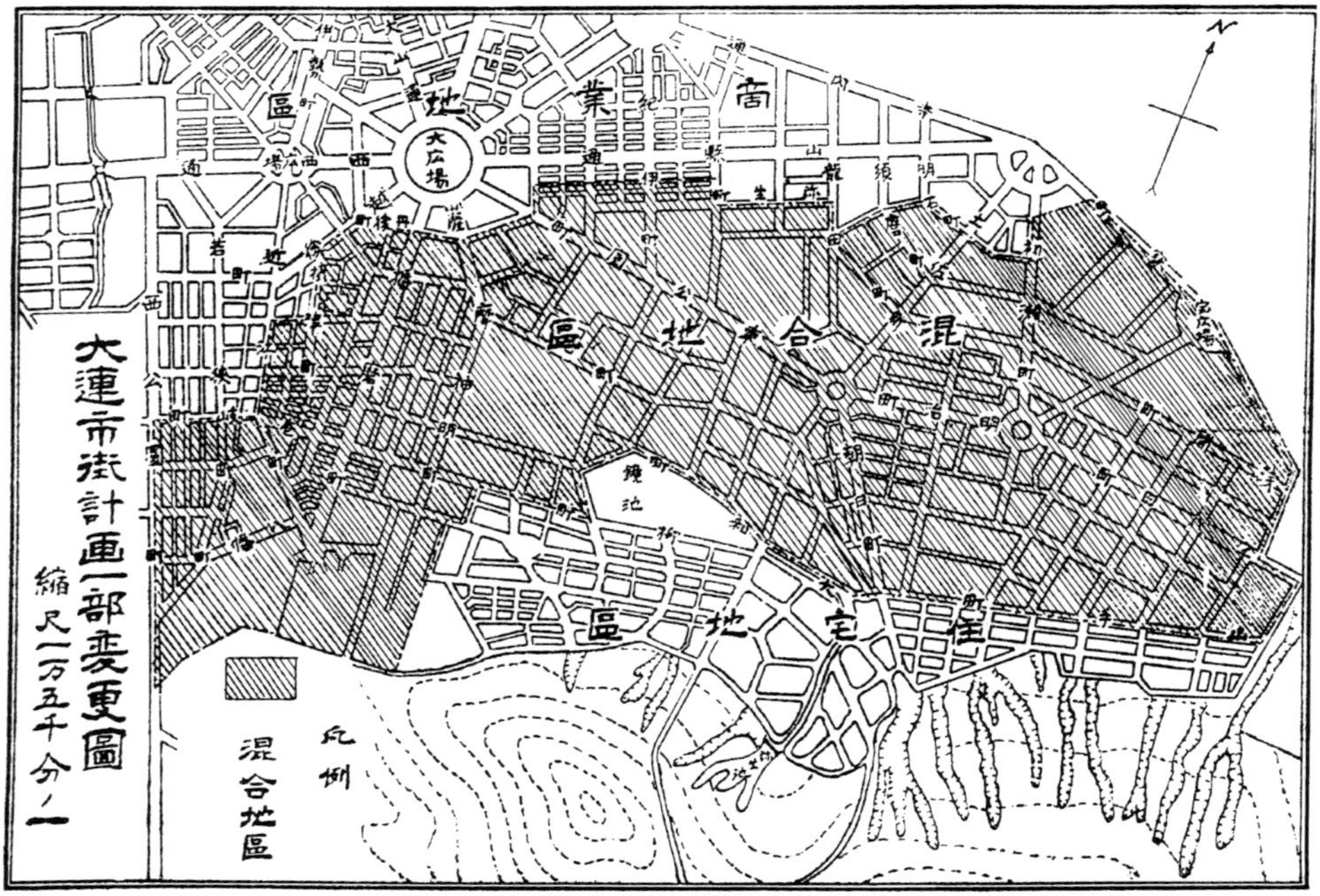

【図8】大連市街計画一部変更図（関東庁庁報952号（1924年9月17日））

計画の策定に着手している。主な成果である黒礁屯《こくしょうとん》付近地区計画、寺兒溝《じじこう》附近地区計画、甘井子《かんせいし》附近道路計画、夏家河子《かかがし》附近道路計画は、いずれも土地区画整理を想定したが、準拠法令が未制定であるため、道路計画と事業計画の年度割が定められた。事業の根拠となる法令の不在を解消すべく、関東局は、一九三五年九月に都市計画東京地方委員会から西村輝一を招聘し、法令立案を委嘱した。西村は関東州内の特殊事情を実地に研究し、地方計画の理論を取り入れて、「関東州州計画令」を起草した。[*91] 関東局が「関東州州計画令」を欲した主な理由とは、土地区画整理の実施であった。

「関東州州計画令」は、一九三八（昭和一三）年二月一九日に勅令第九二号[*92]として公布されたが、施行規則が定められたのは、一年一〇か月後の一九三九（昭和一四）年一二月二九日であった（関東局令第一一〇号[*93]）。さらに、施行期日の決定は一九四〇（昭和一五）年六月二八日で（関東局令第四八号、施行期日は七月一日[*94]）で、公布から二年半を要している。なお、一九四〇（昭和一五）年七月三一日に施行規則が改正されている。[*95] これは、土地整理の施行者への公有水面の埋立免許者の追加であった。主な事業に、大連駅移転に伴う常盤橋附近交通緩和事業や関東州工業土地株式会社の実施した大連湾埋立による工業用地造成などがあった。また、一九四一（昭和一六）年二月に関東州州計画評議会に付議し決定した計画として、大連市街計画（北部大連および西部大連馬欄河《ばらんこう》地区）、関東州州計画令第二〇条に依る区域決定、大連下水道計画（旧市街地の区域）、西部大連馬欄河地区土地整理計画があった。[*96]

西村は、「関東州州計画令」の主要な特徴として、❶都市と農村を併せて関東州全体を計画し、個別の都市計画区域・市街地計画区域の概念がない、❷土地利用の一手段として建築物の関係規定を置いた、❸土地区画整理と耕地整理（土地改良）を土地整理に統一、❹用途地

*90 官報一〇二一号、一九三〇（昭和五）年五月二八日

*91 大連商工会議所「関東州州計画令の外貌」『東亜商工経済』二巻四号、一九三八年、五〇～六六頁

*92 官報三三三八号、一九三八（昭和一三）年二月二一日

*93 官報三九二四号、一九四〇（昭和一五）年二月七日

*94 官報四一〇〇号、一九四〇（昭和一五）年九月四日

*95 官報四一一四号、一九四〇（昭和一五）年九月二〇日

*96 関東局官房文書課「昭和十六年関東局要覧」一九四二年、三六一頁

域は住居・商業・工業に農業地域が加えられた、❺建築物の形態規制（面積、空地、高さ等）に係る区域を設定できる、❻用途地域内に特別地区を設定できる、❼不燃材料の建築物が多いため防火地区を不要とし、風紀地区も見送られた、❽風致地区と美観地区を景観地区に統一、❾州計画は州計画評議会への諮問を経るが、州計画事業は大使（満洲国駐箚特命全権大使）の専決、❿州計画事業は年度割の規定がない、⓫州計画事業の施行者は、行政庁ではなく行政官庁（公共団体）を原則とする（資金を負担し営造物を管理するため）、⓬土地収用の関係規定はなく、関東州土地収用令で対応、⓭特別税を財源としない、を挙げている。

❶は「都市又は市街地の改良又は創設を目標」としている内地・台湾・朝鮮の法令と対照的であるが[*97]、西村は、関東州は内地の一府県程度の面積（一九四〇年時点の関東州の面積は三四六二・四五キロ平方メートルで、内地の道府県四一位の鳥取県は三四八九・四八キロ平方メートル）[*98]であること、都市計画は地方計画や国土計画に移っていく趨勢にあることを挙げている[*99]。その一方で西村は、都市計画法とは出発点が異なるとしつつも、「従来都市計画法の運用の実績に鑑みまして、其の短を捨てて長を採ると云った趣旨で改められた規定も亦少なくないのであります」と、都市計画法の運用実績を踏まえて「関東州州計画令」の規定が策定されたとしている。「関東州州計画令」は、内地・外地を含めて唯一の地方計画法令と説明されるが、「都市計画法」の運用実績を踏まえており、対象は「都市計画法」「市街地建築物法」「耕地整理法」とほぼ同じで、大きな違いは農林業などに用途を制限する農業地域の存在であった。

*97 金谷栄治郎「関東州州計画令に就いて」『満洲建築雑誌』一八巻四号、一九三八年、三四～三八頁

*98 内閣統計局『大日本帝国統計年鑑 第59回（昭和15年）』一九四一年、二～三頁

*99 西村輝一「第六回総会要録」全国都市問題会議、一九三九年、一六八～一七九頁

満鉄附属地と満洲国

第4節

統治の経緯と統治機関

日露戦争に勝利した日本は、ロシアから取得した東清鉄道の南満洲支線（長春―旅順間）を経営するため、一九〇六年六月八日の南満洲鉄道株式会社ニ関スル件（明治三九年六月八日勅令第一四二号）[*100]をもって、南満洲鉄道株式会社（満鉄）を設立した。満鉄附属地とは、鉄道の建設・経営に要する土地として、ロシアから「絶対的且排他的行政権」が継承された土地である。同年八月一日に逓信大臣・大蔵大臣・外務大臣が南満洲鉄道株式会社設立委員長寺内正毅に発した命令書[*101]は全二六条で構成され、第四条には「其社ハ鉄道ノ便益ノ為左ノ付帯事業ヲ営ムコトヲ得」として「鉄道附属地ニ於ケル土地及家屋ノ経営」が含まれ、第五条には「其社ハ政府ノ認可ヲ受ケ鉄道及付帯事業ノ用地内ニ於ケル土木教育衛生等ニ関シ必要ナル

*100 官報六八八一号、一九〇六（明治三九）年六月八日

*101 官報六九四九号、一九〇六（明治三九）年八月二七日

施設ヲ為スヘシ」と定められていた。満鉄は命令書にのっとって、行政権を行使した。

満鉄附属地経営と建築規程

満鉄は命令書にのっとって、奉天・長春など九か所の市街地設計・整備に着手した。長春では土木技術者である加藤与之吉が一九〇七年八月[*102]に実地調査し、計画図を作成した【図9】。道路の起工は一九〇八年であった[*103]。一九一五年時点の長春附属地平面図[*104]では南東部の一部を除いて概成している。機関内で決定した計画に基づく整備で、公定計画による権利制限ではない。

造成された宅地は、「南満洲鉄道株式会社建築規程」（大正八年三月二九日社則一八号）[*105]等を条件に貸し付けられた。この規程は実質的には建築法令であるが、既存道路への接道や無接道地への通路設置の規定がない。満鉄が整備した宅地での建築物統制であるため、規定を要しなかったと考えられる。また、罰則規定を含んでいない。満鉄には

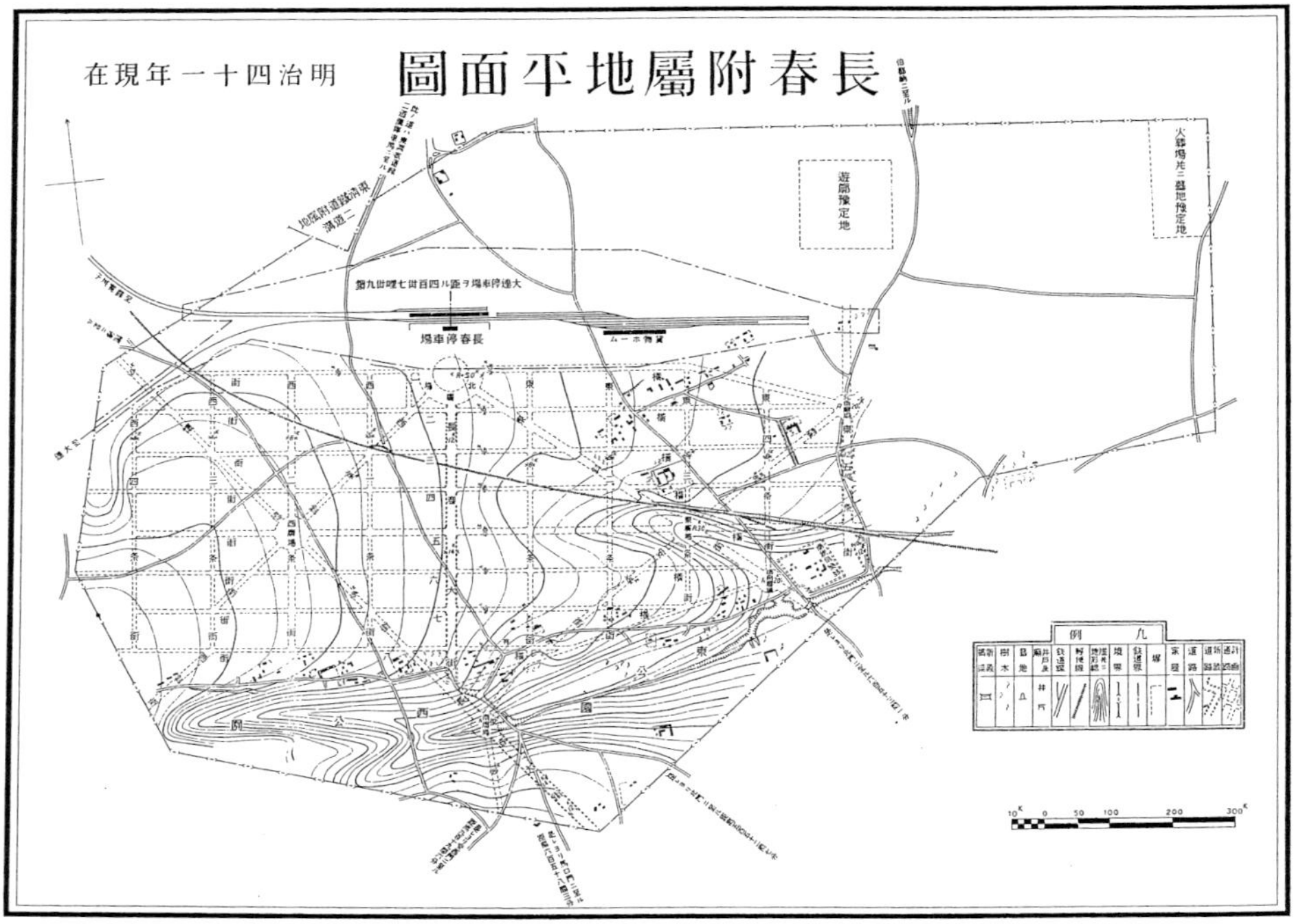

【図9】長春附属地平面図、明治41（1908）年（南満洲鉄道『南満洲鉄道株式会社十年史』1919年、付図）

警察権が委ねられなかったためである。違反した場合は、「南満洲鉄道株式会社附属地居住者規約」（明治四〇年九月二八日社則第一二号）[*106]にのっとって附属地からの退去をもって規程の遵守が担保されている。

「南満洲鉄道株式会社建築規程」は一九二五年七月一八日に「南満洲鉄道株式会社附属地建築規則」（大正一四年七月一八日社則一四号）[*107]に改正されたが、上記の構造に変化はなかった。

満洲国成立後の法制度

一九三二年に満洲国が建国されると、「政府組織法」（大同元［一九三二］年三月九日教令第一号）[*108]を基本法として形式的法治主義が採用された。立法機関として立法院（議会）が規定されたが、設置には至らなかった。そのため満洲国の法律は「政府組織法」第九条に基づく執政の命令（教令、日本の勅令に相当）として発布された。帝政移行後の一九三四年に改正された「組織法」（康徳元［一九三四］年三月一日法律番号なし）[*109]では、第四一条に「皇帝ハ当分ノ間参議府ノ諮詢ヲ経テ法律ト同等ノ効力ヲ有スル勅令ヲ発布シ予算ヲ定メ及予算外国庫ノ負担トナルベキ契約ヲ為スコトヲ得」と規定され、従来の運用が正式な手続きとして明文化された。結局、立法院が設置されることはなく、法律は全て勅令として発布されている。

日本と満洲国は別の国家という建前であり、満鉄附属地は日本の主権下にあったことから、満洲国建国後も満鉄附属地の治外法権は継続したが、一九三七年一一月八日に解消された。[*110]関東州外の道路・公園の管理も満洲国へ移管された。[*111]

*102 福富八郎『満鉄側面史（社員会叢書第22輯）』満鉄社員会、一九三七年、一〇七頁

*103 南満洲鉄道株式会社『南満洲鉄道株式会社十年史』一九一九年、七七七頁

*104 前掲、『南満洲鉄道株式会社十年史』付図

*105 南満洲鉄道株式会社社報三六一三号、一九一九（大正八）年三月三〇日

*106 南満洲鉄道株式会社社報、号外、一九〇七（明治四〇）年九月二八日

*107 南満洲鉄道株式会社社報五四九六号、一九二五（大正一四）年七月二一日

*108 満洲国政府公報邦訳一号、一九三二（大同元）年四月一日

*109（満洲国）政府公報日訳、号外、一九三四（康徳元）年三月一日

*110 官報三二五七号、一九三七（昭和一二）年一一月九日

*111 満鉄会編『南満洲鉄道株式会社第四次十年史』龍渓書舍、一九八六年、四二二頁

満洲国の都市計画法令

満洲国成立後、最初に制定された都市計画法令は、新京を対象とした「国都建設計画法」（大同二［一九三三］年四月一九日教令二四号[*112]）と哈爾浜を対象とした「哈爾浜特別市及其隣接区域ニ於ケル土地ノ売買ニ関スル件」（大同二［一九三三］年八月二日教令第六四号[*113]）である。「国都建設計画法」は、目的（第一条）、区域（第二条）、事業執行の手続き（第三〜五条）、事業費（第六〜八条）、地域・建築線（第九条）、土地区画整理（第一〇〜一六条）、移転・収用（第一七〜一九条）、処分（第二〇条）、訴願（第二一条）、施行（第二二条）を定め、「国都建設計画法施行令」（大同二年四月一九日教令第二五号[*114]）は全七条で、用語の範囲や手続きの詳細などを定めている。「哈爾浜特別市及其隣接区域ニ於ケル土地ノ売買ニ関スル件」は、都市計画に支障のある土地取引の排除（第一条）、地権者による買収拒否の否定（第二条）、買収価格は一九三三年二月二八日以前の地価（第三条）、施行規則の制定（第四条）、施行日（付則）である。同施行規則（大同三年一月一二日民政部令第一号[*115]）は、効力が及ぶ区域（第一条）や関連手続き（第二〜五条）、施行日（第六条）を定めている。

都市計画の実施は、土地家屋の権利制限を伴う。「人権保障法」（大同元（一九三二）年三月九日教令二号[*116]）第二条の規定（満洲国人民ハ財産権ヲ侵害セラルルコトナシ公ノ権力ニ依ル制限ハ法律ノ定ムル所ニ依ル）により、新京と哈爾浜以外で都市計画を実施するには、財産権の制限を合法化するための法律が必要であった[*117]。そこで制定されたのが「都邑計画法」である。

*112 満洲国政府公報日訳二二四号、一九三三（大同二）年四月二六日

*113 満洲国政府公報日訳一七九号、一九三三（大同二）年八月二日

*114 前掲、満洲国政府公報日訳二二四号

*115 満洲国政府公報日訳三〇八号、一九三四（大同三）年一月一二日

*116 前掲、満洲国政府公報邦訳一号

*117 満洲国史編纂刊行会『満洲国史各論』満蒙同胞援護会、一九七一年、一〇〇五頁

*118 （満洲国）政府公報六六九号、一九三六（康徳三）年六月一二日

*119 （満洲国）政府公報一一二五号、一九三七（康徳四）年一二月二八日

*120 （満洲国）政府公報六〇一号、一九三六（康徳三）年三月二一日

*121 （満洲国）政府公報八五一号、一九三七（康徳四）年一月二五日

*122 （満洲国）政府公報一六二八号、一九三九（康徳六）年九月一六日

*123 一八九七（明治三〇）年高知生まれ。一九二一（大正一〇）年東大土木工学科を卒業。都市計画東京地方委員会で新宿駅西口の駅前整備計画に携わる。満洲国民政部都邑科長、大東港建設建設局長を歴任した。戦後は日本道路協会常務理事を務めた。

*124 越沢明『哈爾浜の都市計画』一九八九年、三〇四頁

都邑計画法の特徴

「都邑計画法」（康徳三年六月一二日勅令第八二号）[*118]は一九三六年六月一二日に、「都邑計画法施行規則」（康徳四年一二月二八日院令第三八号）[*119]は一九三七年（康徳四年）一二月二八日に公布された。都邑計画法附則は、一九三六年三月二一日に民政部令第一二号[*120]で決定されていた哈爾浜都市計画への遡及適用を規定している。さらに、一九三七年一月二五日に民政部令第四号[*121]をもって奉天など三九都市が施行都市に指定された。新京では施行規則第三〇条に基づいて一九三九年に「都邑計画法建築細則」（康徳六年七月一七日首都警察庁令第四号）が定められた。

全七章九九条で構成され、それぞれ第一章：総則（第一～三条）、第二章：地域（第四～五条）、第三章：各種地域（第六～一〇条）、第四章：建築線、高サ其ノ他（第一一～一七条）、第五章：建築物ノ構造設備（第一八～六四条）、第六章：防空設備（第六五～七五条）、第七章：工事執行（第七六～九九条）を定めている。[*122]

「都邑計画法」は、「朝鮮市街地計画令」に倣って都市計画と建築取締が一体の法律となっている他、緑地区が導入されている。緑地区は日本の内外地で最初の緑地系用途地域である。これら以外に「市街地建築物法」との相違点として、容積率制の導入などがあるが、おおむね内地法の改良であった。

「都邑計画法」（一九三六）の起草者は近藤謙三郎とされるが、[*123・124]『満洲国史各論』には、「近藤謙三郎都邑計画科長と法制処の都留参事官」[*125]とある。ところが一九三四年[*126]と一九三五年[*127]の満洲国の政府職員録には、「法制処の都留参事官」はなく、代わりに国務院法制局の参事官と

*125 前掲、『満洲国史各論』

*126 多田商会『昭和九年版満洲官民職員録』一九三四年、一四頁

*127 『在満日満人名録』満洲日日新聞社、一九三五年、四四、九六頁

して「都富佃」の存在が確認できる。総務庁法制処は一九三五年一一月八日の官制変更[*128]で国務院法制局から移管された組織であるから、「都留」は「都富」の誤植と考えられる。なお都富は、一九三三年から法制局参事官を務めている[*129]。

国都建設計画法と都邑計画法の関係

国都建設計画法は一九三八年に改正（康徳五年一二月二八日勅令第三四三号）[*130]、翌年一月一日に施行された。附則に「新京特別市ハ都邑計画法第一条ノ規定ニ依ル指定都邑トシ本法施行前国都建設計画ノ規定ニ従ヒ決定シタル国都建設計画区域、国都建設計画、国都建設計画事業及毎年度執行スベキ国都建設計画事業ハ之ヲ都邑計画法ノ規定ニ従ヒ決定シタルモノト看做ス」と規定し、「都邑計画法」が新京の国都建設計画・事業【図10】へも遡及適応されることとなった。これをもって満洲国

【図10】新京都市建設計画用途地域配分並ニ事業第一次施行区域図（南満洲鉄道株式会社経済調査会『新京都市建設方策（別冊）』一九三五年を加工）

*128 （満洲国）政府公報日訳四九九号、一九三五（康徳二）年一一月八日

*129 満蒙資料協会『満洲紳士録』一九四〇年、六八六頁

の都市（邑）計画法令は、「都邑計画法」を一般法として体系化され、「国都建設計画法」はその特別法に位置付けられた。

都邑計画法の全面改正

「都邑計画法」は一九四二年に全面改正[*131]され、対応する施行規則[*132]が翌年に公布された。都邑計画科長であった木村三郎は、改正作業に携わった職員として、秀島乾[*133]、小栗忠七[*134]、菅原文哉の名を挙げているが[*135]、秀島は、技術関係事項は秀島が、事務関係事項は小栗が担当して立案したと述べている[*136]。「都邑計画法」の目的は、「国ノ綜合立地計画ニ即応」する「（都邑の）基本施設ノ綜合計画及其ノ実現並ニ之ガ保続」となった。綜合立地計画とは満洲国の国土計画であり、一九四〇年二月二六日に国務院会議で策定要綱が決定された。計画の主目標は、産業立地、人口配置、交通網計画、であった[*137]。保続という用語について、小栗は「保続とは、他の権力なり力なりを以て侵されない様に保持存続、即ち現状を存置するのが保続[*138]」と述べている。秀島は、「満洲に於て国土開発に伴ふ都市創設がその主体を占むる為に都市計画本然の姿でその設計が行はれる。即ち一鉄道駅又は旧都市が都市発生の起点とは成っても新都市のその多くはこれらに全然無関係に旧市街に禍されることなく飽迄も〝建主改従〟の精神で新しく計画され建設される[*139]」と、既成市街地を与条件としない新規市街地の計画・建設を明言している。永続的かつ羈束《きそく》的な統制手段としての都邑計画の機能が強調されている。

用途規制では、都邑計画区域を市街区域と緑地区域に二分する点が斬新であり、住居・商業・工業・混合の用途地域の下に規制を細分化する地区制度が存在した。秀島は、「都邑計

*130 （満洲国）政府公報一四一九号、一九三八（康徳五）年一二月二八日

*131 （満洲国）政府公報二五七八号、一九四二（康徳九）年一二月二三日

*132 （満洲国）政府公報二六一二号、一九四三（康徳一〇）年二月一〇日

*133 一九一一（明治四四）年佐賀生まれ。一九三六（昭和一一）年早大建築科を卒業後、満洲国技師。戦後は民間の都市プランナーとして活動した。

*134 一八九一（明治二四）年静岡生まれ。県立静岡中学卒業後、静岡県、東京府を経て内務省都市計画課勤務。『土地区画整理の歴史と法制』を著す。一九三九（昭和一四）年から満洲国交通部都邑計画司事務官。戦後は清水市復興部長に就任し、戦災復興に携わった。

*135 菅原文哉回顧録刊行会『菅原文哉回顧録』一九七八年、五三～五六頁

*136 秀島乾「新都邑計画法の立案について」『日本建築学会関東支部第16回研究発表会』一九五四年、一三～一六頁

*137 国務院総務庁「綜合立地計画策定要綱・調査要綱・調査項目」一九四〇年、一～二頁

*138 小栗忠七「都邑計画行政の特徴（一）保続制度に就て」『都市公論』二七巻四号、一九四四年、一七～一九頁

画法」(一九三六)は急を要したため内地法の直輸入になっていたが、内地の既成都市の改造とは異なり、満洲では国土開発に伴う都市創設が主体を占めるため実態と乖離しており、❶国土計画と都邑計画の技術的関連性、❷防空都市建設の問題、❸複合民族国家であることに起因する都邑内の民族別地域別秩序の構成、❹寒地都市の構築技術、の問題があり、❶に対して用途規制の充実化と容積街区制の導入による用途指定と容積率指定の分離、❷に対して空地街区制が、❸に対して集団住区制が導入された、としているが、❹については具体的に述べていない。

「都邑計画法」(一九三六)では建築取締と都市計画が一体化されたが、集団規定と単体規定の総括は「都邑計画本来の意義から不適当」であるとして、単体規定を分離した「建築法」の制定を予定し、「都邑計画法」(一九四二)には旧法の単体規定を残した[*140]が、建築法は制定されなかった[*141]。また、別途定められることとされた土地区画整理は、結局法制化されなかった。

「都邑計画法」(一九四二)に対応する「都邑計画の設計の仕方」として、一九四五年春に交通部内で都邑計画標準(案)が機関決定された。都邑計画標準は「都邑計画法と一体をなすもの」で、都邑計画策定のための技術基準に位置付けられていたが、政府公報での公表を見ないまま終戦を迎えている[*142]。「都邑計画法」(一九四二)に基づいた計画や事業は本格的な運用には至っていない。

*139 秀島乾「新都邑計画法に就いて」『満洲建築雑誌』満洲建築協会、二三巻五号、一九四三年、三〜二二頁

*140 前掲、「新都邑計画法に就いて」

*141 前掲、「新都邑計画法の立案について」

*142 秀島乾「都邑計画標準の構成」『日本建築学会関東支部第16回研究発表会』一九五四年、一七〜二〇頁

法令どうしの関係

第5節

都市計画法令以前の制度

表1に都市計画法令以前の市街地建設制度を示した。街路などインフラの系統的な整備と建築統制の組み合わせが基本であるが、土地の所有形態や統治施策上の力点の違いなどからの影響を受け、一様ではない。大連や満鉄附属地では、土地所有者が機関内で決定した計画に基づいてインフラを整備し、宅地を貸し付け（分譲）している。大連は、「市街計画」という法令で用途を規制した上で「官有地競売規則」（大正七年二月八日府令第六号）[*143]にのっとって分譲したのに対し、満鉄附属地では社則を条件として土地を貸し付けた。台北は、土地の権利制限制度（市区計画）に則ったインフラ整備や建築誘導で、後藤新平の影響を受けて衛生環境の改善が重視されている。[*144] 京城では伊藤博文が重視した治道整備の一部として道路が事業化されたため、建築誘導との連携が考慮されていない。[*145]

*143 官報一六六二号、一九一八（大正七）年二月一九日

*144 五島寧「台北都市計画に見る植民地統治理念に関する研究」『都市計画』二三六号、二〇〇二年、六八〜七六頁

*145 前掲、「日本統治下朝鮮の市区改正の特徴に関する研究」

従前制度と都市計画法令との関係

都市計画法令の導入前後の制度の継続性について、「朝鮮市街地計画令」（一九三四）では、「朝鮮市街地計画令施行規則」（一九三五）の附則の中で、❶「市街地建築取締規則」の廃止、❷「朝鮮市街地計画令」適用までの有効性、❸「市街地建築取締規則」に基づく許可への遡及適用、が定められており[*146]、法令の継続性・継承性が明記されている。京城市区改修予定計画路線と「朝鮮市街地計画令」に基づく市街地計画街路を比較すると、❶既設一六路線、❷廃止四路線、❸拡幅計画一八路線、❹変更なし六路線である。❹に含まれる一三号や二七号では、延長工事が継続し、制度上は継承を謳った規定はないが、事業継続が図られている[*147]。

	東京	京城（朝鮮）	台北（台湾）	大連（関東州）	満鉄附属地
明示された公定計画	（1889.5.20）東京市区改正条例（明治21年8月16日勅令62号）に基づく東京市区改正設計（明治22年5月20日東京府告示37号）	（1912.11.6）京城市区改修予定計画路線（大正元年11月6日朝鮮総督府告示78号）	（1900.8.23）台北市区計画（明治33年8月23日台北県告示64号）	（1919.6.11）大連市並拡張地域ニ於ケル市街計画（大正8年6月関東庁令21号）	—
計画の対象	道路、河川、橋梁、鉄道、公園、市場等	道路	道路、公園等	地区ノ区分（住宅地区、商業地区、工業地区、混合地区）	—
権利制限	（1889.1.28）建築等には東京府知事の認可が必要（東京市区改正土地建物処分規則（明治22年1月28日勅令5号）4条）かつ木造等に限定（建物制限ニ関スル件（明治22年5月21日東京府令84号））	なし	（1899.11.21）建築等には地方長官の許可が必要（明治32年11月21日律令30号）	（1919、6.9）大連市建築規則に基づく用途規制	—
建築取締	（未制定）	（1913.2.25）市街地建築取締規則（大正2年2月25日朝鮮総督府令11号）	（1900.8.12）台湾家屋建築規則（明治33年8月12日律令14号）	（1919、6.9）大連市建築規則（大正8年6月9日関東庁令17号）	（1919.3.29）南満洲鉄道株式会社建築規程（大正8年3月29日社則18号）
地域制度	—	（1913.2.25）悪臭・有毒ガス・煤煙粉塵を発する工場等を許容する地域の限定（6条）	なし	（1919、6.9）住宅地区、商業地区、工業地区、混合地区（47～58条）	（1919.3.29）商業地域、住宅地域（9、10条）（1925.7.18）住宅地域、商業地域、糧桟地域、工場地域（1条）
接道条件等	—	（1913.2.25）既存道路へ接道、無接道地への通路設置（3条4項）	（1900.8.12）指定道路沿いの亭仔脚義務化（台湾家屋建築規則4条）※指定道路は市区計画の道路（1907.7.30）既存道路へ接道、無接道地への通路設置（台湾家屋建築規則施行細則4条）	—	—
公定計画とインフラ整備・建築の関係	市区改正設計に基づくインフラ整備。道路の等級と構造制限の内容をリンクさせる東京市家屋建築条例は未制定	京城市区改修予定計画路線は道路整備の予定であって、土地の権利制限や建築統制と没交渉	土地の権利制限制度である市区計画に則ったインフラ整備や建築誘導	機関内で決定した整備計画に基づいてインフラを整備し、市街計画で建築物の用途を統制	機関内で決定した整備計画に基づいてインフラを整備し、南満洲鉄道株式会社建築規程を土地の貸し付け条件として用途を統制

「台湾都市地計画令」（一九三六）では、附則の中で❶「台湾家屋建築規則」の廃止、❷公益上必要な場合の改造・取り壊し命令の規定は当分有効、❸既に告示された市区計画への遡及適用、❹「台湾家屋建築規則」または「律令第三〇号」に基づく処分への遡及適用が定められており、法令の継続性・継承性が明記されている。建築行為等の制限（九条）は、事業認可後でなく計画決定後であることは、他の都市計画法令に先駆けている。「台湾都市計画令」の起草に参画した小栗忠七（内務省都市計画課嘱）は、「律令第三〇号」の踏襲と述べている。[*148] 亭仔脚の義務化も継承した。

「関東州州計画令」や施行規則には従前制度との関係を規定した条文が存在しない。既述のとおり「大連市建築規則」では耐火構造が義務付けられていたが、「関東州の建築物が多くは不燃質の材料で建築せられまする為に、その必要が少ない」として「関東州州計画令」には防火地区が設けられず、[*149] 耐火建築物を義務化する規定も存在しないなど、重要な成果が継承されていない。「大連市建築規則」における工場地区内からの住宅の排除（五七条）は、「関東州州計画令」の工業地域には継承されず（施行規則第三八条）、内地と同様に商業・住宅地域からの工場排除が主眼である。

「南満洲鉄道株式会社附属地建築規則」は満鉄の用地貸し付け条件であって、満洲国「都邑計画法」（一九三六）は満洲国法による財産権の制限であったから、制度の趣旨は異なる。両者は継承関係になく、関係を規定する条文も存在しない。満鉄附属地は一九三七年一一月八日まで日本の主権下にあって、満洲国の治外法権であり、「国都建設計画法」や「都邑計画法」は満洲国法であるから、公布時点では満鉄附属地に及んでいなかった。治外法権の撤廃後に改正された「国都建設計画法」（一九三八）は、「国都建設計画事業ニシテ旧満鉄附属地、旧

*146 朝鮮総督府官報二五九三号、一九三五（昭和一〇）年九月二日

*147 前掲、「日本統治下京城の近代都市計画導入時期に関する研究」

*148 小栗忠七「常夏紀行（一〇）」『都市公論』一九巻九月号、一九三六年、一〇〇〜一一五頁

*149 前掲、「第六回総会要録」一七一頁

右頁：**[表1]** 都市計画法令以前の制度比較

（官報1541号（1888年8月17日）・1673号（1889年1月29日）、警視庁東京府公報60号（1889年5月20日）、東京市区改正委員会「東京市区改正法規」1903年、p.9、朝鮮総督府官報81号（1912年11月6日）・169号（1913年2月25日）、台湾総督府報70号（1897年4月29日）・644号（1899年11月21日）、府報（台湾総督府）796号（1900年8月12日）、関東庁庁報34号（1919年6月1日）、南満洲鉄道株式会社社報3613号（1919年3月30日）・5496号（1925年7月21日）より筆者作成）

市街区域及旧中東鉄路附属地ヲ除ク区域ニ於ケル事業ノ執行ニ要スル費用ハ国ノ負担トス」[*150]と、旧満鉄附属地には国費を投入せず、新規市街地と同等には整備しないことを明文化している。「都邑計画法」（一九四二）について、起草者の秀島乾は、「都邑計画法」（一九三六）が「建国早々の急を要せし国情の為……日本法直輸入」であったが、本来満洲では、「国土開発に伴ふ都市創設」が主体であって、「都邑計画法」（一九四二）では、「都市計画本然の姿」を設計するとしている。具体的には「一鉄道駅又は旧都市が都市発生の起点とは成っても新都市のその多くはこれらに全然無関係に旧市街に禍されることなく飽迄も〝建主改従〟の精神で新しく計画され建設されるのである」[*151]と述べている。「朝鮮市街地計画令」は新市街地創設を、大台北市区計画は都市の膨張進展への順応を謳っており、新規市街地開発が満洲に特有の計画条件ということではないが、満洲国が隣接する既成市街地を「禍《わざわい》」と見なし、継承の否定を方針としていることは重要である。このように、満鉄附属地における市街地建設と満洲国の都邑計画は、隣接する市街地整備ではあるが、継承関係にはない。

従前制度との関係について、朝鮮では継承が図られ、台湾では制度上も継承が明確であるが、関東州では没交渉で、満鉄附属地から満洲国への移行では断絶している。朝鮮と台湾では都市計画法令と直接的な連続性をもつ制度によって、伝統的な都市が改造されている。第3章ではその市街地改造の特徴を考察する。

外地法令の継承関係と相違点

「朝鮮市街地計画令」（一九三四）について、牛島省三（朝鮮総督府内務局長）は、「都市計画法」

*150 前掲、（満洲国）政府公報一四一九号

*151 前掲、「新都邑計画法に就いて」

*152 「朝鮮市街地計画令の発布に就いて　牛島局長語る」『京城日報』、一九三四年六月二〇日、朝刊三面

*153 満洲帝国協和会科学技術聯合部会建設部会『康徳十年版建設年鑑』一九四三年、一六八頁

*154 小川広吉「台湾都市計画令の特色」『区画整理』三巻四号、一九三七年、六九〜七五頁

*155 前掲、「関東州州計画令に就いて」

*156 前掲、「第六回総会要録」一七〇頁

*157 前掲、「朝鮮に於ける都市計画の特異性」「台湾都市計画令の異色」「第六回総会要録」

「市街地建築物法」「特別都市計画法」の市街地土地区画整理の規定、を盛り込んだとしている。[*152]「都邑計画法」（一九三六）について奥田勇（国務院総務庁建築局技正）は、「都市計画法」「市街地建築物法」「朝鮮市街地計画令」に範をとったとしている。[*153] 小川広吉（台湾総督府嘱）によれば、「台湾都市計画令」（一九三六）の母法は「都市計画法」「市街地建築物法」「耕地整理法」「朝鮮市街地計画令」である。[*154] これらに対して、「関東州州計画令」は総合的見地から都市と農村の土地の利用開発を統制するのであって、内地、朝鮮、台湾の大都市中心主義とは異なると説明されるが、[*155] 起草者である西村輝一は「従来都市計画法の運用の実績に鑑みまして、其の短を捨てて長を採ると云った趣旨で改められた規定も亦少なくない」[*156] と説明している。このように、各法令は先行する他地域の法令を参照しながら策定されており、元をたどれば内地の法律に行き着く**【図11】**。従前制度の継承の扱いはさまざまであるが、外地都市計画法令における個別制度の基本的構造は同じである。各地域の制度が独自に発展したというよりも、内地制度の構造の移入が主軸であった。

表2は、内地法との相違点の比較である。[*157] **表1**に示した従前制度が、その目的や手法がバラバラであったのに比較して、**表2**の各法令は、計画の決定方法や対象、土地利用の誘導手法、計画と権利制限など、基本的構造が内地とほぼ同じである。その点で外地都市計画制度は大局的には標準化されている。「都市計画法」（一九一九）と「市街地建築物法」（一九一九）が適用範囲を勅令で定めていたのに対し、「朝鮮市街地計画令」（一九三四）には相当する規定がなく、市街地拡張・新市街地創設の重視が強調される。「朝鮮市街地計画令」の発布時点では、「都市計画法」「市街地建築物法」の適用区域の決定権限は内務大臣に一元化されていて、同時点では大きな違いがない。都市施設用地の権利制限や接道条件では台湾の規定が厳しく、

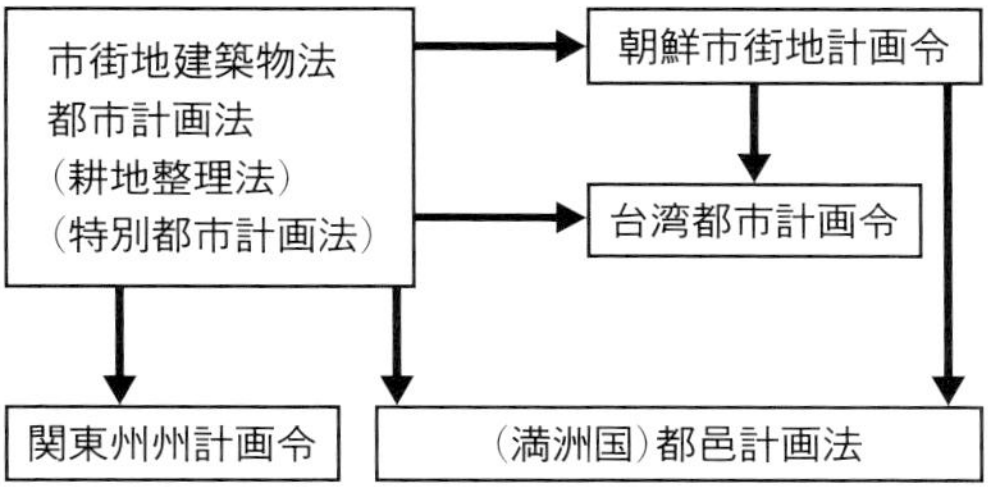

[図11] 都市計画法令の継承関係
（「朝鮮市街地計画令の発布に就いて――牛島局長語る」『京城日報』、1934年6月20日朝刊3面、満洲帝国協和会科学技術聯合部会建設部会『康徳十年版建設年鑑』1943年、p.168、小川広吉「台湾都市計画令の特色」『区画整理』3巻4号、1937年、pp.69 ～ 75、西村輝一「第六回総会要録」全国都市問題会議、1939年、p.171 より筆者作成）

他は内地並みである。表2以外では、形態規制に異同があるが、主に数値や空地規制の実現手法の違い（容積率か建蔽率か）である。例外は「都邑計画法」（一九四二）の容積街区制で、計画人口の保持を目的に用途指定と容積率指定を分離した。用途規制と同様に、従来の市街地からの脱却が強調された制度であった。[*158]

以上のように、内地法と外地各法令は個別制度・手法の基本的構造には共通性が観察されるが、外地都市計画法令には、❶都市計画と建築の統合、❷緑地系用途規制の存在、❸用途規制や形態規制の細分化、のように内地法と異なる特徴がある。上記以外に、内地に見られないスキームとして、満洲国における土地公有化が知られる。その法的位置付けや背景を知るためには、❹面整備手法の考え方についても比較分析が必要であろう。第4章以降では、上記の❶から❹について、各相互関係の考察を通して制度の趣旨や特徴を分析する。

本章では、各地域の制度の成立過程を踏まえ、外地都市計画史を概説し、各法令の特徴と相互の位置関係を考察した。土地所有形態の違いや統治施策の影響から、都市計画法令導入以前の外地の市街地建設制度は多様であったが、外地都市計画法令は内地法の移入を基調とし、大局的には制度の標準化であることを指摘した。各都市計画法令は、先行する他地域の法令を参照しながら策定されており、個別制度の基本的構造が共通することを明らかにした。

*158
「都邑行政の機能明示 都邑計画法を全面的に改正（けふ発表）」『満洲日日新聞』一三三三〇号、一九四二年一二月二〇日、朝刊二面

[表2] 都市計画法令の比較
（官報1999号（1919年4月5日）・2449号（1920年9月30日）・1871号（1933年3月29日）・2177号（1934年4月7日）・3367号（1938年3月28日）・3601号（1939年1月9日）・3969号（1940年4月1日）・4194号（1940年12月28日）、朝鮮総督府官報300号（1927年12月28日）・2232号（1934年6月20日）・4173号（1940年12月18日）、（台湾総督）府報2770号（1936年8月27日）、（台湾総督）府報4292号（1941年9月14日）、（満洲国）政府公報669号（1936年6月12日）・2578号（1942年12月23日）より筆者作成）

		内地	朝鮮	台湾	関東州	満洲国
法令の構成	都市計画	都市計画法	「朝鮮市街地計画令」	台湾都市計画令（＋台湾都市計画関係民法等特例）	関東州州計画令	都邑計画法
	建築	「市街地建築物法」				
	区画整理	都市計画法（＋耕地整理法準用）	「朝鮮市街地計画令」（＋朝鮮土地改良令準用）			別に定める
対象地域	都市計画	（1919.4.4）勅令で指定する市（都計法2条） （1933.3.28）全ての市、内務大臣指定の町村（都計法2条）	限定なし	限定なし	限定なし	（1936.6.12）主管部大臣の指定する都邑（法1条） （1942.12.23）限定なし
	建築	（1919.4.4）勅令で指定する市等（物法23条） （1934.4.6）内務大臣の指定する市街地（物法23条）				
都市計画の対象		（1919.4.4）道路、広場、河川、港湾、公園、その他（都計法15条）、地域・地区（都計法10条2項）	（1934.6.20）道路、広場、河川、港湾、公園、その他（令6条）、地域・地区（令25条）	（1936.8.27）道路、広場、河川、港湾、公園、その他（令8条）、地域・地区（令18条）	（1938.2.19）道路、広場、河川、港湾、公園、その他（令15条）、地域・地区（令22条）	（1936.6.12）道路、農場、公園、河川、埠頭、上下水道用地（法31条）、地域・地区（法26条） （1942.12.23）道路、溝渠、河川、運河、公園、墓苑、緑地、その他（法24条）、地域・地区（法43、44条他）
都市計画の決定		（1919.4.4）都市計画委員会の議を経て、内務大臣が決定して内閣の認可（都計法3条）	（1934.6.20）区域に関係のある府会、邑会または面協議会の意見を聞き総督が決定（令2条） （1940.12.18）上記および朝鮮市街地計画委員会の意見を聞き総督が決定（令2条）	（1936.8.27）台湾都市計画委員会の意見を聞いて総督が決定（令2条）	（1938.2.19）関東州州計画評議会の意見を聞いて満洲国駐剳特命全権大使が決定（令2、3条）	（1936.6.12）都邑計画委員会の議を経て主管部大臣が決定（法4条） （1942.12.23）都邑計画審議会の議を経て交通部大臣が決定（法5条）
都市施設用地における工作物の新築改築や土地の形質変更		（1919.4.4）事業認可後は、地方長官（知事）の許可が必要（都計法11条、都計令11、12条） （1940.3.30）計画告示された公園・緑地・広場および土地区画整理については地方長官（知事）の許可が必要（都計法11条ノ2、都計令11ノ2）	（1934.6.20）事業認可後は、道知事の許可が必要（令10条） （1940.12.18）計画告示後は、道知事の許可が必要（令10条）	（1936.8.27）計画告示後は、州知事・庁長の許可が必要（令9条）	（1938.2.19）事業決定後は、関東州庁長官の許可が必要（令10条）	（1936.6.12）行政官署が事業者として買収を公告した後は地方官所の許可が必要（法12、13、31条、規則5条） （1942.12.23）都邑計画区域内での交通部大臣の指定する行為には許可が必要（法36条）
用途規制		（1919.4.4）住居地域、商業地域、工業地域、工業地域内特別地区（物法1条） （1938.3.28）住居地域内に住居専用地区（物法2条）、工業地域内に工業専用地区（物法4条）	（1934.6.20）住居地域、商業地域、工業地域（令15条）、工業地域内特別地区（令18条） （1940.12.18）緑地地域と混合地域を追加（令15条）、緑地地域以外の地域内に特別ノ地区、工業地域内特別地区廃止（令19条ノ3）	（1936.8.27）住居地域、商業地域、工業地域、すべての地域内に特別地区（令21条） （1941.9.14）特別地区として住居専用地区、特別住居地区、商業専用地区、工業専用地、特別工業地区を設定（規則37条ノ2）	（1938.2.19）住居地域、商業地域、工業地域、農業地域（法17）、住居専用地区、特別住居地区、商業専用地区、第一種工業地区、第二種工業地区、第三種工業地区（法17条、規則40条）	（1936.6.12）住居地域、商業地域、工業地域（法17条）、緑地区（法25条） （1942.12.23）市街区域・緑地区域（法43条）、住居地域、商業地域、工業地域、混合地域（法44条）.個別地区、集合地区、特定地区（法45条）、商館地区、店舗地区、観興地区（法46条）、特工地区、重工地区、軽工地区、倉庫地区（法47条）
建築の接道条件		（1919.4.4）9尺以上の既存道路（物法8条、26条）、計画が告示された道路（物令30条） （1938.3.28）9尺以上の既存道路を4m以上に変更（物法26条）、2.7m以上4m未満の行政官庁が認めた道路を追加（物令30条）	（1934.6.20）幅員4m以上の既存道路、行政官庁が認定した既存道路、計画告示された道路（令26、37条）	（1936.8.27）告示された計画道路および土地区画整理設計の道路（令29、41条）	（1939.12.29）幅員5m以上の道路、州庁長官指定の幅員5m未満の道路、州庁長官の指定する州計画または土地整理による予定道路（規則31、32条）	（1936.6.12）4m以上の既存道路道路（法27、37条）、地方官署が認定した既存道路、計画告示された道路（規則40、41条） （1942.12.23）計画告示された道路、地方官署が認定した道路（法59条）
（凡例）		都計法：都市計画法、都計令：都市計画法施行令、物法：「市街地建築物法」、物令：「市街地建築物法」施行令	令：「朝鮮市街地計画令」	令：台湾都市計画令 規則：台湾市街地計画令施行規則	令：関東州州計画令 規則：関東州州計画令施行規則	法：都邑計画法

第3章

伝統都市の改造
——京城と台北

本章では、
京城と台北の市区改正による
改造の実態を考察する。
伝統的な都城空間は
日本の統治時代に
どのように変容したのだろうか。

京城や台北の市区改正の法制度・計画は、都市計画法令施行以降にも継承され、事業の展開も連続している。今日のソウルや台北の中心部の街路骨格はその市区改正時期に形成されたものであるため、広い意味で日本の都市計画の結果でもある。朝鮮や台湾の都城の伝統的な位置選定・構成原理としては風水地理説が知られ、市区改正は伝統的な構成原理で形成された都市空間の改造である。現代の韓国には、「朝鮮総督府が、植民地統治下にある朝鮮人民の反抗を恐れ、（中略）民族の指導的人材が生まれそうな明堂《めいどう》の気脈を断つため、（中略）わざと鉄道や道路を建設したりして、風水的厭勝《ようしょう》を図った」[*1]とする主張（いわゆる「日帝断脈説」）が存在する。反対に台北の既成市街地である艋舺《ばんか》・大稲埕《だいとうてい》では「在来道路を無視する道路新設は経費がかかるため、在来道路をなるべく利用して改良するよう設計している」[*2]と説明されている。また、京城については、「日本人居住地と朝鮮人居住地の格差が拡大した。とくに、社会資本整備や都市計画の施行とともに、日本人居住区の優位性は高まっていった」[*3]という主張もある。本章では、京城と台北の市区改正による改造の実態を考察する。

*1 野崎充彦『韓国の風水師たち』人文書院、一九九四年、一四〇頁

*2 越沢明「台湾・満州・中国の都市計画」『植民地化と産業化（近代日本と植民地3）』岩波書店、一九九三年、一八九頁

*3 橋谷弘『帝国日本と植民地都市』吉川弘文館、二〇〇四年、七五～七六頁

第1節 漢城の構成と日本人居留地

漢城の構造

高麗王朝を滅ぼした李成桂《イソンゲ》は、一三九三年陰暦二月一五日に国号を朝鮮と改め[*4]、一三九四年陰暦一〇月二五日に「漢陽」（一三九五年陰暦六月六日に「漢城《ハンソン》」へ名称変更[*5]）への遷都を決定した[*6]。後の京城府《けいじょうふ》、現在のソウル特別市（韓国）の中心部である。一三九四年一一月二日に宗《チョン》廟《ミョ》・社稷壇《サジクタン》等の位置選定を経て[*7]、一三九五年陰暦九月二九日に宗廟・社稷・景福宮《キョンボックン》（王宮）および光化門前の官庁街が竣工している[*8]。都城を守る城郭は、一三九六年陰暦九月二四日に完成した[*9]。

漢城の選定には風水地理説の影響が知られる。風水地理説では、土地の隆起した部分（山）に崑崙山《こんろんさん》から流れる生気である「龍脈」の良否、土地の生気を吹き飛ばさないように風を蔵む山（砂）の調和、生気の散逸を抑える水の流れを踏まえて土地の生気の凝集された場所（穴）

*4 太祖実録、巻之三、四張（学習院東洋文化研究所『李朝実録 第一冊』一九五三年、一六一頁）

*5 太祖実録、巻之七、十三張（前掲、『李朝実録 第一冊』、三一六頁）

*6 太祖実録、巻之六、十六張（前掲、『李朝実録 第一冊』、二八一頁）

*7 前掲、太祖実録、巻之六、十六張

*8 太祖実録、巻之八、六張（前掲、『李朝実録 第一冊』、三二九〜三三一頁）

*9 太祖実録、巻之十、五張（前掲、『李朝実録 第一冊』、三八二頁）

を判定する。図1は風水地理説における主要な地形の配置の一例である。全ての要素が常に観察されるわけではない。風水地理説は位置選定の単なる権威付け以上に、正当性の根拠となっていることが特徴である。

都城内の諸施設の位置関係には、『周礼《しゅらい》』「考工記」の影響も指摘される。『周礼』は儒家が重視する経書で、周の行政組織を記録した歴史書という体裁だが、定説では漢代の成立である。「考工記」には「匠人営国方九里傍三門　国中九径九緯経涂九軌　左廟右社面朝後市（国城は九里四方の正方形で、各辺に門が三つずつ、主要道路は縦横に九本ずつで、王宮の門外左に祖廟《そびょう》を、右に社稷壇を、前に政府機関を、後ろに市を設ける）」[10]とある。漢城の場合は、王宮の前に政府機関（六曹《ユクチョ》）が並び、左に宗廟、右に社稷が位置するものの、幾何学的対称は見せず、観念上のバランスに留まり、都城も方形ではない。漢城への龍脈は白頭山《ペクトゥサン》（中朝国境の山）を祖山《そざん》（龍脈が最初に出ずる山）とし、[11]北方から流れてくるとされることから、北に山を背負う都城の北側の方が地勢上優位となる。その結果、王宮や離宮、社稷壇、宗廟などの主要な施設は北側に偏っている。一般に清渓川《チョンゲチョン》の北側は「北村」と呼ばれ、南側の「南村」よりも格上とされていた［図2］。

一八七七（明治一〇）年に江華島条約を締結した日本は、甲申政変（日本を後ろ盾とする開化派によるクーデター未遂）の講和交渉の結果、朝鮮政府から南山山麓に公使館を提供された。外務省は治安保持の観点から、公使館周囲の一定の範囲に日本人を居住させることとした。[12]

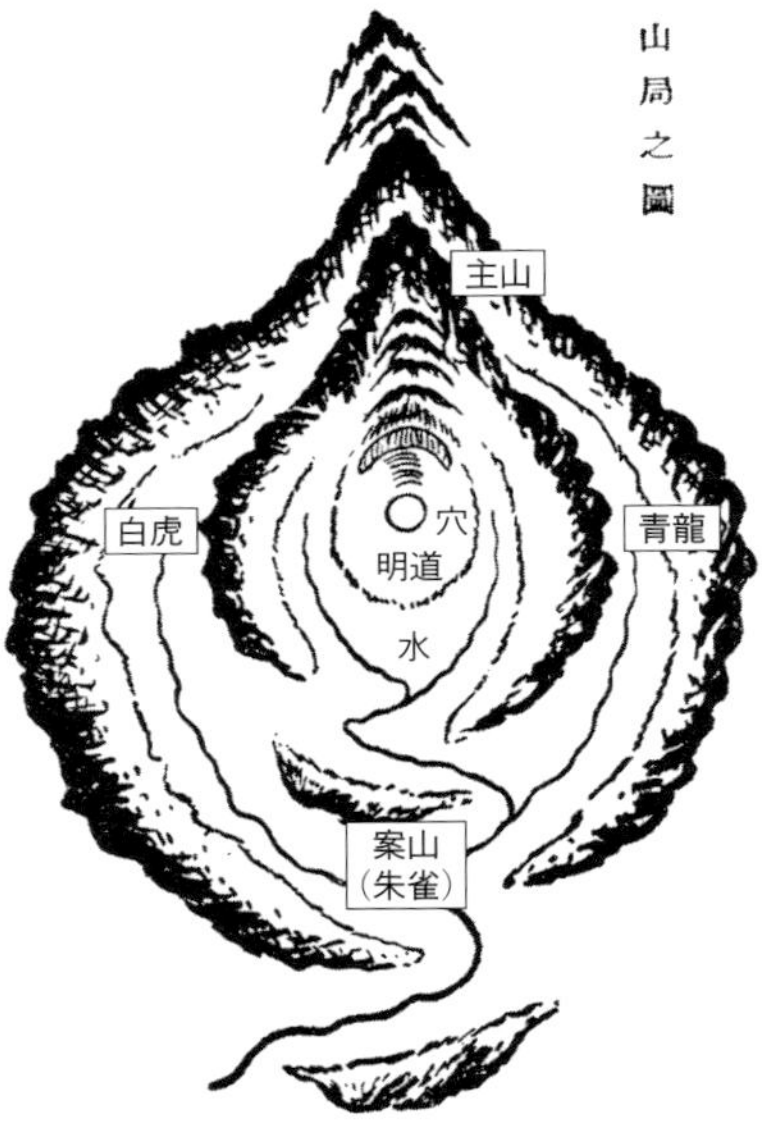

［図1］風水地理説の概念図
（村山智順『朝鮮の風水』1931年、p.17、復刻版：国書刊行会、1972年）

*10 林尹註譯『周禮今註今譯』台湾商務印書館、一九七二年、四七一～四七五頁

*11 村山智順『朝鮮の風水』朝鮮総督府、一九三一年、三三頁

*12 近藤真鋤「機密第弐拾七号城内開市区域ノ事」一八八五年（JACAR（アジア歴史資料センター）：Ref.B10073397600、韓国各地開港関係雑件 第一巻（外務省外交史料館））参照。したがって、この居留地は釜山などのような租借契約に基づく専管居留地ではない。

これが京城の日本人居留地の始まりである。日露戦争後、日本人住民の人口は激増し、居留地の範囲も拡大した。

[図2] 漢城復元図（19世紀後半）
（金正浩『首善全圖』1825年、陸地測量部『1:10,000地形図 京城』1915年、朝鮮総督府内務局土木課『朝鮮土木事業誌』1937年、pp.1041～1044、京城府『京城府史 第二巻』1936年、p.594、近藤真鋤『機密第弐拾七号城内開市区域ノ事』1885年（JACAR :Ref.B10073397600、韓国各地開港関係雑件 第一巻［外務省外交史料館］）から筆者作成）

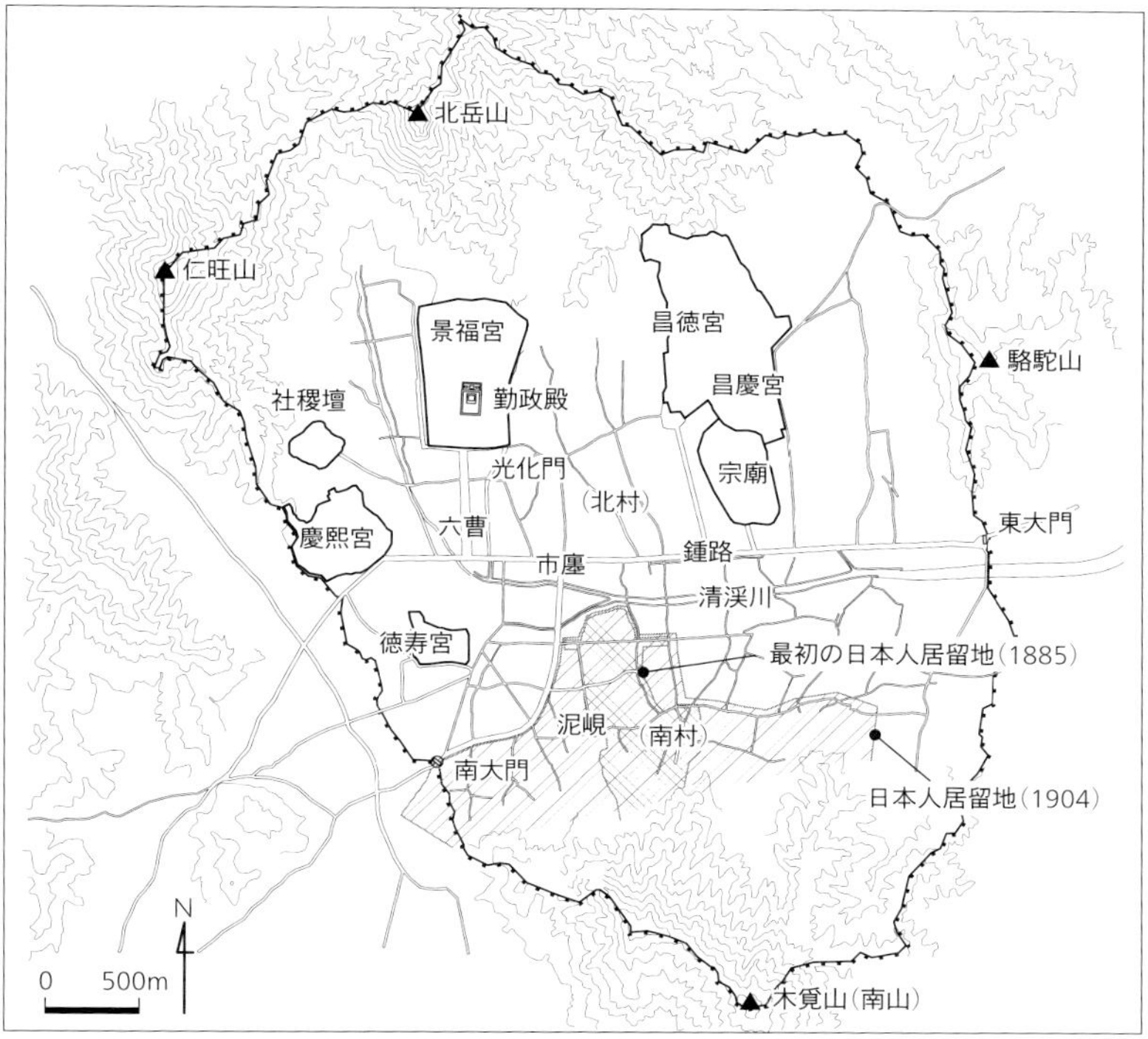

第2節 京城市区改正の思想と影響

市区改正の展開

朝鮮総督府の年次施政報告書に『朝鮮総督府施政年報』がある。大正一二年度版以降から最終の昭和一六年度版まで、「朝鮮市街地計画令」など都市計画関連の記述は「都市施設」の項目にある。「朝鮮市街地計画令」登場以前の大部分の記述は「京城市区改正」に割かれており、紙面上は都市計画を代表する扱いである。

一九一二（大正元）年の第一期市区改正では、既存の広幅員街路（一号：光化門通、四号：鍾路）を生かし、鍾路《しょうろ》（東西方向）や南大門《なんだいもん》通（南北方向）と平行に街路を配し、格子型の街路パターンを形成させている。南北方向の整備が活発で、東西方向は八号（黄金町通）のみであった。九号や一一号は新設街路の整備で、既存道路の拡幅でない。総督府が市街地内を相互に結ぶ道路建設を重視していたことがわかる。二七号、二九号は計画線形からやや離れて既存街路

*13 川村湊『ソウル都市物語——歴史・文学・風景』平凡社新書、二〇〇〇年、九九〜一〇七頁

*14 京城府『京城都市計画資料調査書』一九二七年、八、一九一、三六九、三七一頁

の拡幅として事業化されている。一九一九（大正八）年の第二期市区改正では、南側の龍山《りゅうざん》方面へ延びる路線が追加された。格子型の街路網を基本としつつも、六号が既存細街路に近い線形に変更され、二七号、二九号が事業化された場所に移動している。京城市区改正は、主に王宮前や鍾路に限られていた漢城の骨格街路網を、格子型を基調に改編していく過程であった【図3】。

日本人居留地の影響

日本人居留地を起源として、日本人と朝鮮人の居住分化が指摘されている。[13] 日本人の居住地に優先的にインフラが整備されたという報告もある。橋谷弘は、一九二五年の水道普及率のデータ[14]を挙げて「日本人居住地と朝鮮人居住地の格差が拡大した。とくに、社会資本整備や都市計画の施行とともに、日本人居住区の優位性は高まっていった（中略）たとえば（中略）民族別統計のある水道をみると朝鮮人への普及率が非常

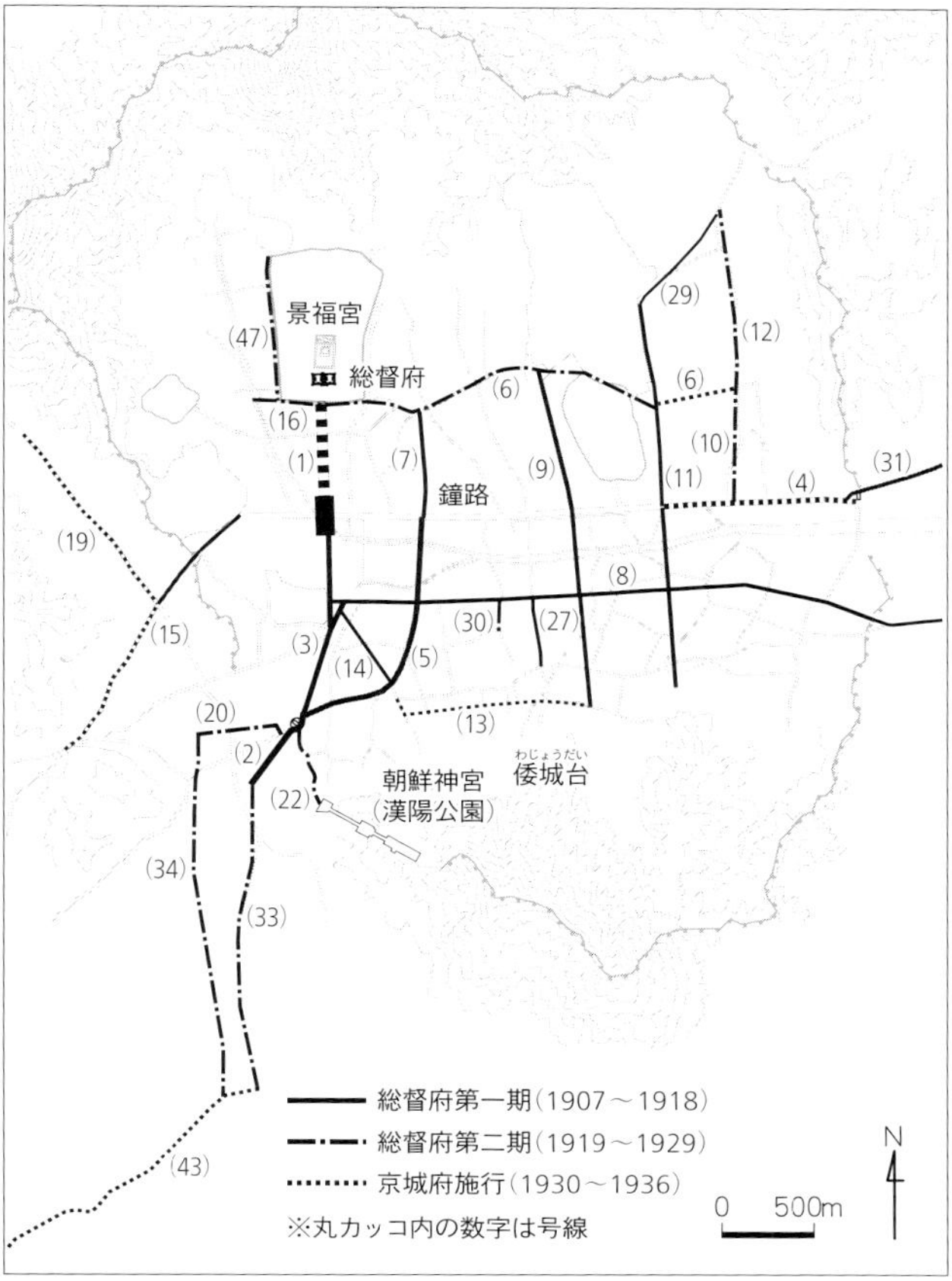

【図3】京城市区改正の整備箇所
（朝鮮総督府内務局土木課『朝鮮土木事業誌』1937年、pp.1042～1043、京城府「京城府歳出入予算書」各年版および朝鮮総督府「京城市街地計画決定理由書」1938年、pp.101～102から筆者作成）

に低かったことがわかる」と主張している。[15] 橋谷の言うように総督府のインフラ整備によって日本人の居住地の優位性が高まったとするなら、日本人居留地の存在は、京城市区改正の重要な与条件となるだろう。

一九二五年時点の京城市街の水道は、日本人居留地の展開した南山北側を中心に敷設されていて、日本人・朝鮮人の居住地に、水道施設の格差が存在していたことは事実である。これらの施設は朝鮮総督府に買収された英米資本の私設水道を起源としていて、一九二八年まで水源拡張以外の工事はなく、京城市街での日本の政府機関による水道工事は、一九二八年からの低水区の拡張整備が最初である。[16] これは朝鮮人住民の多い城内北部への配水を目的としていた。したがって、朝鮮総督府の都市計画ないしその前身の一つである市区改正の施行とともに、日本人・朝鮮人の居住区域におけるインフラの整備水準の格差が拡大したわけではない。[17]

むしろ、日本人居住地では市区改正の展開が遅れ、日本人住民の反発を招いている。治道事業の一環として、太平通や黄金町通の整備が始まると、本町通沿道の日本人主要地権者が「道路が狭隘なるために多大の交通上不便を感ずるのと、又併せて甚だ危険」[18]であるとして、道路拡張期成会を組織し、日本人居留地内の本町通（後の忠武路）を拡幅する計画を立案した。京城居留民団（日本人の自治組織）も全面的に賛同し、[19] 朝鮮総督府へ請願書を提出した。ところが、「持地局長は曩に提出せる希望の表示を軽視して全く之を忘却し、（中略）殊に道路拡張の件は土木会議にて決するものにて変更し難し、猶果して請願書をせりとならば、予の出張不在中の事なるべしと答弁せり」[20]と朝鮮総督府側の対応は冷淡で、民団側は「新領土首府の民意を代表する請願を見ること反古に等しからんとす、（中略）吾人は総督府属僚の職務の

*15 前掲、『帝国日本と植民地都市』

*16 朝鮮総督府内務局土木課『朝鮮土木事業誌』一九三七年、一一一三、一一二三～一一三五頁

*17 五島寧「京城の市街地整備における日本人居留地の影響に関する研究」『都市計画論文集』四八巻三号、二〇一三年、五一三～五一八頁

*18 淵上貞助「京城本町通の道路拡張に就て」『朝鮮』四三号、一九一一年九月号、四八～四九頁

*19 前掲、「京城本町通の道路拡張に就て」四九頁

*20 大村友之丞「京城回顧録」朝鮮研究会、一九二二年、二四八～二四九頁

*21 前掲、「京城回顧録」二五〇頁

*22 「南部幹線が出来れば本町は京城の心斎橋／京城駅から奨忠壇に至る十五間はばの大道路計画／期成会の運動進む」『京城日報』六五七五号、一九二六年三月二〇日、夕刊二面

*23 「幹線道路の補助承認」『京城日報』七四四三号、一九二八年八月一七日、朝刊七面

*24 「本町通りの裏を貫く大幹線道路 四百万円を投じて十年計画で施行」『京城日報』七〇四四号、一九二八年八月一八日、朝刊二面

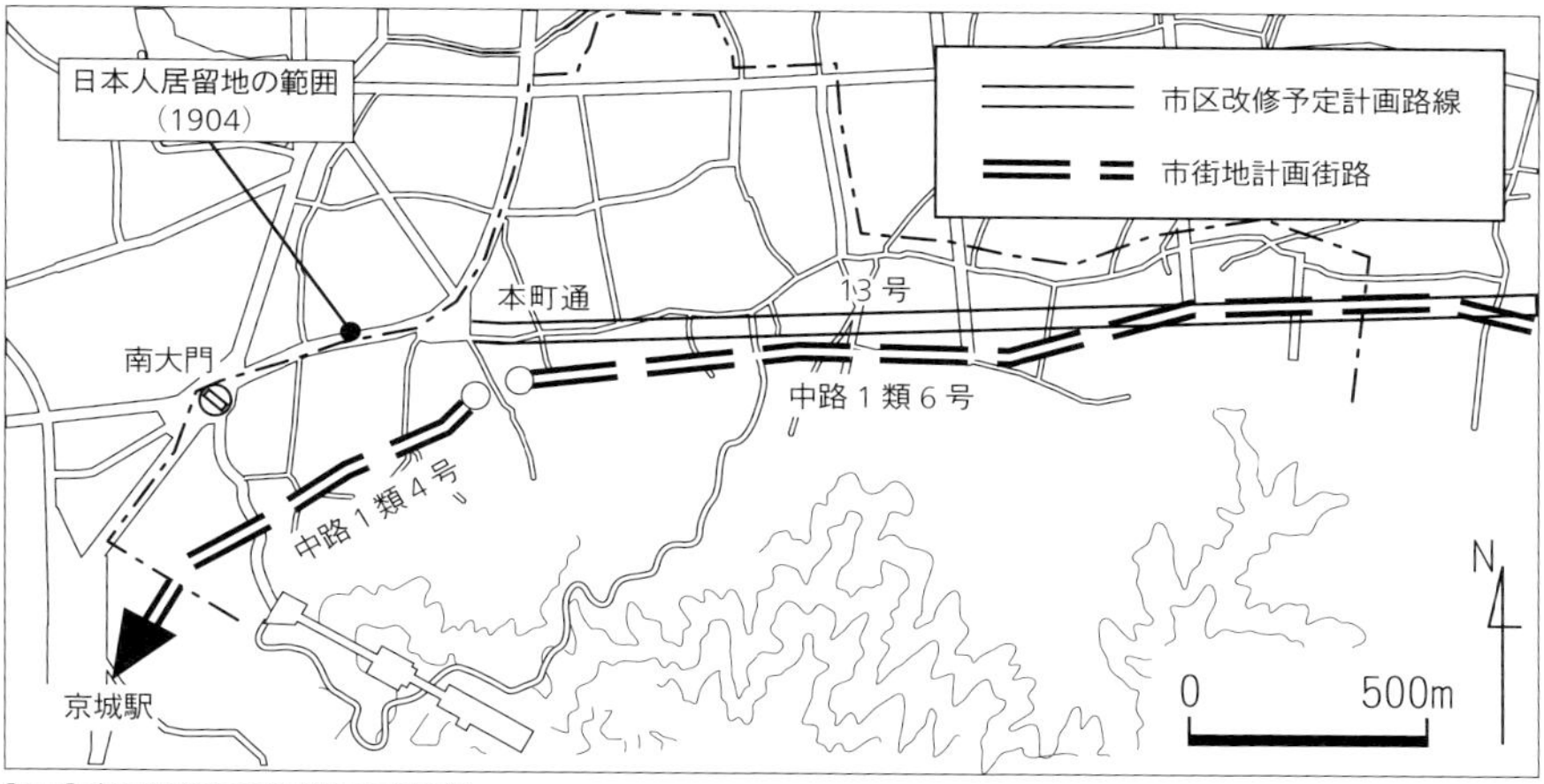

[図4] 本町通付近の街路計画の変遷
（朝鮮総督府官報81号、1912年11月6日、朝鮮総督府内務局「都市計画概要」1938年付属の「京城市街地計画街路網図」から筆者作成）

荒廃を歎ぜざる能はず[*21]」と激しく非難している。本町通の拡幅は市区改修予定計画路線一三号として計画告示されたが着手されず、府民有志は一九二五年一〇月に整備促進を請願する「期成同盟会」を結成し、代替案として南部幹線（京城駅から本町通南側を経由して奨忠壇《しょうちゅうだん》に至る一五間の道路）の建設について一三〇名分の署名を添えて総督府に請願書を提出した。[*22]その二年後に市区改正の事業主体が朝鮮総督府から京城府へ移管される際、南部幹線がようやく事業採択されている。[*23]『京城日報』の報道は、「本府では、この道路一本に四百万円を投ずることは不賛成の模様で、本府の意向としては府内全体にわたり万べんなく施行するはらでゐる、しかし京城府は本道路にかなり期待してゐるから、この所本府とやや意見をことにする訳である[*24]」と述べている。引用部分の「本府」とは朝鮮総督府のことである。ここから、朝鮮総督府が市街地全域の道路配置のバランスを重視し、本町通よりも整備水準の低い箇所の事業化を優先していたことがわかる。一九二八年の交通量調査[*25]では、黄金町通（八号）や鍾路（四号）と同程度の交通量が、幅員で四分の一～五分の一の本町通に集中している。本町通の拡幅を求める日本人住民の主張には一定の合理性があり、単なる住民エゴというわけではない。一三号は一九三五年に整備が始まり、[*26]「朝鮮市街地計画令」の適用後は京城市街地計画街路中路一類四号（旭町二丁目～京城駅前、幅員二〇メートル）および中路一類六号（旭町二丁目～新堂町、幅員二〇メートル）[*27]として事業が継続した。[*28]完成後は昭和通[*29]と呼ばれ、本町通（後の忠武路《チュンムロ》）とは別の街路となっている。独立後は退渓路《テゲロ》と改称された【図4】。

朝鮮総督府は市街地全体の整備バランスを重視し、既に一定の整備が施されていた日本人の居住地への投資はむしろ消極的であった。日本人住民の意向に対して冷淡で、超然的にインフラ整備を進めている。住民意見の黙殺は今日では問題のある姿勢とはいえ、整備水準の低い箇所への投資の優先は、ある意味合理的ではある。だが、次のような事例になると、合理的とばかりは言っていられない。

風水破壊と今日の復元

風水地理説は、地形や水の流れから土地の善し悪しを判断する価値体系である。地形の改変は場所の意味の変化を意味し、丘陵や山脈の切り下げは、「脈の切断」と認識される。一九〇九（明治四二）年、統監府設置後の漢城府は京城日報社（後に京城府庁舎が建設される場所）西側の坂道の切り下げ（後の市区改修予定計画路線三号の位置）を行っている。『京城府史　第二巻』

*25 京城府「京城都市計画調査書」一九二八年、二〇八～二〇九頁

*26 京城府「京城府歳出入予算書」各年版

*27 朝鮮総督府官報二九八五号、一九三六年一二月二二日

*28 京城府「京城都市計畫要覧」一九三八年、三六～三九頁

*29 서울（ソウル）特別市史編纂委員會「洞名沿革攷 中區編」一九六七年、一一一頁

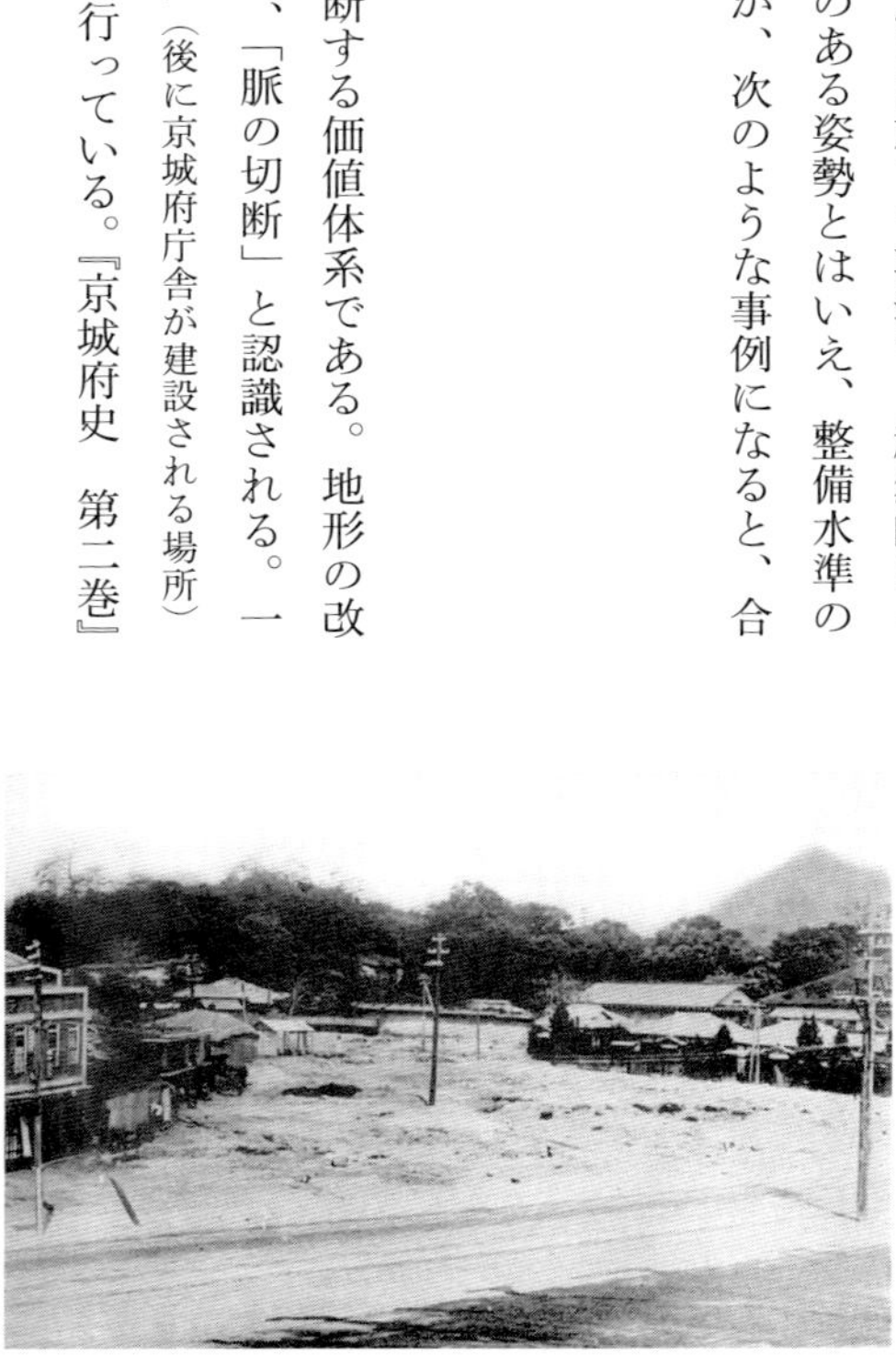

【図5】市区改修予定計画路線六号着工前
（朝鮮総督府内務局土木課『朝鮮土木事業誌』一九三七年）

には、「隆熙《ユンヒ》三年（明治四十二年）現太平通京城日報社西側にあった坂道を切り下げ清渓川の沿岸を埋めた。此の時多数民衆は泣いて厳妃に訴へ、かの坂道を毀すは往年の宗主国支那との地脈を切断する所為であるとなし一時喧噪を極めた」[*30]という記述がある。市区改修予定計画路線六号も、昌慶宮《チャンギョングン》から宗廟へと続く丘陵の開削を伴っており、当時の設計・工事責任者による回顧録の中に、朝鮮人住民の反対によって工事が凍結されかけた事例が紹介されている。

市区改修予定計画路線六号は現在の栗谷路《ユルゴクロ》で、一九二三（大正一二）年〜一九三〇（昭和五）年に整備された**【図5・6】**。設計・施工の責任者が本間徳雄[*31]である。本間は、終戦から二〇年を経た一九六五年に次のように発言している[*32]。

総督府前から敦化門前を通り、宗廟と昌徳宮の間を抜けて、大学の前へ行く大道路ができた。これは私が設計施工の責任をもっていた道路であるが、あれをやるときはなかなか物議を醸したものである。この道路ができると、昌徳宮から宗廟への通路がなくなる。昌徳宮の裏山から宗廟へ続いている山の脈を断ち切ることになるから、あそこへ道路を通すことには李王家が反対であるという。全州李氏と称する両班達が、全州辺りから多数やって来て、山の脈を断ち切ることは絶対反対であるという大騒ぎである。

斎藤総督がこの騒ぎを聞かれ、どうしてそのような面倒な工事をするかといわれる。勿論、前以て総督まで稟申、決裁済の工事だったのだが、斎藤さん、そんなことは知らん顔で、やめろといわれる。しかし、工事をやることは、我々

【図6】市区改修予定計画路線六号完成後
（朝鮮総督府内務局土木課『朝鮮土木事業誌』一九三七年）

*30 京城府『京城府史 第二巻』一九三七年、四二九頁

*31 一八八九（明治二二）年新潟生まれ。一九一五（大正四）年東大土木工学科を卒業後、朝鮮総督府で平壌および京城の土木出張所長、満洲国で水電建設局工務所長、水電建設局長を歴任した。

*32 本間徳雄「朝鮮の土木事業について」『朝鮮の国土開発事業』友邦協会、一九六七年、五七〜七六頁

としては神聖な仕事だから、私は何としてもいったん決めた事は断然やるつもりで、李王職の篠田次官（後に長官となる）ともいろいろ相談した。すると篠田さんは、それはかまわぬよ、やったらよいではないかという。けれども何分にも総督が待てといわれるので、しばらく模様を見ていた。ところが、篠田次官が何かと話のついでに李王殿下（李王垠殿下、現在の李垠《イ・ウン》氏）に、この道路問題について御説明申し上げたところ、殿下は、今頃、全州李氏が山の脈が切れるなどと騒いでいるのはおかしいことだ。都市計画全体から見れば、あそこに一本、道路が通ずるのは当たり前のことである。直ぐ工事を始めたらよいではないかと申された。篠田さんからそのような御話があったので、総督に申し上げると、斎藤さんは喜ばれ、それなら工事をやるがよかろうということになり、遂に竣工したものである。流石に李王殿下は偉いところがあった。旧弊なことは全く申されず、全州李氏などと騒ぐのを冷笑されたわけである。わたしも、その道路を通すについては、設計上相当考えて、昌徳宮から宗廟へ通ずる通路には、女官などの往来するのが外部から見えないような跨道橋を特別に造った。これは今でも残っていることと思う。

「全州李氏」とは本貫の一つで、本貫とは祖先を同じくする血縁集団である。李王家の本貫は全州李氏である。「李王職」は宮内省の下部組織で、李王家に関する事務を司った。「李王垠」は、高宗と厳妃の間の王子で、李王朝の末裔である。李王家は日本の皇族に編入された。総督（斎藤実）や本間の当惑の様子から、日本人当事者にとって想定外の事態であったこ

*33 筆者がこの分析を発表したのは、五島寧「植民地「京城」における総督府庁舎と朝鮮神宮の設置に関する研究」『第29回日本都市計画学会学術研究論文集』一九九四年、五四一～五四六頁である。廉馥圭『ソウルの起源京城の誕生』明石書房、二〇二〇年、五八頁には、「五島寧の研究は、第6号の敷設の目的を風水断脈説で説明することに初めて問題提起した」と書かれている。

とはまちがいない。本間は起こりうる反発としてさえ風水地理説を認識していなかったことがわかる。反対運動に直面した後も、「旧弊なこと」すなわち、取るに足らない前近代的迷信と退けて工事を再開している。戦後の本間の発言には、「地脈切断」への悔恨や自己弁護が全く見られない。斎藤の危惧は反対運動そのものに向いていて、伝統的な調和の破壊に伴う民心の反発を回避しようとした形跡はない。日本人当事者にとって、風水地理説に基づく空間の調和は、意図的に破壊すべき対象という認識にすら達しないほど軽視されたと筆者は考えている。[*33]

市区改修予定計画路線六号は、当時の形態のまま韓国独立後も使用され、本間の発言に登場する跨道橋も存続していたが**[図7]**、ソウル特別市都市基盤施設本部は、二〇一〇年一〇月一一日から二〇二二年一二月三一日に「栗谷路昌慶宮前道路構造改善工事」を実施した。この工事は栗谷路をトンネル化し、昌慶宮から宗廟への地形の連続を復元した。トンネル上部は遊歩道化されている**[図8]**。

上：**[図7]** 栗谷路と跨道橋（2003年筆者撮影）
下：**[図8]** 栗谷トンネル上部の遊歩道（2023年筆者撮影）

第3節 主要官庁・朝鮮神宮と市区改正

朝鮮総督府庁舎や京城府庁舎といった主要官庁、ないし、総督府庁舎と並ぶ南北の威圧的な象徴とされる朝鮮神宮について、市区改正と一体的・系統的に計画設計されたとする見解がある。

孫禎睦《ソンジョンモク》は「主要官庁の所在をコンパスで測ってみると、現ソウル市庁前広場から半径一キロメートル以内にすべて入る。つまりこの官庁配置計画は日本の明治政府が企図した『日本橋近辺一里四方位の開化』をそのまま踏襲したのであって、同時に日本による表現を借りれば暴徒からの防衛の効率化を企図したものと推測される」[*34]と述べるのだが、施設の建設経緯などを踏まえていない。青井哲人は、市区改正の進展に対応した神宮計画地の変化という注目すべき視点[*35]から考察して

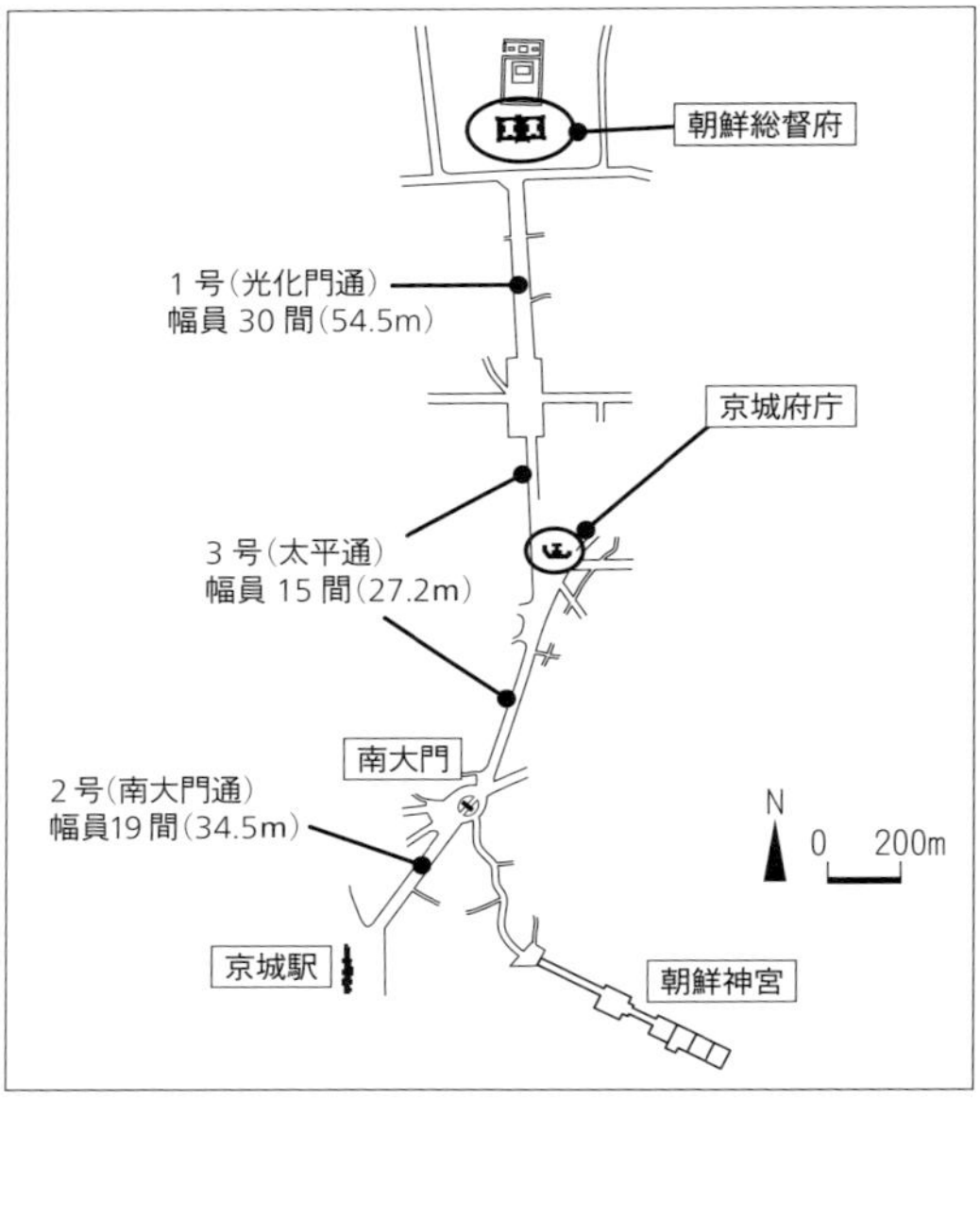

【図9】「都市軸」の概念図（筆者作成）

いる。青井は、京城駅から景福宮に至るまでを「都市軸」と呼んでいる【図9】。その理由は、❶市区改修予定計画路線において一号、二号、三号と若い番号かつ広幅員の街路（それぞれ三〇間、一九間、一五間で、それ以外の街路は全て一五間以下）が計画されていること、❷各々主要な官庁施設等（南大門、京城府庁舎、朝鮮総督府庁舎）がアイストップにあること、である。そして、植民地都市の基軸となる目抜き通りが、補完関係にある官庁施設（行政）と神社（教化・祭祀）の両地区を結ぶよう、朝鮮神宮の鎮座地は「都市軸」への接続を意識して選定された、として、これを「京城モデル」と呼んで台北などの他都市への拡張を提案している。しかしながら、青井自身も「市区改正や官庁施設の配置計画と、朝鮮神宮の鎮座地選定の直接の関連を示すことは管見では資料的に不可能」と説明しており、証明には至っていない。青井の研究は伊東忠太の直筆のメモ[*36]を紹介した他、雑誌・新聞記事などの発掘でも大きな意義があり、筆者も一部出典を参考としている。

朝鮮総督府庁舎の位置選定

日韓併合当初の朝鮮総督府は、旧統監府や旧大韓帝国政府庁舎を使用していたが、木造で老朽化していた。児玉秀雄会計局長（児玉源太郎の長男）は、一九一二（明治四五）年度予算として朝鮮神宮造営に関する調査とともに準備費を計上し調査を開始し、欧米へ技師を派遣した。着工は一九一六年、竣工は一九二六年一〇月一日であった。資材は全て朝鮮産とする方針が採られた[*37]ため、内装の大理石調達に新たな石山開発を伴い、事業費が圧迫された[*38]。

建設位置については、総督府建築課長の岩井長三郎は、「景福宮が本府に移管[*39]」されたた

*34 孫禎睦『日帝強占期都市計劃研究』一志社（韓国）、一九九〇年、一一一頁

*35 青井哲人「朝鮮神宮の鎮座地選定——京城に於ける日本人居留地の形成および初期市区改正との関連から」『日本建築学会計画系論文集』五二一号、一九九九年、二一一〜二一八頁、および青井哲人『植民地神社と帝国日本』吉川弘文館、二〇〇五年

*36 伊東忠太「大正6年頃より」一九一七〜一九一八年、四九〇四一、四九〇四六〜四九〇四七、四九〇四九頁（日本建築学会所蔵の野帳）

*37 朝鮮総督府『朝鮮総督府庁舎新営誌』七頁（刊行年不詳だが、内容と蔵書印との関係から、昭和初期のものと思われる）

*38 岩井長三郎「総督府庁舎の計画および實施に就いて」総督府文書課『朝鮮』一三一号、一九二六年、一〇〜二六頁

*39 前掲、「総督府庁舎の計画および實施に就いて」

めと記述しているが、『朝鮮総督府庁舎新営誌』は、「市街地樞要《すうよう》の位置を占め而して広大なる面積を要するものなるが故景福宮内勤政殿前[40]」に決定されたと説明している。前面街路を視点場として、その庁舎建築物の偉容を演出するため、庁舎の軸線が太平通（三号）に一致させてあった。岩井によれば、総督府庁舎の軸線を、前面街路と建築物（光化門《こうかもん》・勤政殿《きんせいでん》）のいずれに合わせるかが議論となったが、光化門を撤去し、前面街路からの「威容ヲ正視スル[41]」ことになったという【図10・11】。直近の光化門通でなくその先の太平通に軸線を合わせた理由は、庁舎建築当時、光化門通は幅員五〇メートルの既存街路であったが、市区改正としては整備に着手されていなかったためである。太平通の整備は一九一二年で光化門通は一九三五年である[42]。地形条件や整備された街路を与条件として、朝鮮総督府庁舎としてふさわしい場所を追求した結果であった。三号は大韓帝国末期に整備に着手されていて、日韓併合後の総督府庁舎の新築計画とは関係がないため、三号は総督府庁舎との呼応関係を考慮してない。なお、朝鮮総督府は、庁舎の建築にあたり一九一三〜一四年に地質調査

上：**[図10]** 総督府庁舎整備前の光化門通り
（朝鮮総督府内務局土木課『朝鮮土木事業誌』1937年）
下：**[図11]** 総督府庁舎整備後の光化門通り
（朝鮮総督府内務局土木課『朝鮮土木事業誌』1937年）

*40 前掲、『朝鮮総督府庁舎新営誌』一～二頁
*41 前掲、『朝鮮総督府庁舎新営誌』一～二頁
*42 朝鮮総督府「京城市街地計画決定理由書」一九三八年、九九～一〇一頁
*43 前掲、「総督府庁舎の計画および実施に就いて」

を行っていること[43]から、景福宮への移転は一九一三年までに決定していることになる。

京城府庁舎の位置選定

京城府庁は旧領事館の建物を流用していたが、狭隘化や老朽化を背景に、一九一九年ごろから新築の議論が起こり、総督府への陳情が繰り返された。京城府が朝鮮総督府に新築の上申書を提出したのは一九二三年一月二五日である。四か所の候補地（現位置での建て替え、長谷川町大観亭、京城日報社、南大門小学校）の中から街路ネットワークの中枢で、交通の要所かつ都市美観の焦点であるとして京城日報社敷地が有力候補となったが移転交渉は難航した。一九二三年二月三日時点の京城府協議会員懇談会でも、現位置での建て替え案が大勢を占めていたが、最終的に秋月京城日報社長の決断で一九二三年二月二四日に京城日報社と京城府の覚書が締結された[44]。着工は同年八月二三日で、一九二六年一〇月に竣工した[45]【図12】。

京城府庁舎の位置は、地形条件や整備された街路ネットワークを与条件として、京城府庁舎として望ましい場所を追求した結果である。

朝鮮神宮の位置選定

朝鮮総督府は一九一二年から四年間、内地の官国幣社について社殿構造や位置などを調査

【図12】京城府庁舎（絵はがき）

*44 長尾任「京城府庁舎建築の追懐」『朝鮮と建築』五輯、一〇号、一九二六年、一〇〜一四頁

*45 笹慶一「京城府庁舎建築の大要と其特徴」『朝鮮と建築』五輯、一〇号、一九二六年、一四〜一七頁

し、京城倭城台《わじょうだい》を鎮座地として概略設計を完成させた。これが一次選定である。一九一八年五月に工務顧問を委嘱された伊東忠太の実地踏査を経て、[*46] 鎮座地が倭城台から漢陽《かんよう》公園に変更され、一九一九年七月一八日に内閣告示第一二号で「朝鮮神社」として創立された[*47]【図13】。これが二次選定である。天照大神と明治天皇を祭神とし、一九二五年六月二七日内閣告示第六号[*48]で朝鮮神社から朝鮮神宮に改称された。

一次選定について、岩井長三郎（総督府建築課）は眺望の優位性を重視する選定方針にのっとっていったんは北岳《ほくがく》山麓を選定したが、「市街中心地との連絡整理に容易ならざる点」が多いため倭城台にしたと述べている。[*49] 一九一六年四月六日の『京城日報』は、「総督府は早晩景福宮内に移転す可きを以て、若し北岳山腹に朝鮮神社を設くるに於ては、京城市街の中心点は北方に移り、折角今日迄拮据《きっきょ》経営成れる本町通り一円を寂れしむる虞ありとし、之を中止し第二候補地を南山に定めたり」[*50]と報じている。この報道は岩井の発言と整合しており、「市街中心地」とは本町通り一円を示していると考えられる。南山の倭城台への選定は、旧日本人居留地（本町通り）の経済的な地盤沈下を危惧したことによる判断であった。

二次選定の最終的な鎮座地選定について、西村保吉（総督府土木部長）は以下のように述べている。[*51]

> 神社を造営すべき其場所の選定には少なからぬ苦心を重ね、調査の為め伊藤《ママ》博士の来鮮を請ひ周到の注意を払ひたり。凡そ神社を建設するには、第一参拝客に便利なるべき地点たるを要し、歴史的因縁と土地燥にして湿潤なるを避け、鬱蒼たる樹林の背景にあるを可とし、方向は南面若くは南面に近く少なくも北

【図13】京城府庁舎（絵はがき）

*46 「伊東博士来京」『京城日報』三八二八号、一九一八年五月二〇日、朝刊二面

*47 官報二〇八六号、一九一九年七月一八日

*48 官報三八五三号、一九二五年六月二七日

*49 岩井長三郎「朝鮮神社造営に就て」『朝鮮と建築』二輯、三号、一九二三年、八～一二頁

面せざることを要す。又、街雑踏の中心点にあらずして中心点との交通便利にして、展望の良き地点たる、外観上荘厳を保ち得べき等の条件を必要とするを以て、斯く種々なる理想の下に七ヶ所の候補地を選定したる結果、此条件に適合するものは倭城台と漢陽公園の二ヶ所に過ぎず、而して倭城台は歴史的には縁故あるも場所狭小なると方向北向きなると土工費に多額を要するを以て、比較研究の結果漢陽公園を最も適当なる地点と決定したり。同所に於ける神社の方向は西北に面するも将来龍山方面の発展に伴れ、該土地が大京城の中心点たるべく且展望佳良雄大なるを以て決定したる次第なり。

*50 「朝鮮神社造営計画」『京城日報』三七一九号、一九一六年四月六日、朝刊二面

*51 「朝鮮神社造営計画」『京城日報』四五三九号、一九二〇年五月二七日、朝刊二面

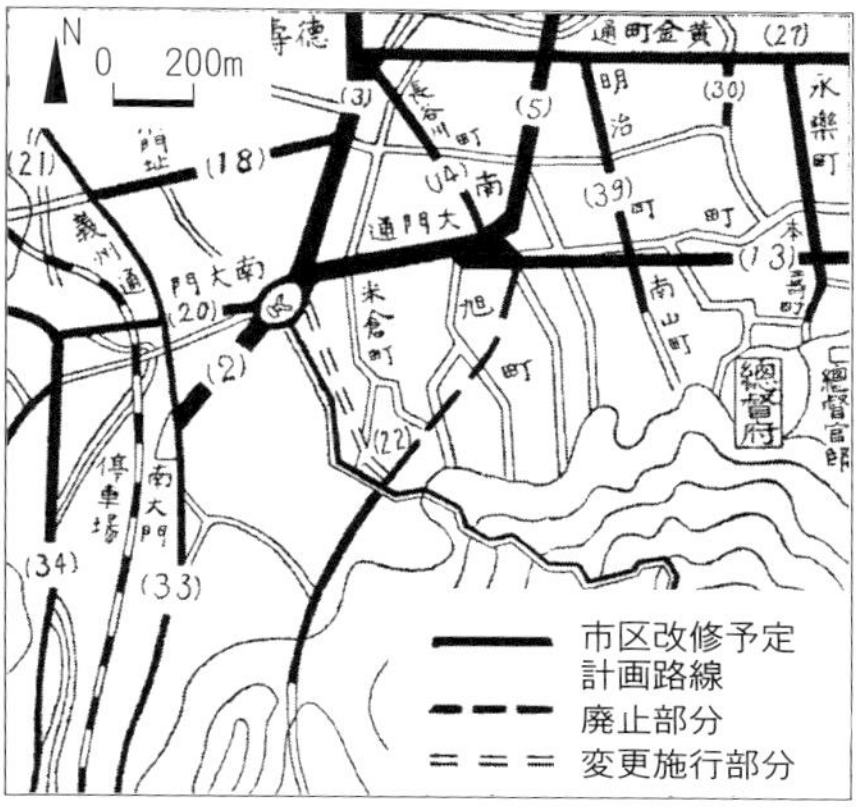

[図14] 22号の第2回変更
（朝鮮総督府官報3015号、1922年8月29日の付図に、方位・スケールを加筆）

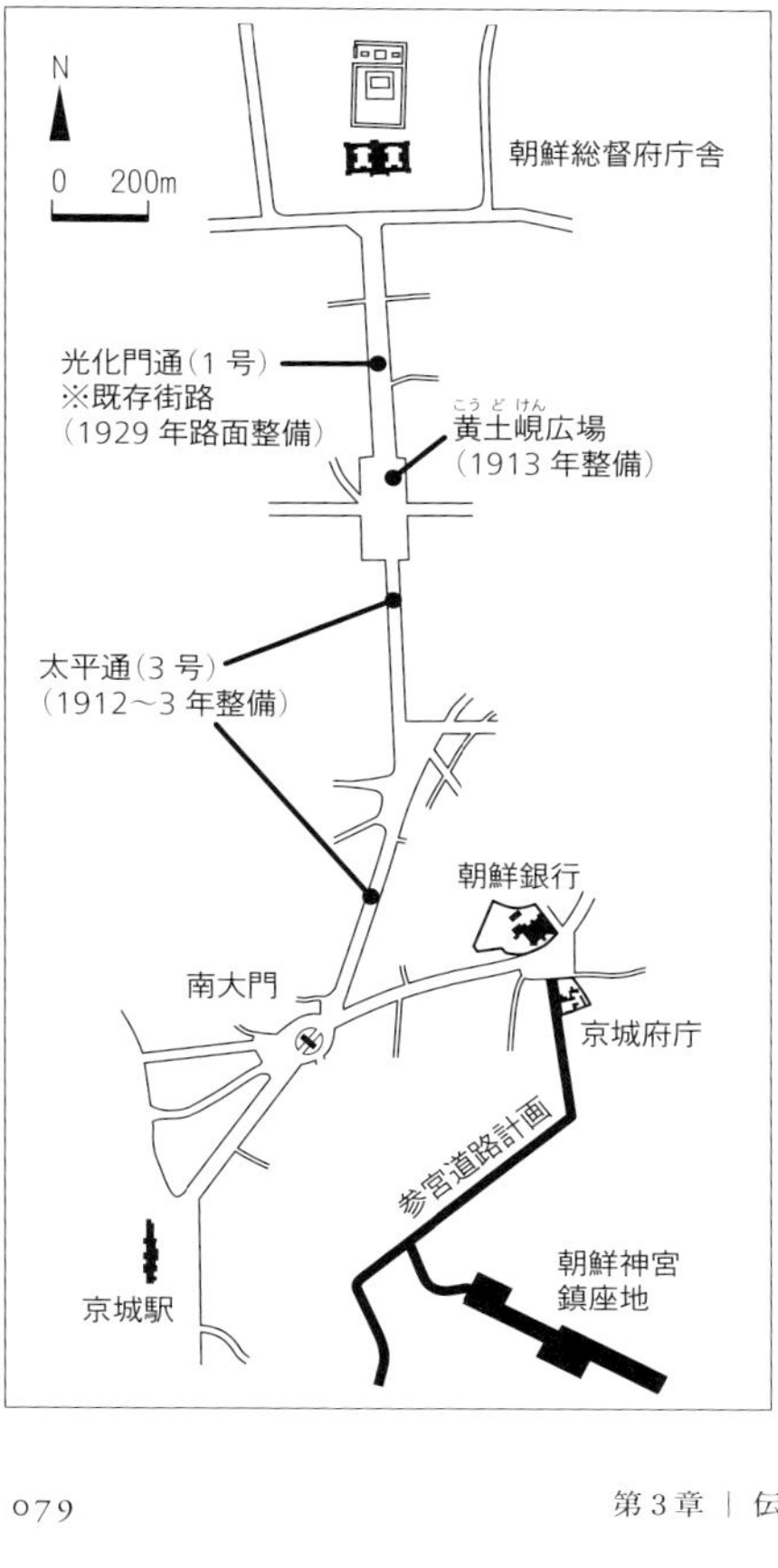

[図15] 朝鮮神宮二次選定時点の各施設の計画
（内閣「朝鮮神社ヲ創立シ社格ヲ官幣大社ニ列セラル」公文類聚、第四三編、第二八巻、1919（大正8）年の付図から筆者作成）

西村の発言における鎮座地の判断基準（参拝者に便利な場所、歴史的因縁と湿潤な土地を避ける、樹林が背景、南面を基本とし北面は避ける、雑踏の中心でないこと、交通至便、展望の良い地点、外観上の荘厳さを保てること）は、伊東忠太のメモを基にした青井の推定とおおむね整合している。西村は倭城台を棄却して漢陽公園を選定した理由について、社殿が北向きであることの他、土地の造成費が問題視されたためと説明している。後者は伊東忠太の談話[52]や直筆メモに存在しない判断基準であるから、最終的な鎮座地の決定では伊東の評価外の条件も作用していたことがわかる。

朝鮮神宮の参宮道路は京城市区改修計画予定路線二二号である。[53] 二二号は最初の計画告示（一九一二年一一月）[54]から存在し、終点と幅員の変更（一九一九年六月）[55]、起点を「朝鮮銀行前広場」から「南大門」に変更（一九二二年八月）[56]【図14】を経験し、最終形に落ち着いている。二次選定は一九一八年であるから、その時点では二二号の起点は「朝鮮銀行前広場」である。朝鮮神社創立告示の稟議書[57]に添付された図面にも朝鮮銀行前広場を起点とする参道位置が明示されている【図15】。

朝鮮神宮の位置が選定された時点では、参道が「都市軸」に接続されていない。さらに京城府庁舎に至っては、移転場所が確定していないばかりか、移転ないし拡張計画が具体化していない。前述のとおり、鎮座地の選定は地形などを与条件として、朝鮮神宮として望ましい場所を追求した結果であった。

「都市軸」の戦略的な形成の可能性

*52 「神宮建築は理想的に行った」『京城日報』六四二六号、一九二五年一〇月一六日、朝刊一面の中で、伊東は城内と龍山の将来的な一体化を要因の一つに挙げている。

*53 前掲、『朝鮮土木事業誌』一〇四二～一〇四三頁

*54 朝鮮総督府官報八一号、一九一二年一一月六日

*55 朝鮮総督府官報二〇六二号、一九一九年六月二五日

*56 朝鮮総督府官報三〇一五号、一九二二年八月二九日

*57 内閣「朝鮮神社ヲ創立シ社格ヲ官幣大社ニ列セラル」公文類聚、第四三編、第二八巻、一九一九（大正八）年

*58 五島寧「京城市区改正と朝鮮神宮の関係についての歴史的研究」『都市計画論文集』四〇巻三号、二〇〇五年、二三五～二四〇頁

*59 帝国議会予算案各年版によれば、一九一二～一九一四年までが「朝鮮神社及総督府庁舎新営準備費」、一九一五年は「朝鮮神社造営準備費」で、総督府庁舎分は分離された。各年の所管省庁と金額は以下のとおり。一九一二年（大蔵省、三〇〇〇〇円）、一九一三年（大蔵省、三〇〇〇〇円）、一九一四年（内務省、二〇〇〇〇円）、一九一五年（内務省、四〇〇〇〇円）

以上を踏まえて**図15**に街路の整備時期を示した。朝鮮総督府庁舎は整備された前面街路を視点場とすることを与条件として、望ましい場所が選定された結果であった。京城府庁舎周辺の街路網の整備は一九一四年で完了しているが、京城府庁舎新築が検討されるのは一九一九年以降で、位置が確定するのは一九二三年である。新築計画に併せて街路網が整備・計画されたのではなく、総督府庁舎の場合と同様に街路の条件を与条件として計画されている。鎮座地決定時点の朝鮮神宮参宮道路計画は「都市軸」に接続しておらず、官衙《かんが》配置や街路ネットワークとの関係が鎮座地選定の与条件になっていなかった。以上から、官衙配置、街路ネットワークおよび鎮座地の選定は、何らかの系統的なマスタープランに則った結果であるとは言い難い。施設単体による威厳の演出は意図されていたが、複数施設の系統的な配置計画による演出を駆使するには至っていない。また、奉幣使としての朝鮮総督に着目し、朝鮮総督府庁舎から朝鮮神宮に至る街路が参拝における象徴的・記念的な空間となる必然があったとする指摘もあるが、朝鮮神宮例祭における勅使としての朝鮮総督は、例祭前日に官邸から神宮敷地内の勅使殿に直行し、一晩籠って外界からの連続を遮断している。総督の移動経路は総督府庁舎と朝鮮神宮の接続を象徴してはいない。[*58] なお、一次選定時の調査費用は「朝鮮総督府庁舎新営」と一体計上されているが、[*59] 荒井賢太郎（総督府度支部長官）が「唯今庁舎がある所が丁度高い所でありますから、神社に致して宜しからう、斯う云ふことで」[*60] と帝国議会で答弁しているように、朝鮮神宮建設が総督府跡地利用として始まったためであって、両者の戦略的な配置計画とは関係がない。

*60 東大出版会「帝国議会衆議院委員会議録六九」第一類、第八号『予算委員会第七分科会（朝鮮総督府、台湾総督府、関東都督府、樺太庁所管）会議録 第六回』一九一二（明治四五）年二月六日、六九頁

今日の復元

朝鮮総督府庁舎は、第二次世界大戦後に在朝鮮アメリカ陸軍司令部軍政庁（United States Army Military Government in Korea）の庁舎として使用された後、一九四八年八月の大韓民国政府樹立後は政府庁舎（中央庁）となった。一九八六年からは国立中央博物館として利用されてきたが、一九九三年に成立した金泳三《キムヨンサム》政権下での旧総督府庁舎解体撤去および景福宮復元に関する議論を受け、一九九三年八月に解体撤去が決定し、一九九五年八月一五日に開始された。撤去された部材は、独立記念館（忠清南道天安市）の「朝鮮総督府撤去部材展示公園」

［図16］ 朝鮮総督府撤去部材展示公園
（2013年筆者撮影）

［図17］ 旧総督府庁舎の撤去前の世宗路（旧光化門通り）
（1992年筆者撮影）

［図18］ 旧総督府庁舎の撤去後の世宗路（旧光化門通り）
（2013年筆者撮影）

に展示されている【図16】。また、旧総督府庁舎の撤去後は景福宮の復元が進むとともに、世宗路《セジョンノ》（旧光化門通）からの景観は一変した【図17・18】。

京城府庁舎は韓国独立後、そのままソウル市役所の庁舎として使用された。二〇一二年に市役所機能は背後のビルに移転し、旧庁舎は外壁が保存されて図書館として利用されている【図19】。

朝鮮神宮は終戦によってその役割を終え、一九四五年一〇月八日に米軍政庁の許可を得て解体奉焼された[*61]。その後旧境内地は公園化【図20】されて、噴水台や植物園が設置されていたが、二〇一三年に始まった城壁の復元調査の過程で朝鮮神宮拝殿基礎が発見され、城壁基礎とともに保存展示されている【図21】。

*61 友邦協会『朝鮮総督府終政の記録』一九五六年、一二頁

【図19】 ソウル図書館
（2013年に筆者撮影）

【図20】 南山公園
（2003年に筆者撮影）

【図21】 南山公園内にある朝鮮神宮拝殿基礎の遺構
（2023年に筆者撮影）

第4節 台北三市街の形成と構成原理

日本統治以前の台北の市街地は、一八世紀半ばに集落が形成されはじめた「艋舺《ばんか》（Báng-kah）」、一九世紀半ばに形成された「大《だい》稲埕《とうてい》（Tōa-tiū-tiâ^{n}）」、および一八七九（光緒五）年から建設に着手した「城内《じょうない》（Siâ^{n}-lāi）」である【図22】。漢人の台北盆地の開墾着手は一七〇九年とされ、[*62] その後移民の流入で艋舺・大稲埕の市街化が進み、清朝政府の海防強化の一環で台北城が建設された。

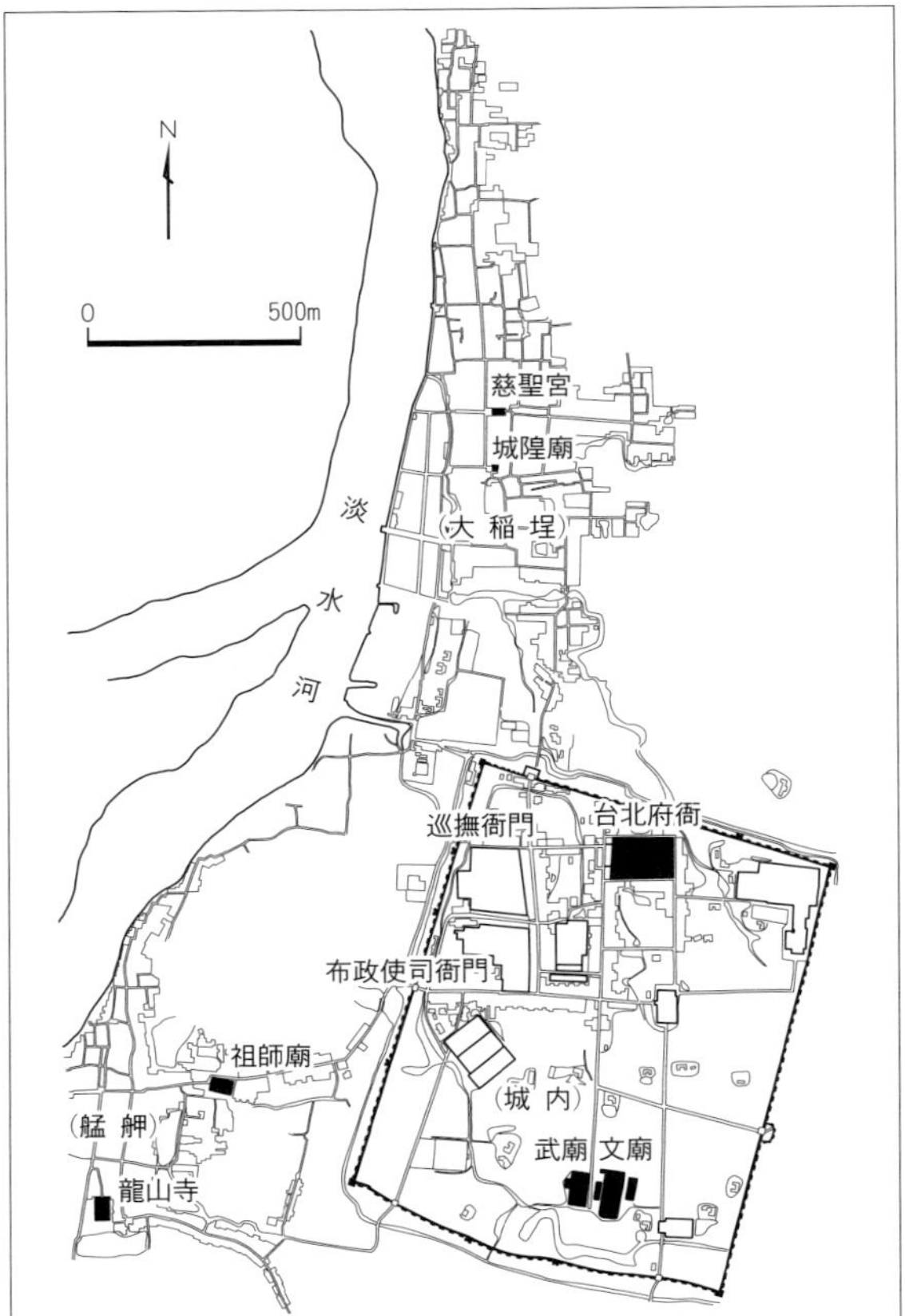

【図22】1985年当時の台北三市街
（台湾総督府「台北及大稲埕・艋舺略図」1895年から筆者作成）

艋舺・大稲埕の形成

艋舺《ばんか》は、漢族とケタガラン人（平地に住む台湾先住民族）の交易地であった。地名の由来はケタガラン語で「独木舟」を示す「ヴァンカア」の台湾ホーロー語漢字音訳である。[*63] 福建省泉州府の晋江《しんこう》・南安《なんあん》・恵安《けいあん》の出身者が市街地を形成し一七三八年に龍山寺が建設され、その後は、祖師廟《そしびょう》を中心に市街地が拡大した。[*64] 艋舺では、寺廟前面に街路あるいは広場があり、街路は自然発生的でやや不整形ながら南北（東西）方向を基調としている。これら寺廟は龍山寺が南向きである他は西向きである。

一八五三年の出身地別集団による土地や水利等に対する争い[*65]の結果、泉州《せんしゅう》人が北側の平野へ移住し、城隍廟《じょうこうびょう》と慈聖宮《じせいきゅう》を核として市街地を形成した。[*66] その中に「大埕」（埕は庭の意味）があり、稲を曝したことから、「大いなる稲干し場」すなわち大稲埕《だいとうてい》の名が起こった。[*67] 大稲埕の街路パターンはやや不規則ではあるが、方形が基本であり、街路の方向も城内と同様に東西南北方向が基調である。また、寺廟の近傍には広場が展開している。寺廟は西向きが基調であった。

台北城の建設

一八七四年五月の牡丹社事件（日本による台湾出兵）発生後、海防強化の一環として、一八七八年に台北城の建設が開始された。同年に艋舺の呉源昌《ごげんしょう》が府後街（現：館前路）に城内最初

*62 伊能嘉矩「台北地方開墾に関する古文書」『台湾慣習記事』二巻、第二号、一九〇二年、五三～五四頁
*63 安倍明義『台湾地名研究』蕃語研究会、一九三八年、九七頁
*64 廖漢臣「艋舺沿革志」台北市文献委員会『台北文物』二巻、一期、一九五三年、一二～一七頁
*65 黄啓木「分類械闘與艋舺」台北市文献委員会『台北文物』二巻、一期、一九五三年、五五～五八頁
*66 台北市文献委員会「大稲埕耆宿座談会」『台北文物』二巻、三期、一九五三年、一二～一二頁
*67 前掲、『台湾地名研究』九八頁

の商店を築造し、大稲埕の張夢星《ちょうむせい》や王慶寿《おうけいじゅ》が府直街（現：開封街）に進出した。府前街（現：重慶南路）にも建築が相次ぎ、市街地が形成された。官側も一八七九年に台北府衙《ふが》と文廟が建築されている。[*68] 台北城城壁は、一八八二年一月起工、一八八四年一一月の竣工である。[*69]

清仏戦争後、台湾が福建省から分離され台湾省が成立（一八八五年）し、その中心が台北に移転したことに伴い、「巡撫衙門《じゅんぶがもん》」や「布政使司衙門《ふせいししがもん》」など、省政を司る官公署が一八八九年に設置された。また、同年に文廟と対になる位置に武廟《ぶびょう》が完成している。台北城内では、「巡撫衙門」「布政使司衙門」が南向きで、「台北府衙」が西向きである。[*70] 台北城内の街路は直線を基調とし、南北（東西）方向が主流である。

台北城の構成と風水

台北城城壁は方形で、南北軸から約一六度偏心しており、七星山《しちせいざん》の方角との関連が指摘されている。アルフレート・シンツ（Alfred Schinz）は、西・東側の城壁双方の延長上に七星山が存在すると指摘し、北東から

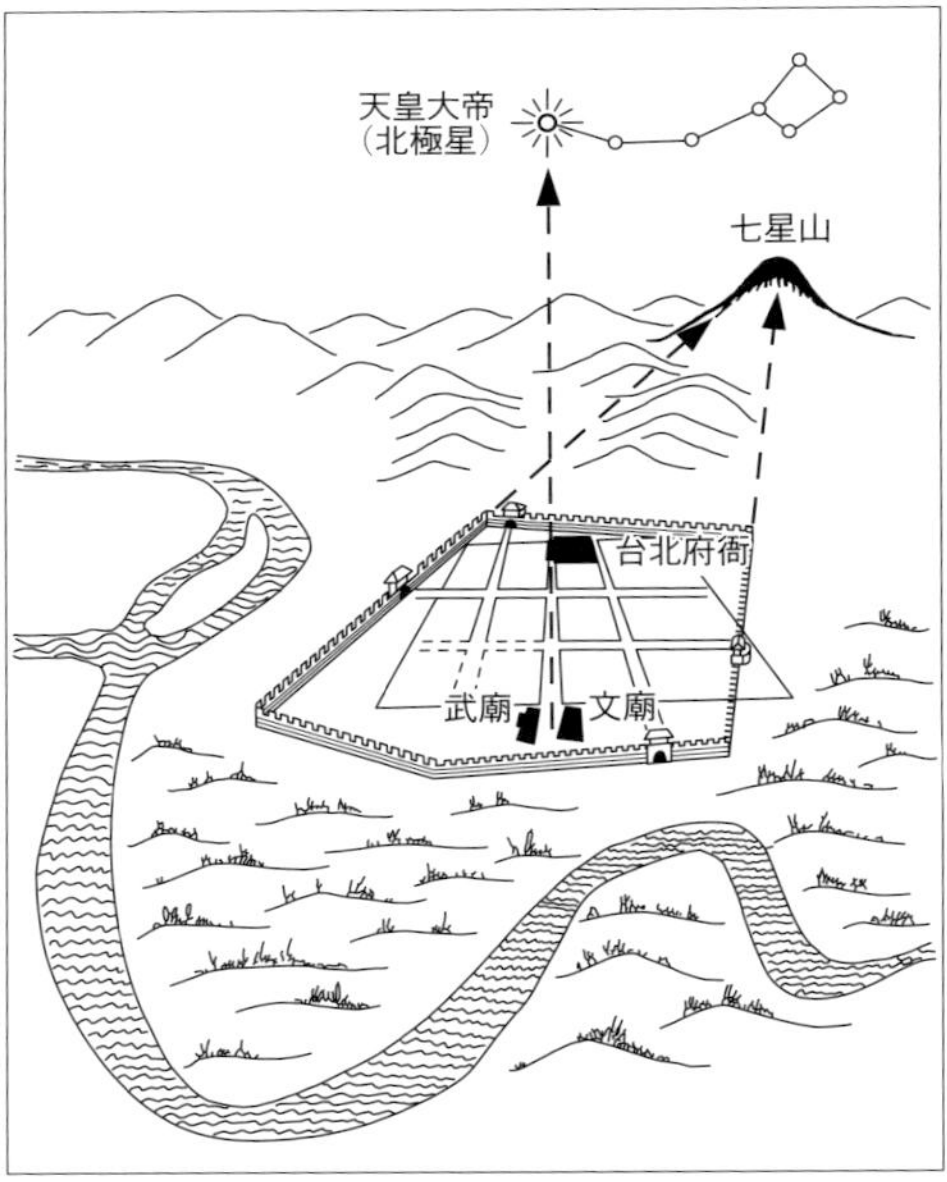

[図23] シンツによる台北城空間構成の解釈
（Schinz, Alfred "Maß-Systeme im chinesischen Städtebau." *Architectura*, Nr. 2, 6. Jahrgang 1976, pp.136, Deutschen Kunstverlag のモデル図を元に筆者作成）

*68 伊能嘉矩「台湾築城沿革考（第八）台北城」『台湾慣習記事』三巻、六号、一九〇三年、一三〜一六頁

*69 伊能嘉矩「本島諸城の建築及管理の方法」『台湾慣習記事』二巻、一号、一九〇二年、九四〜九五頁。台北城の築城時期はさまざまな史資料で混乱が見られるが、尹章義『台湾開発史研究』聯経出版公司（台湾）、一九八九年、三九七〜四一九頁は、複数の一次資料を照合し、伊能嘉矩の記述が最も正確と結論している。

*70 李乾朗『臺灣建築史』雄獅図書有限公司（台湾）、一九七九年、一七三〜一七九、二〇一〜二〇四頁

*71 Alfred Schinz, "Maß-Systeme im chinesischen Städtebau.", *Architectura*, Deutschen Kunstverlag, 6. Jahrgang 1976, Nr. 2, pp.113〜127. 英訳がAlfred Schinz, *The Magic Square: Cities in Ancient China*, Axel Menges, 1996, pp.369〜379に収録されている。

*72 台北市政府『台北市志 巻一——沿革志 城市篇』一九八八年、四三〜四五頁

の悪い影響を防ぐべく北側の城壁を正対させたため、ないし、七星山を主山とすべく、北側の城壁を向けたとしている[*71]【図23】。この解釈は、『台北市志 巻一——沿革志 城市篇』[*72]をはじめとする多くの文献に影響を与えているが、関与した人物や建設の経緯と関連させた考察には及んでいない。城壁と街路の方向の葛藤の理由については、建城の過程で指導的立場の技術官僚が岑毓英《しんいくえい》から劉璈《りゅうごう》に交代したためという説明が試みられている[*73]。この説の当否については後述する。

台北城の風水地理説上の解釈は、計画・建築する立場から書かれた史料が発見されておらず、一連の主張は専ら図上の推測から出ていない。筆者は一九〇五(明治三八)年時点の市区計画と残存城壁の関係から城壁位置を推定し、二〇〇九年七月に現地踏査を試みた。東側城壁の延長線上には七星山が位置するが、西側城壁とは没交渉であ

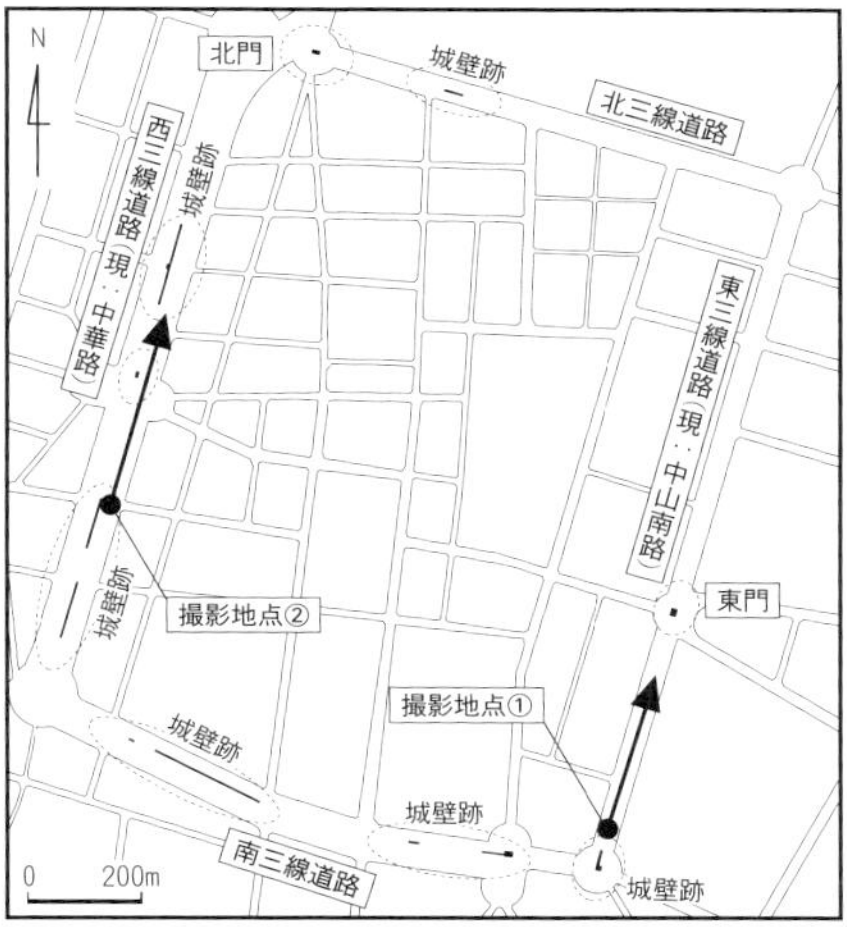

[図24] 台北城調査位置
(台湾総督府民政部土木局「台北市区改正図」1905年に方位とスケールおよび踏査地点などを加筆。写真は2009年に筆者撮影)

ることを確認した【図24】。シンツのモデルとは異なり、西側城壁の延長線は七星山に一致しない。

城壁を計画した劉璈は、台北城に先立ち恒《こう》春《しゅん》城の計画に参画している。堪輿《かんよ》、すなわち風水地理説の知識を評価されたためである。[*74] 恒春城は台北城と同じく海防強化の一環として一八七五年一一月から一八七九年九月に築城された。[*75]『恒春県志』に「三台山（旧名硬仔山）、在県城東北一里、為県城主山（中略）。龍鑾山（中略）堪輿為県城青龍居左。虎頭山（又名虎岫）（中略）堪輿為県城白虎居右」[*76]「西屏山、為県城朱鳥」[*77]とあり、風水地理説に則った正当性が解釈されている。筆者は二〇〇〇年四月の現地踏査で、城壁の延長線上に三台山を確認した。劉璈が関与した二つの都城（台北、恒春）では、❶城壁の長手方向に直線部分があり、❷その延長線上に山がある。恒春城では、それが主山であることから、台北城の主山は七星山であると筆者は考えている。台北

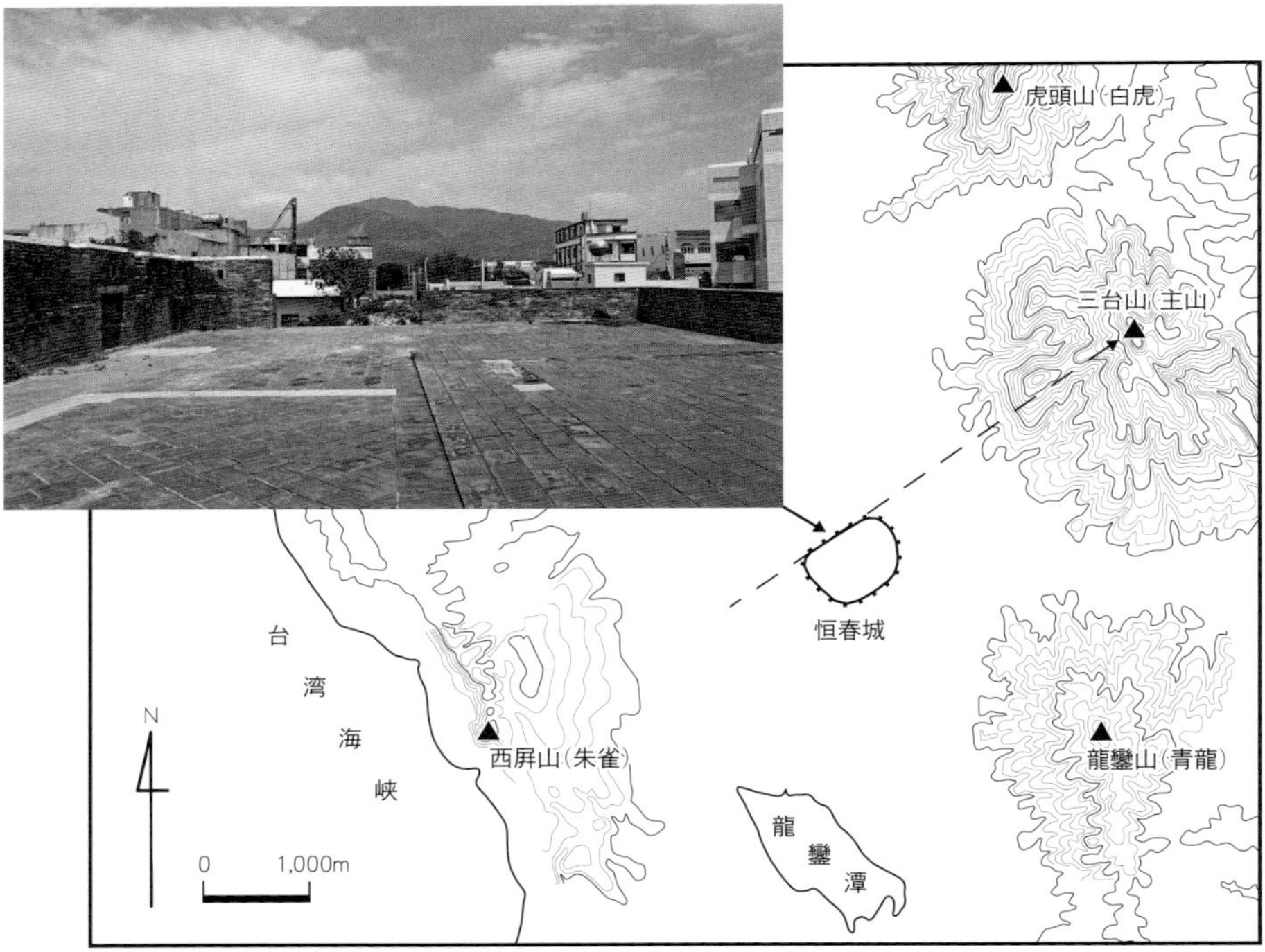

［図25］ 恒春城調査位置
（陸軍参謀本部陸地測量部「五万分一地形図 恒春」1928年、陸軍参謀本部陸地測量部「五万分一地形図 猫鼻頭」1928年から作成。写真は2009年に筆者撮影）

城の方形は、七星山へ向かう東側城壁の方向を基本に形成されたと考えられる。

シンツは台北府衙を台北城の中心施設と見なし、その前面から南に延びる街路を城内の中心軸と捉え、天子南面に準じた南北軸の存在を推定している（図23参照）。天子南面とは、公転しない北極星を天子に準《なぞら》え*78、宮殿を南向きとし、南北軸を強調する考え方である。南北軸を岑毓英による当初計画と見なし、城壁の偏心を劉璈による計画の見直しとする説明がある。岑毓英の離任（一八八二年六月二二日［新暦］）*79直後（一八八二年七月［新暦］）に、岑毓英の定めた城壁計画を劉璈が変更していることは間違いないが*80、前述のとおり府前街の形成や台北府衙・文廟の建設は一八七八～七九年であったのに対し、岑毓英の福建巡撫就任は一八八一年五月*81であるから、南北軸の形成に関与し得ない。なお、劉璈の地位は台湾道（福建省下の台湾地区内最高位の文官）であるから、岑毓英の部下であり、両名がそれぞれ福建巡撫《じゅんぶ》と台湾道に就任したの

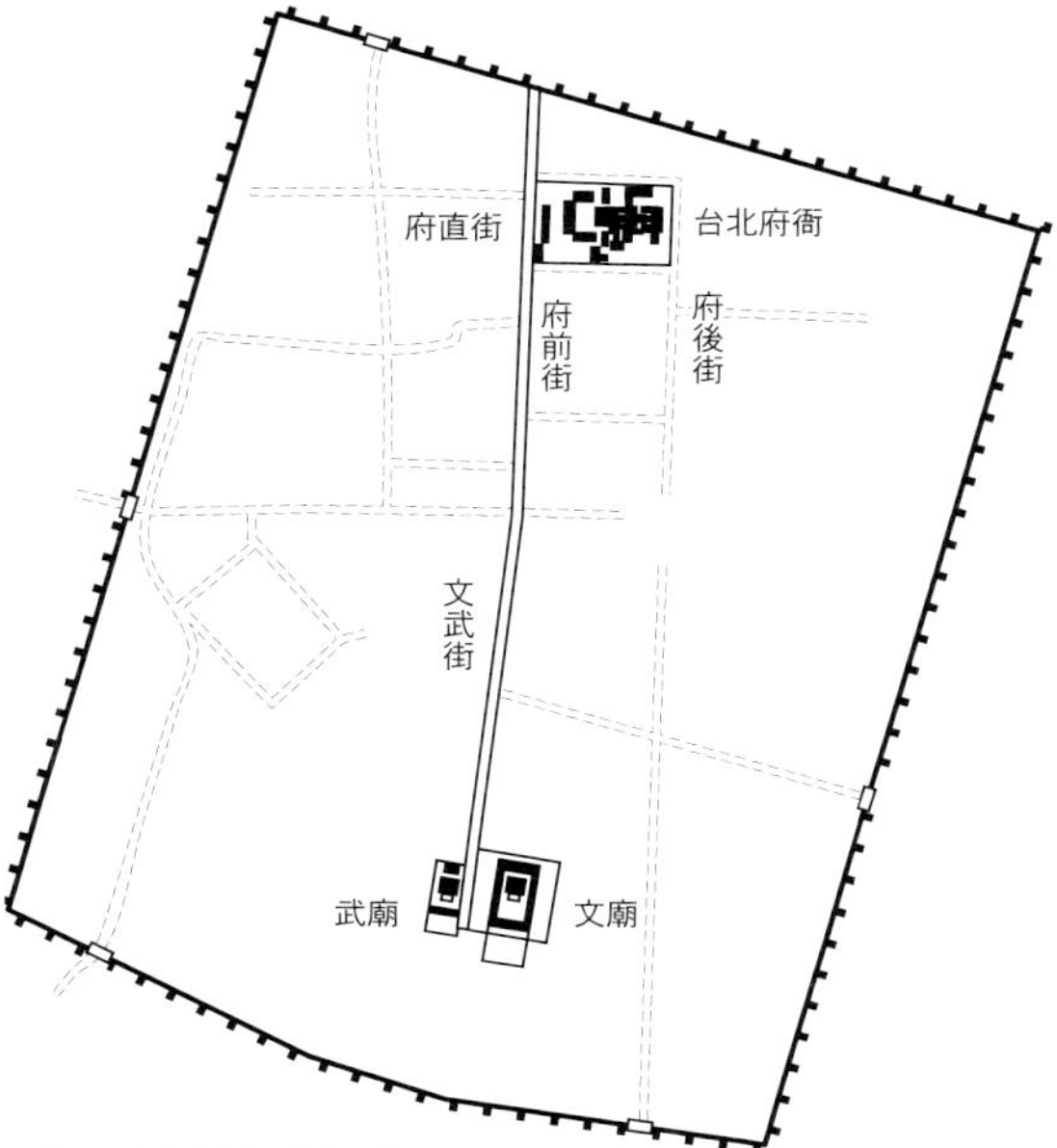

［図26］台北城の「南北軸」
（台湾総督府民政部土木局「台北市区改正図」1905年から筆者作成。地名は台湾総督府「台北及艋舺・大稲埕略図」1895年に依った）

*73 前掲、『台湾開発史研究』、荘展鵬主編『台北古城之旅』遠流出版公司（台湾）、一九九二年、一九頁、李乾朗『台北府城牆及礮台基座遺址研究』台北市政府捷運工程局（台湾）、一九九五年、一七～二二頁、黄永融『風水都市――歴史都市の空間構成』学芸出版社、一九九九年

*74 沈葆楨「請琅嶠築城設官摺」一八七四年（前掲、台湾銀行経済研究室「福建台湾奏摺」一九五九年、二四頁収録）

*75 屠継善『恒春県志』一八九四年、四四頁（台湾銀行経済研究室（一九六〇）復刻）

*76 前掲、『恒春県志』二五一頁

*77 前掲、『恒春県志』二六二頁

*78 瀧川政次郎『京制並に都城制の研究（法制史論叢第二冊）』角川書店、一九六七年、三一九～三二二頁

*79 岑毓英「謝署雲貴総督恩摺」一八八二年（台湾銀行経済研究室編輯「台湾関係文献集零」一九七二年、一三〇頁）

*80 「台事彙録」申報、三三九六号、一八八二（光緒八）年五月二一日（西暦一八八二年七月六日）

*81 岑毓英「抵閩接印謝恩摺」一八八一年（前掲、「台湾関係文献集零」一〇八頁）

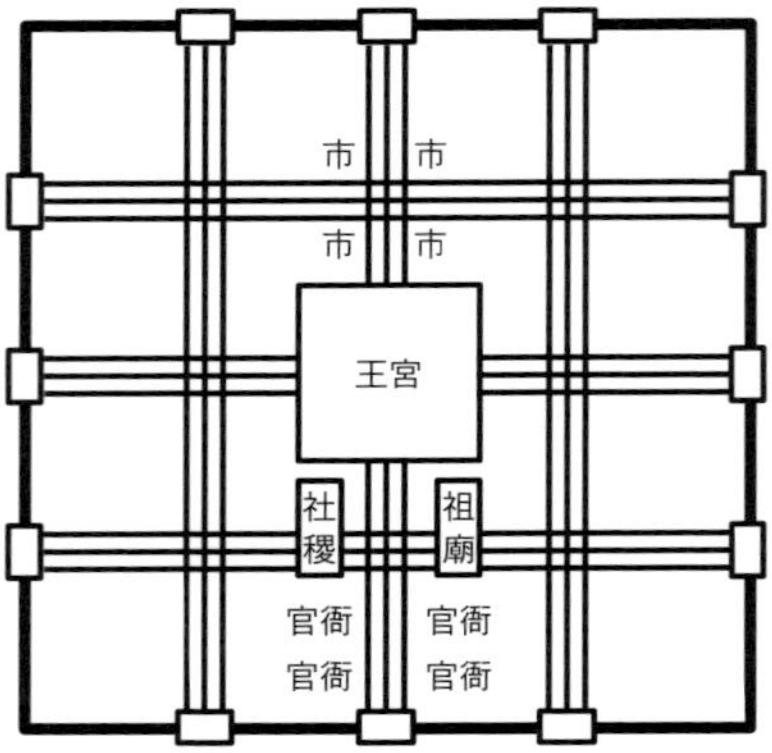

【図27】 周礼考工記の都城概念図（筆者作成）

は、実は同じ日であった。[*82] 個々の官衙が建設された後に、劉璈によって風水地理説に則った城壁が計画建設されたのである。[*83] 実測地図から各施設の位置関係を示すと**図26**のようになる。台北府衙周辺の街路名称は、府衙を中心とした位置関係と方角を表現しており、台北府衙と周辺の街路名称は明らかに西向きを基調としているから、台北府衙は南北方向と没交渉である。文廟と武廟が対をなしていることから「考工記」の左廟右社**【図27】**に準える見解[*84]もあるが、文廟武廟ともに台北府衙の左にあるため、左廟右社は成立していない。そもそも府前街と文武街は屈折していて直線の軸になっていない。

*82 蘇同炳『劉璈伝』台湾省文献会（台湾）、一九九六年、七二頁

*83 詳細は五島寧「台北城の伝統的計画原理と日本統治下の台北市区計画における改編に関する論説」『都市計画論文集』四五巻三号、二〇一〇年、二二九～二三四頁を参照。筆者は官衙や寺廟が南向き・西向きである理由を宅経の影響と考えている。

*84 前掲、『風水都市——歴史都市の空間構成』

第5節 台北市区改正の思想と影響

台北では、一九〇〇（明治三三）年から「台北城内外道路下水改修工事」として、街路と下水の一体的な整備が実施されていたが、市区計画の制度後は、まず市区計画を策定し、それにのっとって事業を実施するという市区改正の体系が確立されていく。これは内務省雇工師であるバルトン（William Kinninmond Burton）の意見の制度化である。[*85]

市区改正の展開と風水

「台北市区計画」（一九〇〇）と「台北市区計画」（一九〇五）を比較すると、街路計画は概ね継承されつつも、クランクが姿を消し、鍵辻や交差点の屈曲も解消されている。街区の整形化が進展しているのが特徴である。「京城市区改正」では整形された格子型の計画から、既存の細街路拡幅へと変更され

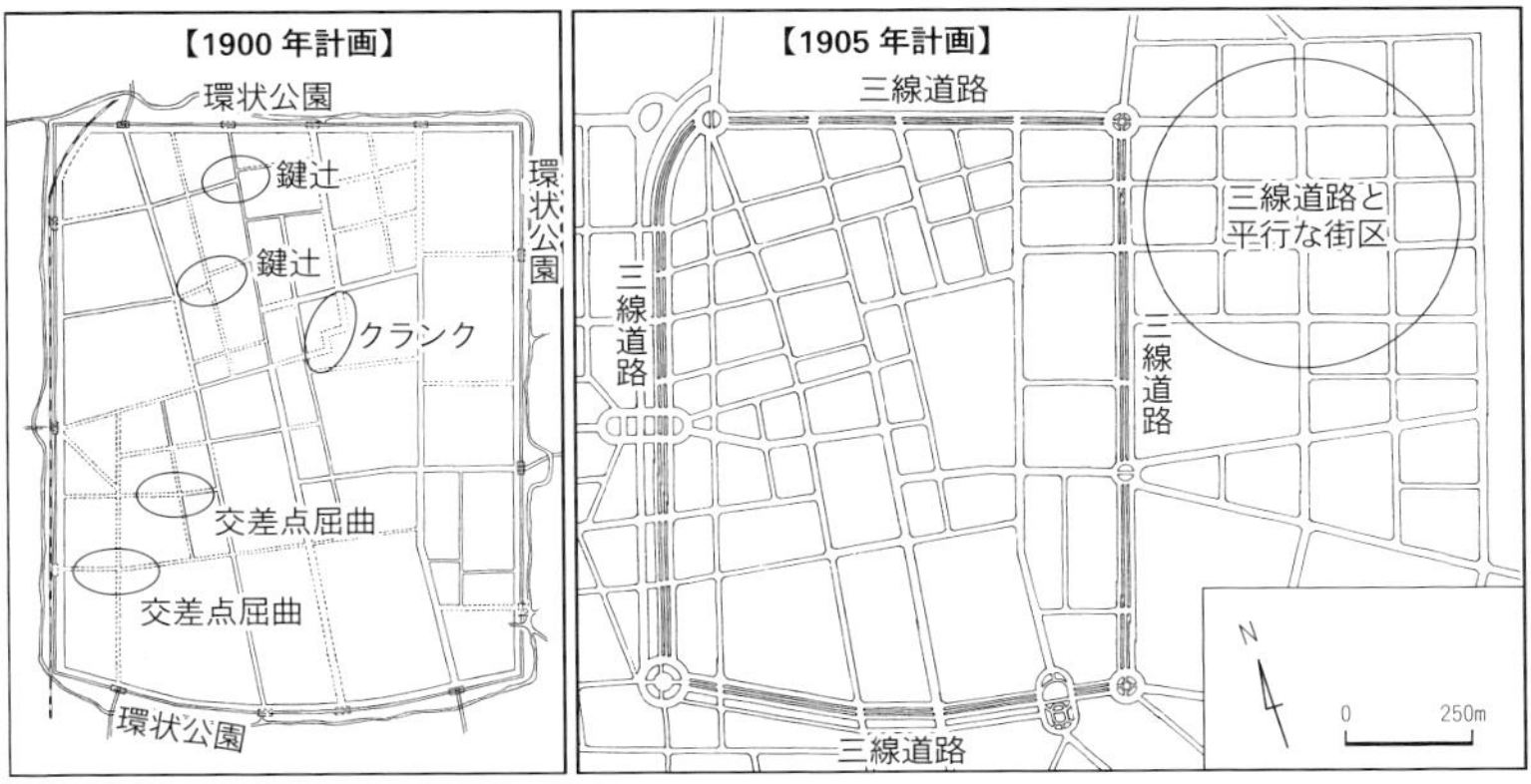

[図28] 台北市区計画の変化（「台北城内市区計画図附城外公園計画図」台北県報188号、1900年8月23日および「台北市区計画図」台北庁報425号、1905年10月7日）

ていて、両者の変化の過程は対照的である【図28】。一九三二（昭和七）年時点の市街図[*86]を比較すると、台北中心部の街路はほぼ市区計画（一九〇五）にのっとって建設されていることがわかる。一九〇〇（明治三三）年時点で、台湾総督府庁舎の位置が市区計画に定められている。

城壁跡は、「台北市区計画」（一九〇〇）では環状公園が計画されていたが、一九〇五年の計画で三線道路に転換した。[*87] 三線道路とは、二ないし三条の緑地分離帯によって歩車分離された幅員二五〜四〇間（四五・五〜七二・七メートル）の公園道路である【図29】。三線道路の起源

*85 五島寧「台北市区改正の成立過程に関する研究」『都市計画論文集』五七巻三号、二〇二二年、八三二〜八三九頁

*86 新高堂「台北市街図」一九三二年

*87 「市区計画の概要（二）」『台湾日日新報』二二三四号、一九〇五（明治三八）年一〇月一〇日、二面

［図29］ 三線道路
（新光社編「日本地理風俗体系15台湾編」1931年、p.218および台北市役所「昭和十七年版台北市土木要覧」1943年、pp.7〜8）

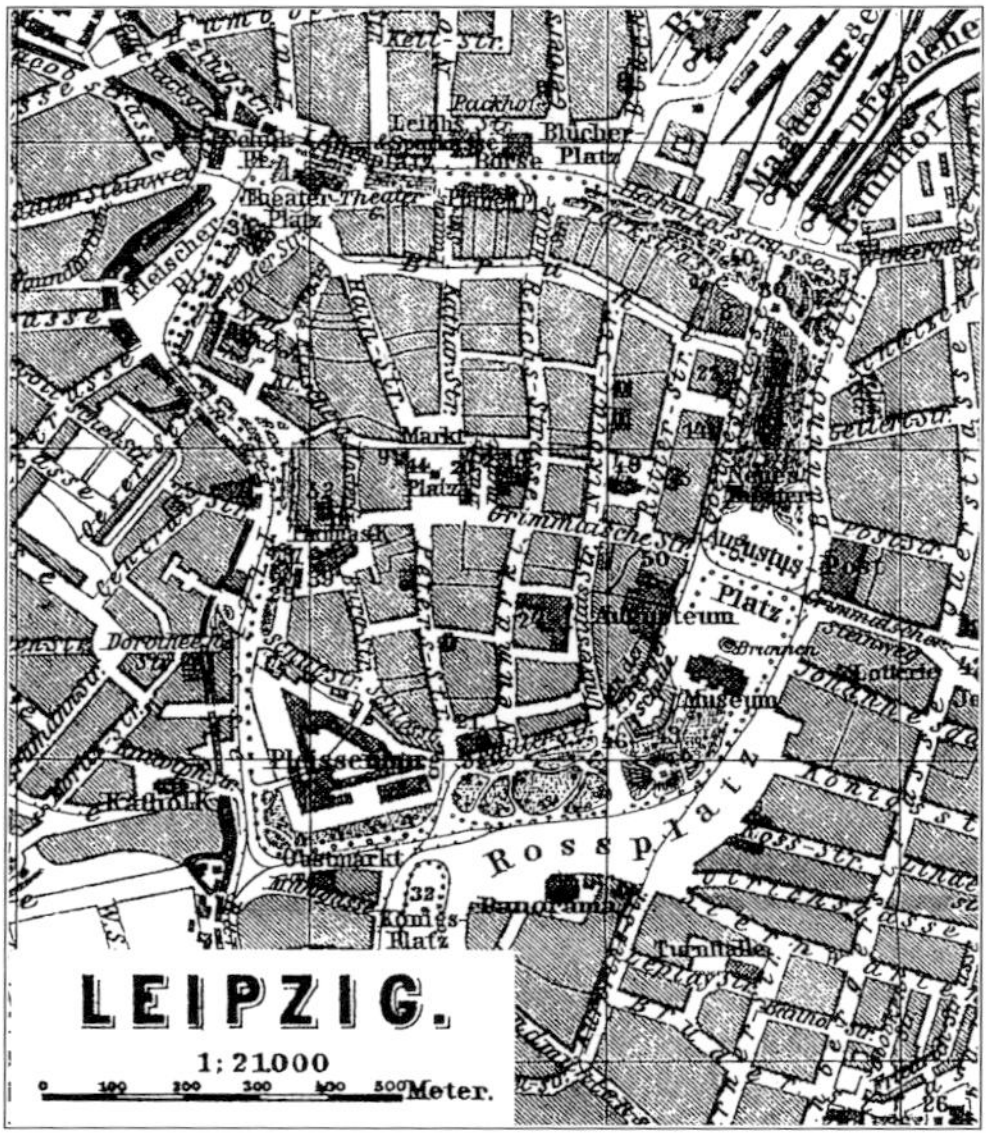

［図30］ 19世紀後半のライプチヒ市街
（Verlag von Karl Baedeker “Mittelund Nord-Deutschland. Westlich bis zum Rhein. Handbuch für Reisende.” 1887, p.210）

について、整備当時に台湾総督府技手であった尾辻国吉は、「独連邦サクソニア国の都市ライプツィッヒ市街の散歩道路に範を採りたるものなり」[*88]と述べている。ライプチヒの散歩道路（Promenadenring）［図30］は、中世城郭都市時代の外堀と城壁［図31］の名残である。[*89]ライプチヒの散歩道路は不定形な環状の緑道であって、完成した三線道路とは様相が異なるが、散歩道路をモデルとして「市区計画」（一九〇〇）の環状公園が計画されたと考えれば、あまり無理がない。

　台北城城壁の本格的な撤去は一九〇三（明治三六）年の着手で、[*90]一九〇六（明治三九）年に完了している。[*91]三線道路の建設は一九一〇（明治四三）年に開始され、一九一三（大正二）年に全線が完成した。[*92]なお、城壁の撤去によって生じた石材は、下水道[*93]や台北監獄の石塀[*94]に転用された。

　「台北市区計画」（一九〇五）の城内より東側（日本人の居住地・官公庁施設用地を想定して計画されていた）[*95]のように、新規に計画されたエリアの街区は三線道路と平行で、南北軸から偏心している（図28参照）。『台湾日日新報』の解説記事は「新線路を如何に作るべきかは市区計画の上の大なる問題にして線路の方向は風向き、光線の関係を慮らざるべからず（中略）家屋の構造如何をも斟酌せざるべからず新計画を引くに真東又は真西又は南北線を避けて成るべく中間の方向を選みたる跡あるは日光風向を考慮せるものなるべし」と報

*88 尾辻国吉「明治時代の思ひ出其の一」『台湾建築会誌』一三輯、二号、一九三一年、八九〜九六頁

*89 Sohl, Klaus "Neues Leipzigisches Geschicht-Buch"（ドイツ）1990, p.123

*90 台湾総督府「台湾総督府民政事務成績提要第一〇編」一九〇五年、二〇三頁

*91 台湾総督府「台湾総督府民政事務成績提要第一二編」一九〇七年、二〇八頁

*92 台北市役所『台北市政二十年史』一九四〇年、六一九頁

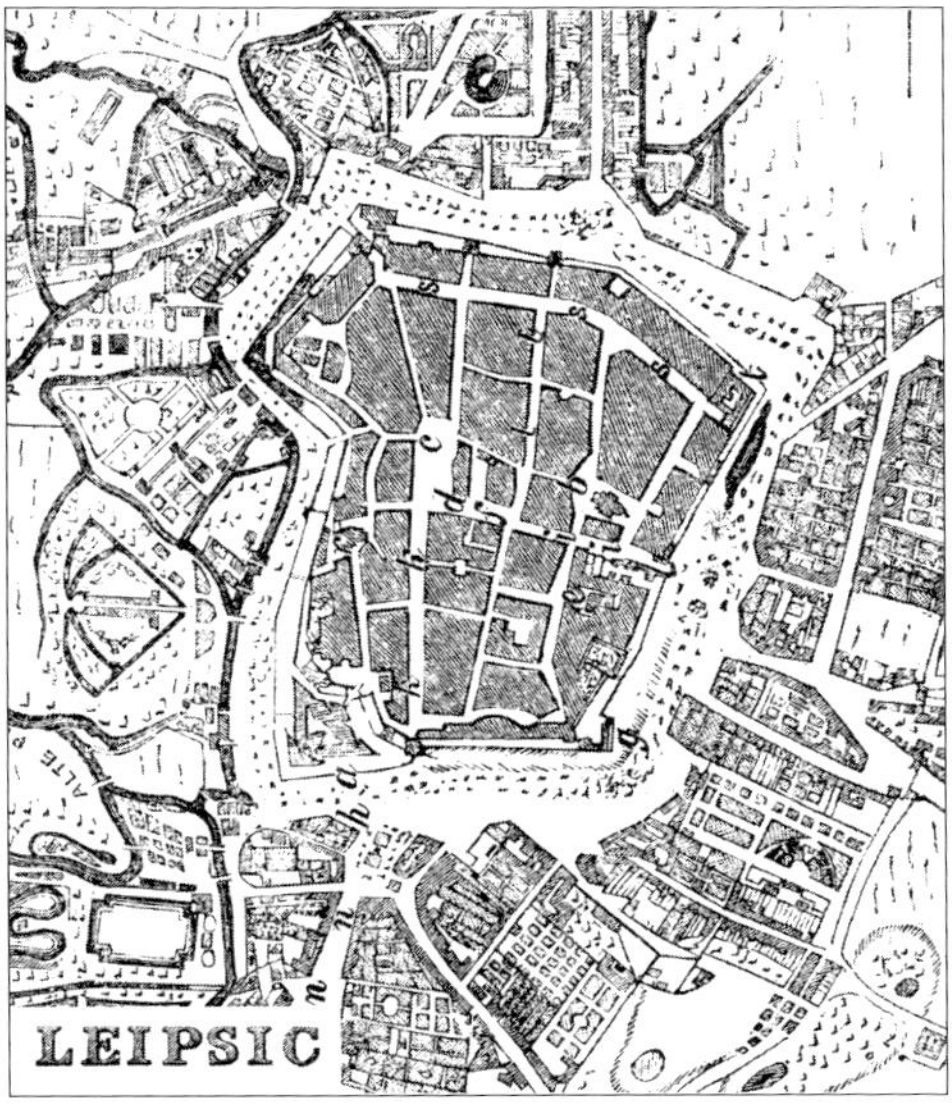

［図31］城壁都市時代のライプチヒ
（Fullarton, A. & Co. "The Royal Illustrated Atlas" Leipsic, 1872）

じており、[*96] 南北軸からの偏心（三線道路と平行）した街区設計が、環境改善を意図した計画思想であることがわかる。城壁跡が三線道路として継承されるとともに、風水地理説が間接的に影響を与え、周辺街区を偏心させている。もちろん、街区の偏心は、採光や風向を考慮した結果であって、風水地理説にのっとった結果ではない。バルトンが設計した台中では、[*97] 採光への配慮と開渠式下水道の殺菌効果を目的に、街路網のグリッドは東西軸から五五度偏心させてあった。台中の市区計画は台北に先立って一九〇〇年一月六日に告示[*98]【図32】されており、台北の街区の偏心は台中の計画思想の踏襲である。台中での街区の偏心は採光の向上に成果

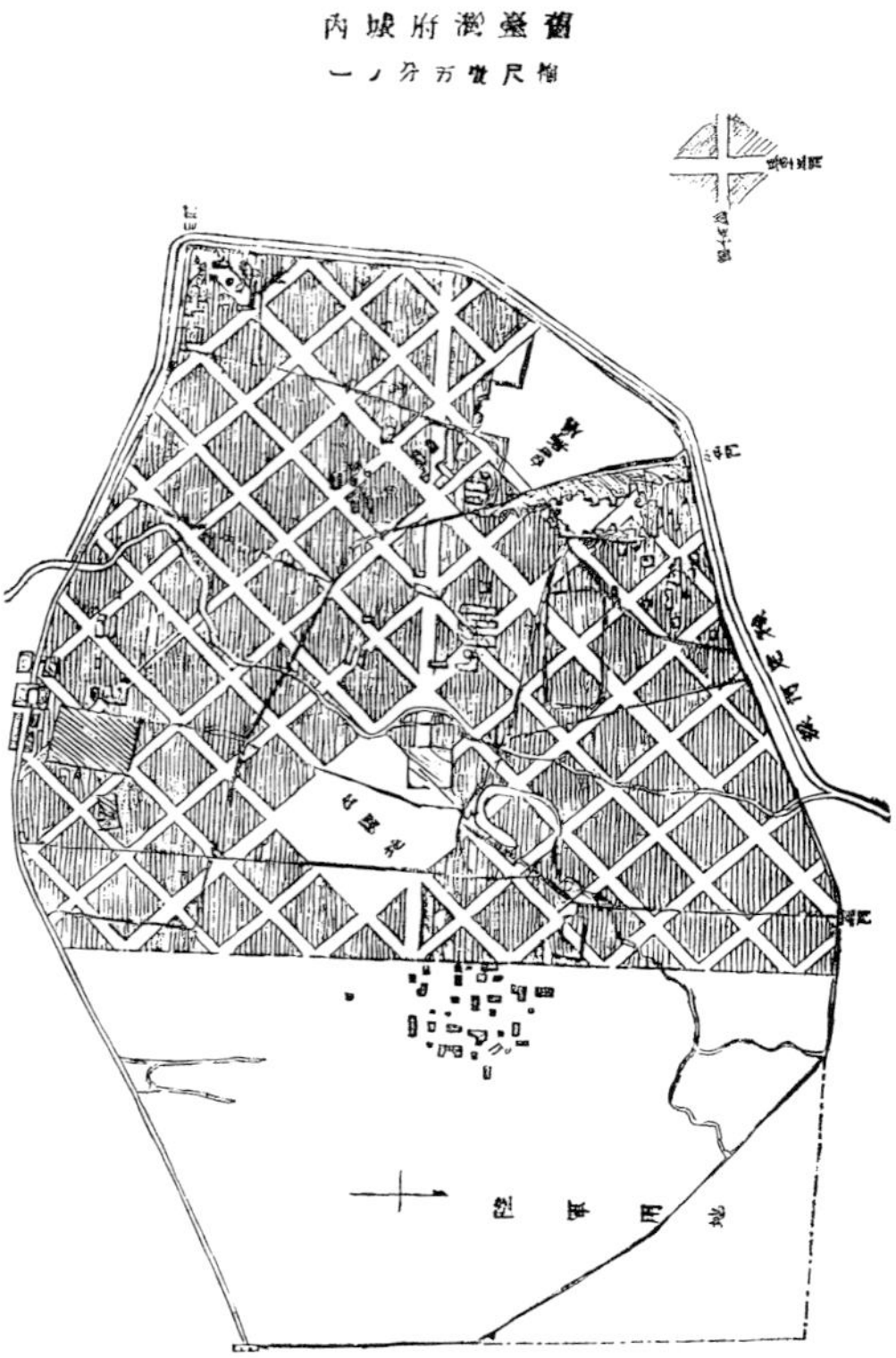

【図32】 台中市区計画
（「旧台湾府城内」台中県報198号、1900年1月6日）

*93 十川嘉太郎「総督官邸樹石物語」『台湾建築会誌』八輯、五号、一九三六年、三三七〜三三九頁

*94 白倉好夫他「改隷以後に於ける建築の変遷（一）」『台湾建築会誌』一六輯、一号、一九四四年、二七頁

*95 野村一郎「台北の都市計画に就て」『建築雑誌』三七八号、一九一八年、二九〜三二頁

*96 「市区計画の概要（一）」『台湾日日新報』二二三三号、一九〇五（明治三八）年一〇月八日、二面

*97 尾辻国吉「台湾建築界の回顧」『台湾建築会誌』一五輯、四号、一九四三年、一三三〜一三六頁

*98 台中県報、一九八号、一九〇〇（明治三四）年一月六日

*99 前掲、「改隷以後に於ける建築の変遷（一）」一七〜四八頁

*100 台湾総督府『台湾総督府事務成績提要第三十六篇』一九三八年、二五八頁は、「州庁前より明治橋に至る勅使街道及新営町一丁目三線道路角より富田町に至る道路の幅員を四十米に拡張し幹線道路と為す計画」としている。

*101 台北州州報号外、一九三〇年四月九日

*102 前掲、『台北市政二十年史』五八二〜五八四

を挙げたが、亜熱帯の強烈な直射日光を住民に浴びせる結果となったため、後年には批判の的になっている[*99]。

一九三〇（昭和五）年には東側の三線道路の北と南に接続する「幹線街路[*100]」が計画告示されている[*101]【図33】。南側は水源地道路（現：羅斯福《ルーズベルト》路《ろ》）、北側は台湾神社の参道である「勅使街道」（現：中山北路）の拡幅であった。勅使街道の拡幅は一九三六（昭和一一）年から一九三八（昭和一三）年に実施され[*102]、羅斯福路は日本統治時代の計画を踏襲[*103]して一九五五～五七年に拡幅された[*104]。この計画は東側の三線道路を核とした新たな都市軸の創出である。風水地理説上の影響を受けた城壁が象徴的な街路空間に転換し、都市の拡張においても骨格的立場を担ったの

【図33】勅使街道・水源地道路計画図（台北州報号外1930年4月9日に方位・スケール・名称を加筆）

*103 朱萬里『台北市都市建設史稿』台北市工務局、一九五四年、二六七～二八四頁によれば、中華民国政府は日本人技術者を留用し、１９４７年に『大台北市綜合都市計画草案』を作成させている。この計画は、一九三二（昭和七）年に策定された大台北市区計画をほぼ踏襲している。

*104 黄淑清『台北市路街史』台北市文献委員会（台湾）、一九八五年、一三七～一三八年

である。
勅使街道が市区計画の区域に含まれたのは、この一九三〇（昭和五）年の計画変更が最初である。拡幅前の勅使街道（台北城東門～台湾神社）は台湾神社の鎮座に併せ、一九〇一（明治三四）年七月二四日から一〇月にかけて整備された。[105] この時点では市区計画区域に含まれていない。整備主体は台北庁で、台湾総督府から補助金が支出されている。[106] 後に市区改正制度に体系化される「台北城内外道路下水改修工事」は、台湾総督府の直轄事業で、勅使街道の整備を含んでいない。勅使街道は台北市区改正とは別体系の計画・事業に基づいて整備されている。台湾総督府庁舎は市区計画で位置が定められており、台湾神社とは系統的な配置計画にのっとっていない。台湾における道路の統一規準として一八九七年六月に定められた「道路設備準則」[107]は、勅使街道を一等道路に分類しており、一等道路の定義は「台北より台湾神社、各県庁又は枢要の港に達する重要道路」[108]である。台湾全土の道路計画において、台湾神社は台北市街地と道路で結ばれる対象であり、台湾神社は台北市街地から独立していたことを意味する。[109]

計画街路と既存街路

図34は、日本統治以前の台北城の街路と、市区

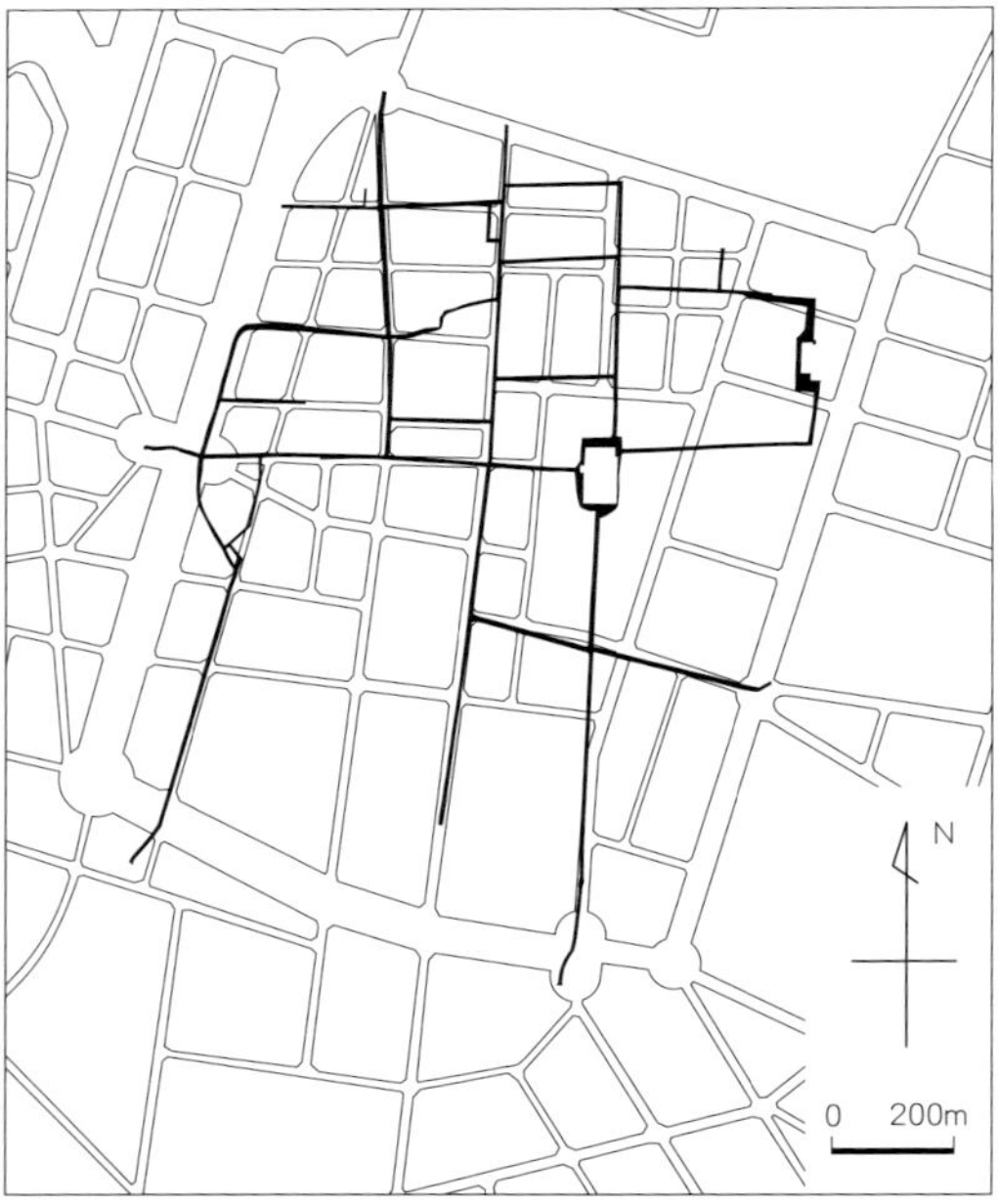

[図34] 台北城内既存街路と市区計画（1905）の関係
（台湾総督府「台北及大稲埕・艋舺略図」1895年と、台北庁報425号、1905年10月7日の付図から作成）

*105 「剣潭新街道」『台湾日日新報』九六八号、一九〇一（明治三四）年七月二五日

*106 台湾総督府官房文書課「台湾総督府民政事務成蹟提要第七篇」一九〇四年、二二九頁

*107 台湾総督府民生局文書課「台湾総督府民政事務成蹟提要第六篇」一九〇三年、八一～八二頁

*108 台湾総督府土木部「台湾土木法規要下巻」一九二三年、一八七～一八九頁

計画（一九〇五）との関係である。計画街路網は、既存の街路の延長や街区の整形化を基本としていることがわかる。新設街路の一部は、三線道路と平行に計画されたため、東西南北方向の街路と、三線道路方向の街路が混在している。**図35**は艋舺の、**図36**は大稲埕における既存街路と市区計画（一九〇五）との関係である。艋舺では、従来の街路は、部分的に計画街路と重なりつつも、屈曲しているために、直線を基調とする計画街路とは全般的には没交渉である。台北城西門から淡水河方面へ延びる街路（新起街）および龍山寺の周囲では新旧の街路が重なっている。幅員がやや細く、直線ではない計画街路も存在するが、既存街路に重なっている。既存街路の一部が市区計画の街路ネットワークに取り込まれている。大稲埕も、全般的な新旧街路の重なりは艋舺と同程度で、いずれも城内よりは乖離しているものの、中北街（現：迪化街）[*110]が、ほぼそのままの形態である。新規の街路整備によってネットワークを構築するにあたり、一部の既存街路が取り込まれている。しかしなが

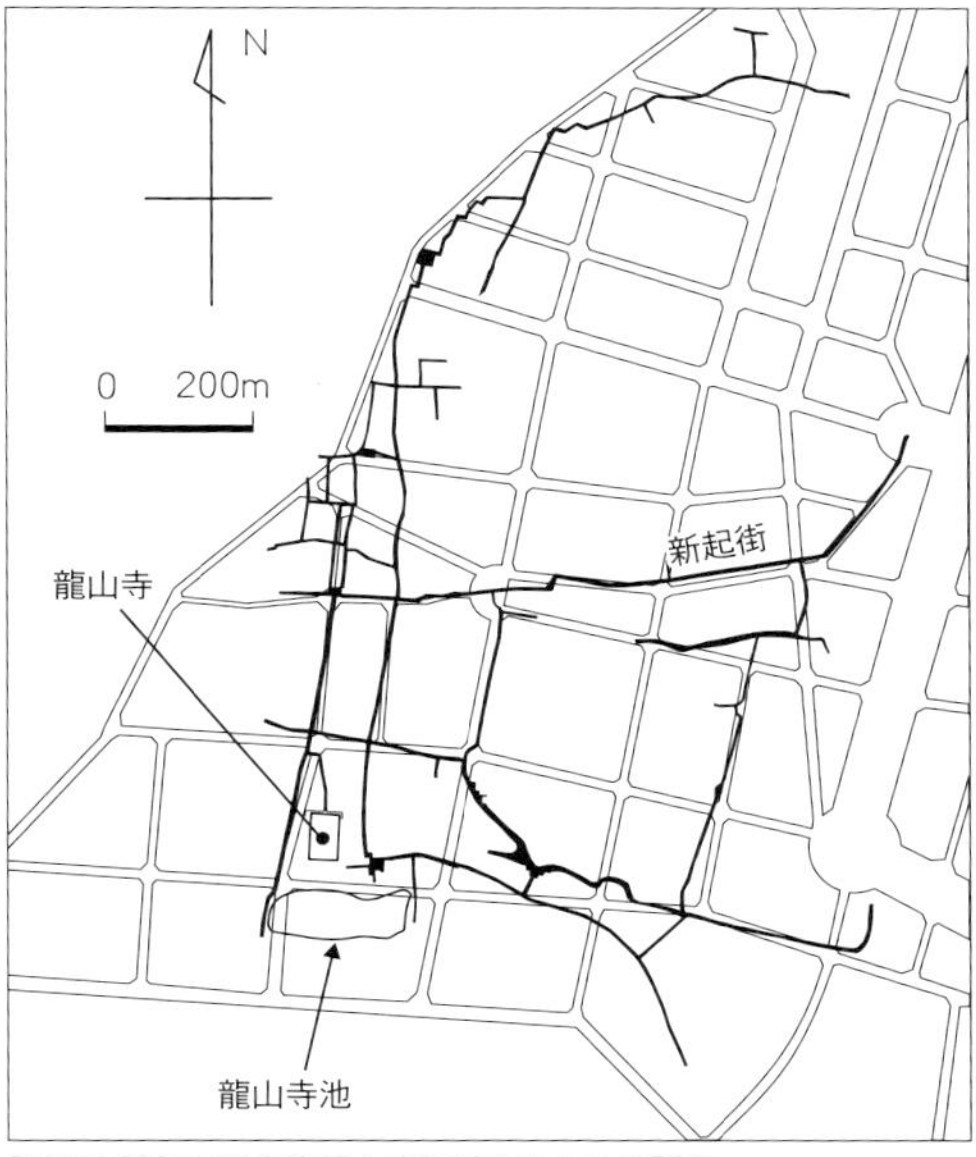

[図35] 艋舺の既存街路と市区計画（1905）の関係
（台湾総督府「台北及大稲埕・艋舺略図」1895年と、台北庁報425号、1905年10月7日の付図から作成）

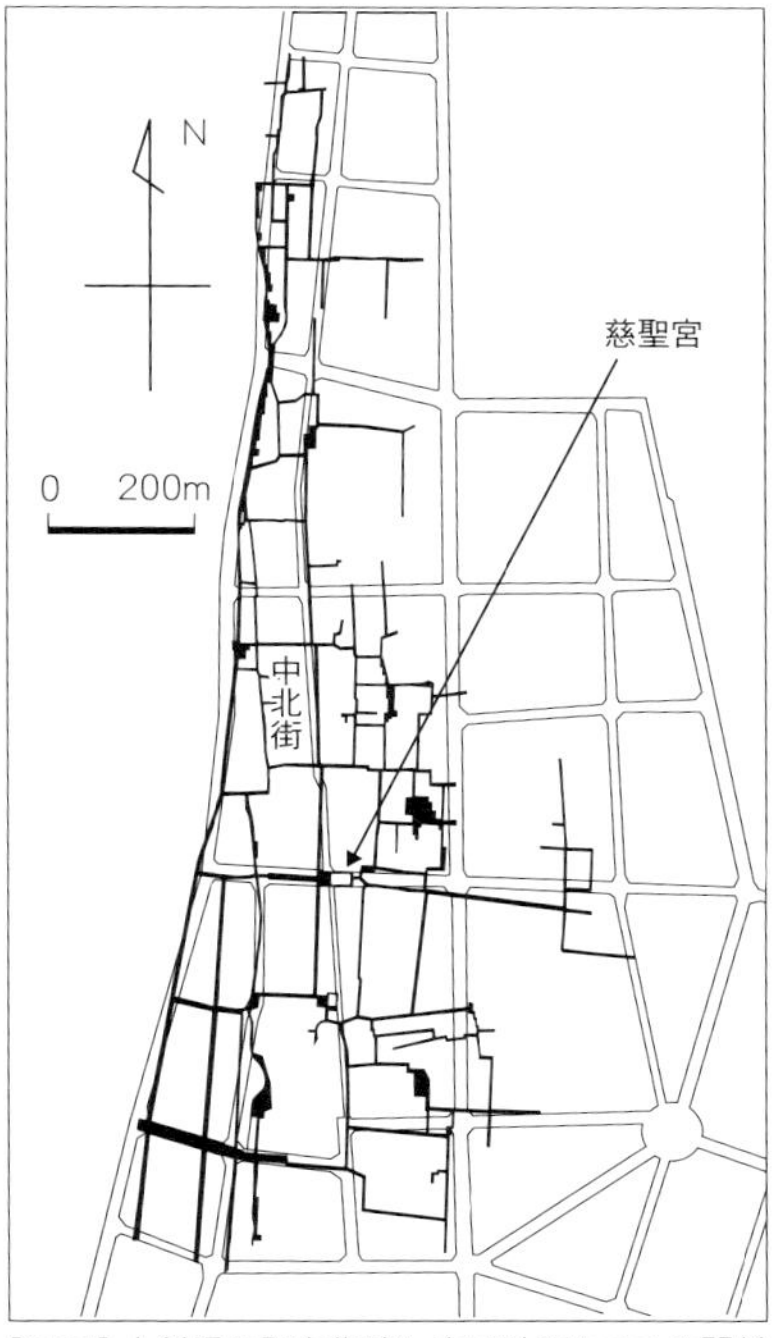

[図36] 大稲埕の既存街路と市区計画（1905）の関係
（台湾総督府「台北及大稲埕・艋舺略図」1895年と、台北庁報425号、1905年10月7日の付図から作成）

ら、このことは、寺廟を中心とする伝統的な空間構成の保全を意味しない。

伝統的な空間の破壊

艋舺・大稲埕では、市街地の核となる寺廟前面の広場が計画街路に転用し、慈聖宮は建築物も移転されている。艋舺・大稲埕の市区改正工事の報道には、「艋舺は四百七八十戸の棟を潰して」「大稲埕は買収費十万圓を支出して六百余戸を破壊して」「祖師廟の幾部を潰し」[*111]「媽祖《まそ》宮口街の北側を削り夫の有名なる大伽藍《だいがらん》媽祖宮《まそきゅう》をも潰し」[*112]などの表現が頻出し、大々的に既存の寺廟が破壊されていることが明らかである。記事中の「媽祖宮」とは慈聖宮のことである。慈聖宮前面の広場は市区改正道路に転用されており、慈聖宮はその道路の延長線上にあった（図36参照）。「在来道路をなるべく利用して改良するよう設計された」とあるが、こうした寺廟前広場の転用と、背後の寺廟の除却をも含んでいたことには注意が必要である。

存続した寺廟もあるが、伝統的な空間構成は保全されていない。市区改正以前の龍山寺の前面には池が広がっていた。龍山寺の管理人を務めた林卿雲は、池の沿革を伝えている。「龍山寺建立当時、有名なる地理師張察光といふ人が居たので、その人に境地を相せしめたら、彼は『此の地は美人穴であるから鏡面を設ける必要がある。それには寺前に池を掘ればよい』と言はれたので、言はれたまゝに池を掘つて蓮を植えた。以後住民はこの蓮池を佛祖の鏡面と称して居たが、今では蓮池は埋め立てられて庭園と変わつて仕舞つた」[*113]。文中の地理師とは風水師のことである。風水地理説上の詳細な解釈や改善策の論理構成が不明ながらも、風水にのっとった調和が創出されていたことがわかる。市区改正によって池と龍山寺との間に

*109 五島寧「台北市区改正と台湾神社の関係についての歴史的研究」『都市計画』二四〇号、二〇〇二年、七五～八六頁

*110 前掲、『台北市路街史』二七一頁

*111 「艋舺の市区改正」台湾日日新報、一九〇八（明治四一）年三月二一日

*112 「大稲埕の市区改正」『台湾日日新報』一九〇八（明治四一）年三月二一日

*113 曾景来『台湾宗教と迷信陋習』台湾宗教研究会、一九三八年、二八五頁

*114 後藤新平『日本植民論』公民同盟出版、一九一五年、二三頁

*115 五島寧「台北都市計画に見る植民地統治理念に関する研究」『都市計画』二三六号、二〇〇二年六八～七六頁

*116 前掲、「台北市区改正と台湾神社の関係についての歴史的研究」

街路が建設されて両者は分離されてしまった（**図35**参照）。龍山寺単体は保存されても、風水地理説上の調和の保全には及んでいない。池は埋め立てられていったんは公園化されたが、今日では龍山寺前面に復元されて一体的な空間を形成している［**図37**］。

後藤新平は台湾統治経験の講演の中で、「宗教は人生の弱点に乗ずるものにして、植民政策上重要なる意義を有するものなり。然るに台湾に於いては有力なる宗教行はれざるが故に、宗教に代わるべき衛生上の施設を完全にするを要す」[*114]と述べている。[*115]後藤の発言から、台湾の既存の寺廟は台湾人に影響を及ぼしうる存在とは捉えられていないこと、下水道をはじめとする社会資本整備は、植民地統治における宗教の代替機能であったことがわかる。既存の空間秩序が、あえて破壊すべき対象とすら認識されていない点は、京城の事例と同様である。なお、社会資本の充実は、台湾の神社の祭神である北白川宮能久《よしひさ》親王の事績に仮託され、台湾神社の権威の担保とされていた。[*116]

京城市区改正は、主に王宮前や鍾路に限られていた漢城の骨格街路網を、格子型を基調に改編していく過程であった。実施された事業は、用地費低減の観点から、徐々に既存街路を利用する方向に展開した。

台北市区改正では、城壁跡の三線道路を転換するなど、既存の骨格を利用した市街地改造によって、環境改善を図っている。これらは速やかに衛生環境を改善するために地形条件を活用した計画であって、風水地理説などを直接考慮した結果ではない。

［図37］現代の龍山寺前面
（2006年に筆者撮影）

日本統治下の台北・京城の市区改正において、風水地理説に基づく空間の調和は、意図的に破壊すべき対象という認識にすら達しないほど軽視されたと考えられる。

主要な官庁施設や神社の配置計画において、施設単体による威厳の演出は意図されていたが、複数施設の系統的な配置計画による演出を駆使するには至っていない。

第4章

都市計画法令と建築法令の一体化

外地では
都市計画と建築が
一つの法令になっている。
本章では、その背景や
一体化による効果を分析する。

本章では、外地の法令で都市計画と建築取締が一体化した背景と、一体化によってどのような機能が強化されているかを検討する。

まず、内地における「都市計画法」と「市街地建築物法」の関係を分析する。内地の「都市計画法」（大正八年四月四日法律第三六号）と「市街地建築物法」（大正八年四月四日法律第三七号）[*1]は姉妹法とされ、帝国議会でも一括審議されているが[*2]、別々の法律として制定されている。用途地域は「都市計画法」ではなく「市街地建築物法」で規定され、施設として都市計画に位置付けられるという構造である。石田頼房は「用途地域制が都市計画法にではなく、建築行為に関して（中略）極めて悪い状態を規制する性格の市街地建築物法に主要な根拠を置いたことは、本当は間違いだった」[*3]と批判している。なぜこのような構造の法律が制定されたのか、その理由を明らかにする。

次に、「市街地建築法」に相当する法令と「都市計画法」に相当する法令が一体化された背景について、嚆矢となる「朝鮮市街地計画令」の事例を分析し、一体化に至った具体的な経緯を明らかにする。

*1 官報一九九九号、一九一九（大正八）年四月五日

*2 「第四十一回帝国議会衆議院議事速記録第二十一号」（官報、号外、一九一九年三月九日）、二頁

*3 石田頼房『日本近現代都市計画の展開』自治体研究社、二〇〇四年、一〇五頁

都市計画法と市街地建築物法の関係

第1節

都市計画法と建築法の制定

内務省は一九一八年五月二一日に都市計画調査委員会を設置し、[*4] 七月八日に第一回本委員会を開催した。[*5] 調査要綱には建築線以外に建築法令に関する事柄が含まれていなかった。[*6] 藤山雷太（貴族院議員）は「近頃ハ建築物ガ非常ニ高クナツテ来タ、（中略）伯林デハ既ニ建築物ノ制限ヲシテ居リマス（中略）日本ノアタリデハ非常ニ地震ナドガアリマスノニ、非常ニ高イ家ヲ建設シテ、サウシテ低イ家ト高イ家ト錯綜シテ居ルト云フヤウナ事（中略）サウ云フヤウナ問題ニ就キマシテハ、ヤハリ一時此ノ会ノ決定ヲ俟タズシテ、サウ云フヤウナ事ハゴ決定ニナル考エデアリマスカ」と問題提起し、幹事の池田宏（内務省都市計画課長）[*7] は「唯今ノ所デ或ハ警視庁令ナリ其ノ他府県令等デ、唯今仰セノヤウナ事柄デ働キノ出来テイルモノハ、働キヲサシテ行クノ外ハナイト心得マスガ、サリナガラ建築物ノ大体ノ取締ハ如何ニス

*4 官報一七三九号、一九一八（大正七）年五月二二日

*5 渡辺俊一『「都市計画」の誕生』柏書房、一九九三年、一三五～一四九頁

*6 内務省都市計画課「都市計画調査委員会議事速記録 附 特別委員会会議録」一九一八年、九頁

*7 一八八一（明治一四）年静岡生まれ。一九〇五（明治三八）年京大法律科を卒業後、内務省都市計画課長、社会局長を歴任。神奈川県知事（官選）を最後に一九二九（昭和四）年内務省を退官後、大阪商大で教鞭をとった。

ベキカ、又其ノ規定事項ハドウシタラ宜シイカト云フコトハ、是ハ段々調査モ進メテ行ク考ヘデアリマス」[*8]と応じており、この時点では都市計画調査委員会が建築法令を同時に検討する考えがなかったことを表明している。会長の水野錬太郎（内務大臣）は「建築物ノ事ニ就テ藤山委員カラ御意見ガアリマシタガ、是ハ洵ニ御尤ト思フノデアリマス」[*9]と第一回本委員会の総括で表明し、建築法の検討も始まる。

都市計画調査委員会設置に先立つ追加予算審議（一九一八年三月二三日）において、水野錬太郎（当時は内務次官）は「発達シツツアル所ノ都市ニ付テ一定ノ経画《ママ》ヲ立テ、ソレニ依ッテ市区ノ改正事業ヲスルヤウニシタラ宜カラウト、斯ウ云フ趣旨デ此度都市経画《ママ》調査会ト云フモノヲ設ケタノデアリマス」[*10]と発言している。その三日前の貴族院本会議で後藤新平（内務大臣）は「建築条例ノコトニ付キマシテモ、十分ナル基礎トナルベキ調査ヲナシ、相当ノ法令ヲ設ケナケレバナラヌト考ヘテ居リマス……警視庁ニ於テ今調査中デアリマス」[*11]と発言している。都市計画調査会は主に市区改正の発展・拡張を目的とし、建築法令の調査は別途進められていたことがわかる。

「母」と「子」の関係

都市計画法と建築法の位置関係について、一九一八年一二月一一日の第三回両法案特別委員会において次のようなやりとりがあった。[*12]

○中西委員長　次ニ第十三条、第十四条、第十五条

*8 前掲、「都市計画調査委員会議事速記録 附 特別委員会会議録」二二〜二三頁

*9 前掲、「都市計画調査委員会議事速記録 附 特別委員会会議録」三五頁

*10 貴族院事務局「第四十回帝国議会貴族院予算委員第三分科会議事録」一九一八年、一〇三頁

*11 内閣官報局「貴族院議事速記録第十五号」一九一八年、二八六頁

*12 前掲、「都市計画調査委員会議事速記録 附 特別委員会会議録」一一三〜一一六頁

（吉村幹事朗読）

第十三条　都市計画事業ノ執行区域内ニ住居地域、商業地域及工業地域ヲ指定シ其ノ地域内ニ於ケル権利ノ制限ヲ為スコトヲ得

第十四条　都市ノ状況ニヨリ必要アリト認ムルトキハ災害予防、衛生、風紀及美観、風致維持ノ為特ニ地区ヲ指定シ其ノ地域内ニ於ケル権利ノ制限ヲ為スコトヲ得

第十五条　前二条ノ地域及地区内ニ於ケル権利ノ制限ハ別ニ之ヲ定ム

○中西委員長「権利ノ制限」ト云フノハドウデセウカ―餘リ「権利ノ制限」ト云フコトガ並ビ過ギルヤウデスガ……

○池田幹事　建築法ヲ喚起スル基ノ積リデスガ、「建築ノ制限ヲナスコトヲ得」位ガ宜イカモ知レマセヌ

（中略）

○中西委員長　此ノ権利ノ制限ト云フノハドウ云フ事ヲ想像シタノデスカ

○池田幹事　建築ノ制限ト土地利用上ノ制限デス、土地ハ誰デモ所有権ノ行使ヲヤツテ宜イト思ヒマスケレドモ、サウスルト住居地域、商業地域、工業地域ヲ極メルコトガデキナクナツテクル、又建物モドンナモノヲ建ツテモ宜イ訳デセウケレドモ、例ヘバ経済上ノ中心デアル所ニハ防火上ノ制限ヲ設ケテ、ソレニ服従シナケレバナラヌヤウニスルソノ事デス、都市ノ利用上ト建築ニ関スル制限デアリマス

○中西委員長　ソレナラバ例ヘバ都市計画法トシテ、此処ニ斯ウ云フ広汎ナ条

文ヲ置イテ置ケバ、建物ノ制限モ出来レバ、空地ヲ余計置イテイカヌト云フ制限モ出来ルトスレバ—建築法ノ内容ヲ見ルトソレガ多イ、之ヲ法律トシテ出シテ、建築法ヲ勅令トシテ出スナラバ、是ガ必要カモシレヌケレドモ、一方モ法律トシテ出スナラバ、此処ニ言フ必要ハナイト思フ、是レ以外ニ何カ制限ガナケレバナラヌ

○池田幹事　事柄ガ極メテ重大デスカラ、十三条ノヤウナ包括的ノ規定ヲ置ケバ、勅令以下ノモノ、省令デヤツテ宜イカモ知レマセヌガ、ソレガ余リ乱暴デスカラ、建築法ト云フモノヲ別ニ置イテヤツテ行カウト云フノデス、恰モ東京市区改正条令ニ於テ、土地処分ノ規則ハ、別ニ之ヲ定メルコトガ出来ルヤウニシテアルト同ジヤウニ、同ジ程度ノモノデ土地処分規則ヲ出シテ居ルト同ジ意味デヤツテ行カウト思ツタノデス、之ヲ母法トシ、子法ヲ他ノ法律デヤツテ行カウト云フ考デアリマシタ

○中西委員長　是ガアルト建築法デ制限スル以外ニ、未ダ何カ制限ガアルヤウニ見エル

○池田幹事　建築法ニ於テ、何トカ別ニ特別ノ規定ヲ為スコトヲ得ト云フコトニシタラ宜イカモ知レマセヌ

○杉山委員　十五条ノ「別ニ定ム」トアルノハ法律ノ意味デセウ

○池田幹事　ヤハリ議会ノ審議ヲ経タ法律デ定メテ、十分権利ノ保護ヲスルト云フ積リデアリマシタ

又是ハ本会ノ時ニモ一寸申上ゲタヤウニ、都市計画法案ダケ通ツテ、建築法

ガ事ニ依ツタラ宿題ニナツテシマフコトガアリハセヌカト思ヒマシタ、其ノ時分ニ斯ウ云フヤウナ重要地域ノ決定ガ出来ナイコトガアツテハ困ル、ソレハ是非トモ本条ニ置キタイト思ツタ、モウ一ツハアベコベニ都市計画法案ハ、事ニ依ツタラ色々ノ関係デ握潰シニナツテ、建築法ダケ通ルカモ知レヌ、其ノ時分ニ建築法ガ出テモ単純ナル建築制限ハ困ル、地域ヲ定メルコトガ出来ナクテハ困ルカラ、其ノ規定ダケハ置イテ置カウト云フノデ、両方ニ入レタノデス、両方ガ成立ナラバ、ドツチラカ要ラナクナルノデス
○神野委員　書クニシテモ、土地ノ利用ニ附クトカ、建築法ニ附クトカ、モウ少シ狭クシナイト、広過ギルヤウデスネ
○池田幹事　十三条ト十四条ハ「地域ヲ指定スルコトヲ得」ダケデ宜シイカモ知レマセヌ、十五条ニ於テ権利ノ制限ハ別ニ定ムトアリマスカラ

都市計画法と建築法の位置関係について、池田は東京市区改正条と土地処分規則の関係に準えて、「同ジ程度ノモノデ土地処分規則ヲ出シテ居ルト同ジ意味デヤツテ行カウト思ツタノデス、之ヲ母法トシ、子法ヲ他ノ法律デヤツテ行カウト云フ考デアリマシタ」と述べている。建築法は都市計画法に対する施行規則的な位置付けであるという。この説明は、両者ともに同格の法律であることに一見矛盾するが、委員長の中西清一（逓信次官）が、建築法を勅令とする仮定に言及した際に、池田は「事柄ガ極メテ重大デスカラ、（中略）勅令以下ノモノ、省令デヤツテ宜イカモ知レマセヌガ、ソレガ余リ乱暴デスカラ、建築法ト云フモノヲ別ニ置イテヤツテ行カウト云フノデス」と応じ、「ヤハリ議会ノ審議ヲ経タ法律デ定メテ、十

分権利ノ保護ヲスルト云フツモリデアリマシタ」と述べている。池田は、「勅令以下ノモノ、省令デヤツテ宜イカモ知レマセヌガ」と中西の発言を留保しつつも、「ソレガ余リ乱暴デスカラ」と主張し、勅令や省令による制度化を否定している。つまり、「勅令でもよい」のではなく、権利制限を規定する建築法を設けるならば、勅令ではなく法律としての制度化が必要であると強く主張しているのである。その理由は、大日本帝国憲法第二十七条に「日本臣民ハ其ノ所有権ヲ侵サルヽコトナシ　公益ノ為必要ナル処分ハ法律ノ定ムル所ニ依ル」とあるため、土地の所有権に重大な影響を与える用途制限は、勅令ではなく法律による規定を要するからである。

池田は都市計画法を「母」、建築法を「子」と呼んだ。財産権の制限を伴うため「子」も法律に格上げする必要があったのである。今日では一般に、他国の法制度に基づいて法を制定することを法の継受と呼び、参考とされた他国の法を「母法」、他国の法に基づいて制定された法を「子法」と呼ぶ。したがって、池田の発言である「之ヲ母法トシ、子法ヲ他ノ法律デヤツテ行カウト云フ考デアリマシタ」をそのまま解釈すると、都市計画法と建築法に継受関係が存在することになってしまうため、今日の一般的な用法に置き換えれば、基本法と個別法の関係に近いと考えるのが妥当である。池田の発言から、都市計画法を基本法、建築法を個別法とする体系として構想されたことが判明する。

また、池田は「都市計画法案ダケ通ツテ、建築法ガ事ニ依ツタラ宿題ニナツテシマフコトガアリハセヌカト思ヒマシタ」と述べており、帝国議会の審議において都市計画法・建築法のいずれかが廃案になるリスクを危惧し、都市計画調査委員会での検討段階で用途地域に関する条文を両法に重複させていた。中西は用途地域関係の条文を都市計画法に残すことにつ

*13 前掲、「都市計画調査委員会議事速記録 附 特別委員会会議録」一九六頁

*14 前掲、「都市計画調査委員会議事速記録 附 特別委員会会議録」一一五〜一一六頁

いて、「之〔引用者註：都市計画法のこと〕ヲ法律トシテ出シテ、建築法ヲ勅令トシテ出スナラバ、是ガ必要カモ知レヌケレドモ、一方〔引用者註：建築法のこと〕モ法律トシテ出スナラバ、此処ニ言フ必要ハナイト思フ」と述べており、一見、都市計画法から用途地域関係条文の削除を求めているような発言にも見えるが、中西の懸念は「是ガアルト建築法デ制限スル以外ニ、未ダ何カ制限ガアルヤウニ見エル」ことであった。つまり、都市計画法に基づく土地利用規制は、建築法のみで行うことが想定されていたことがわかる。池田はこの問いかけに対し「建築法ニ於テ、何トカ別ニ特別ノ規定ヲ為スコトヲ得ト云フコトニシタラ宜イカモ知レマセヌ」と回答している。この発言もまた、都市計画法に基づく用途制限を建築法に限定していることを裏付けている。都市計画法と建築法の体系が両者の共通理解であることがわかる。

池田は重複が不要と指摘されると「是ハ都市計画法ニアリマスカラ、両法ガ並ビ行ハレ、バ必要ガナクナリマス（一九一八年一二月一七日第五回両法案特別委員会）」[*13]と、建築法からの削除を提案したが、そもそも「両方ガ成立ナラバ、ドツチラカ要ラナクナルノデス（一九一八年一二月一一日第三回両法案特別委員会）」[*14]と述べていた。池田にとっては地域制の導入が重要なのであって、都市計画法への記載を積極的に推しているわけではいない。

都市計画法ではなく建築法で規定された地域制度

一九一八年一二月二四日に開催された第四回本委員会では、用途地域関連の条文をどちらに残すかで議論となった。建築法案第三条「内務大臣ハ本法ヲ施行スル区域内ニ住居地域工業地域及商業地域ヲ指定スルコトヲ得」について、「都市計画法案ニアル方ガ当然デハナイカ知ラント私ハ感ジマス（馬場三郎、宮内省内蔵頭）[15]」「建築法案ノ方ハ削ツテ都市計画法ニソレヲ残シテ置イタラ足リルト思ヒマス（藤原俊雄、貿易商）[16]」「建築法ニ規定スベキ条文デハナカラウ、ヤハリ是ハ都市計画法ニ譲ルベキモノデハナカラウカト思ヒマス（小橋一太、内務次官）[17]」と都市計画法に規定すべきとする意見は複数見られる。その根拠は、「区域ヲ定メルナドト云フコトハ、建築法案自体ノ仕事デハナイ（馬場三郎）[18]」「都市計画法ヲ適用シナイ所ノ町村ニ建築法ヲ適用スルト云フ場合デアツタナラバ住居地域、工業地域、商業地域ト云フモノヲ指定スル程ノ必要ハナイダラウト思フ（藤原俊雄）[19]」「都市計画法ノ適用ハナイ土地ニ対シテモ、建築法ダケハ適用サレルコトガアリ得リト云フ、サウ云フ事ハ想像サレルカドウカ、是ハ余程疑問ダラウト思ヒマス（小橋一太）[20]」と、都市計画法で規定すべきという筋論である。

これに対し、片岡安（建築家）は、「（第三条の規定を建築法から削除すると、各地域の制限内容を定めた第四、五、六条が）薮カラ棒ノヤウナ制限ニナリマスカラ」「ドウシテモ重複デアツテモ三条ヲ入レテ置イタ方ガ、法案ノ体裁トシテ非常ニ宜イト思ヒマス[21]」と、条文整合性の視点から建築法への存置を提案している。ただし片岡も、都市計画法からの削除を求めているわけではない。両法案特別委員会の委員長であった中西清一は、「都市計画ト云フヤウナ大キナ、道路ヲ造ルトカ何トカ云フ根本的ノ計画ハナイマデモ、一部分ノ建築ダケノ制限ハシヤウト云フヤウナ時ニハ、建築法案ノ一部ダケ行ハフト云フ場合モアラウト思ヒマス[22]」「稍々都会トシテハソレ程ノ所デハナクテモ、乱雑ニアツチニモコツチニモ工場ガ連ルコトハイケナイカラ、工場地域タケヲ指定スル必要ガ起コリハシナイカト思ヒマスカラ、必シモ都市計画法ノ行ハレヌ所デハ、地域ノ指定ハ絶無デアルト云フ断定ハ甚ダ危険デハナイカト思フノデアリマス[23]」と、問題を具体的に想定し、建築法のみの適用都市での用途地域の必要性を主張し

*15 前掲、「都市計画調査委員会議事速記録 附 特別委員会会議録」一五九頁
*16 前掲、「都市計画調査委員会議事速記録 附 特別委員会会議録」一八九頁
*17 前掲、「都市計画調査委員会議事速記録 附 特別委員会会議録」一九一頁
*18 前掲、「都市計画調査委員会議事速記録 附 特別委員会会議録」一六〇頁
*19 前掲、「都市計画調査委員会議事速記録 附 特別委員会会議録」一八九頁
*20 前掲、「都市計画調査委員会議事速記録 附 特別委員会会議録」一九一頁
*21 前掲、「都市計画調査委員会議事速記録 附 特別委員会会議録」一八九頁
*22 前掲、「都市計画調査委員会議事速記録 附 特別委員会会議録」一六〇頁
*23 前掲、「都市計画調査委員会議事速記録 附 特別委員会会議録」一九二頁
*24 前掲、「日本近現代都市計画の展開」一〇五頁

ている。建築法での規定あるいは存置の必要性を説いた中西や片岡は、想定される問題や条文上の整合性など、主に実務的な視点から理由を説明し、建築法での規定を求めている。

都市計画調査会の議論は収束せず、用途地域は両法案に重複したまま成案となった。都市計画調査委員会の議論では、❶都市計画法で規定すべきという筋論と、❷建築法のみが適用される場合への考慮が主張されたが、注意すべき点は、一九一八年一二月二四日に開催された第四回本委員会では、都市計画法からの削除を求める指摘がないことである。ところが、帝国議会に提出された法案では、用途地域は「市街地建築物法」に置かれ、「都市計画法」では直接規定されなかった。それと同時に、用途地域の指定や変更については「都市計画ノ施設」として行うことが定められた。都市計画調査会の成案には「都市計画ノ施設」という用語は登場しないため、帝国議会に提出された法案の作成時に、都市計画法案から削除された用途地域関連の条文と引き換えに挿入された語句である。次項では、「施設」という用語に着目して条文の趣旨を考察する。

用途地域が「都市計画ノ施設」である理由

「都市計画法」（一九一九）で用途地域を規定するのは、第一〇条第一項の「都市計画区域内ニ於テ「市街地建築物法」ニ依ル地域及地区ノ指定、変更又ハ廃止ヲ為ストキハ都市計画ノ施設トシテ之ヲ為スヘシ」のみである。石田が「非常にわかりにくい条文で、市街地建築物法に規定された用途地域制を都市計画区域で使う場合の手続きを定めているだけ[*24]」と批判するように、確かにわかりにくい規定である。内務省の説明によると、「広義ノ都市計画」は、道路や公園等の「事業ヲ伴フ施設ノ計画（事業計画）」と「単純ナル施設ノ計画（狭義ノ都市計画）」に二分され、「単純ナル施設トハ執行者ヲシテ事業ヲ執行セシムル要ナキ施設ヲ指スモノ」であって、例示されているのは「市街地建築物法ニ依ツテ特別ノ地区ヲ指定スル」[*25]ことである。ここにおいて施設とは「設備ヲ施スコト」で、設備とは「有形手段」を意味するという。「建築物ノ用途ニ依ツテ都市ヲ各種ノ地域ニ分ツコトハ直接ニ有形手段ヲ施スモノテハナイ」が、「間接ニ建築物ヲ整理シ都市ノ面目ヲ一新スル結果ヲ生ス」るので、「地域指定ハ都市計画ト謂フコトカ出来ル」と内務省は説明している。[*26] 物理的に都市を形成する仕組みとして都市計画を捉え、その手段として道路や公園等の「施設ノ計画」と、「単純ナル施設ノ計画」である規制誘導による地域制を位置付け、施設という用語を用いて両者を同格に編成していることがわかる。なお、「都市計画法」（一九六八）第一一条では道路や公園を「都市施設」と呼んでいるが、「都市計画法」（一九一九）の「施設」は、それとは異なる概念であることには注意が必要である。

前項では、都市計画調査委員会の議論において、❶用途地域は「都市計画法」で規定すべきという筋論と、❷建築法のみが適用される場合への考慮が存在したことを確認した。また、一九一八年一二月一一日の第三回特別委員会の中西と池田のやりとりから、❸都市計画法に基づく用途制限を建築法に限定させようとしていたことも明らかになった。これらを踏まえて「都市計画法」（一九一九）第一〇条第一項に着目すると、❶都市計画区域内での地域地区の指定は道路や公園と同様に「都市計画法」に基づいて決定されること、❷「市街地建築物法」のみが適用される区域では「都市計画法」は関与しないこと、❸「都市計画法」に基づく用途制限は「市街地建築物法」以外の法律を根拠としないこと、が実現していることがわ

*25 内務省都市計画局「都市計画法釈義」一九二二年、二〇頁
*26 前掲、「都市計画法釈義」四〜五頁
*27 前掲、「都市計画法釈義」七九頁

かる。以上から、「都市計画法」（一九一九）第一〇条第一項は、条文の重複を回避しつつ、「市街地建築物法」のみによる土地利用規制を実現し、用途制限の根拠の一元化を図った結果と考えられる。

なお、内務省は、用途地域に関する「都市計画法」の規定は第一〇条のみであることや、用途地域制度のほとんどが「市街地建築物法」で規定されていることについて、「之ハ立法上ノ便宜ニ出テタモノテアツテ此ノ事ノ為ニ単純ナル施設カ都市計画トシテ価値ガ少イト考フルハ大ナル誤テアル[*27]」と注意を促している。

第2節

外地における都市計画・建築法令の一体化

最初の一体化事例である朝鮮市街地計画令

池田は、帝国議会における都市計画法案の説明において「市区改正条例の改正を企てた」として、「名前は都市計画法と云ふやうな事に変りましたが」、地域地区、土地区画整理、収用の規定を加えた他は「大体に於きまして今日の市区改正条例の踏襲若しくは一部の修正」*28と説明しており、適用が想定されていたのは六大都市であった。これに対し、市街地建築物法案については「地方の警察令等を以て相当の規定を致して居りますが、（中略）大分各地方に依りまして準拠すべき事項が違って居ります（中略）大体に於きまして都市計画法の方に照応する為法律、又今日の地方庁令の整理統一を致して行きたいと云ふ趣旨」*29と述べている。池田の説明は、「都市計画法」を基本法、「市街地建築物法」を個別法として構想していた都市計画調査委員会の検討経緯と整合しており、「東京市区改正条例」とは異なる来歴を背景

*28 「第四十一回帝国議会衆議院 都市計画法案外一件委員会議録第一回」一九一九年三月一〇日、一〜二頁

*29 「第四十一回帝国議会衆議院 都市計画法案外一件委員会議録第一回」一九一九年三月一〇日、五頁

*30 「市街地令設定に伴ひ一課を新設か 関係各課で研究中」『京城日報』一九三四年六月一五日、朝刊二面

*31 「市街地整理令は撤回 計画令のみで進む」『京城日報』一九三三年四月八日、夕刊一面

*32 「都市計劃令에包含될市街地建築取締令（都市計画例に包含される市街地建築取締令）」『毎日申報』九一一七号、一九三三年四月八日、二面

とした建築取締法令を、都市計画を基幹とする体系に再編しようとしていることがわかる。「朝鮮市街地計画令」において建築・都市計画の法令が一体化したことは、この再編が一層進展した結果のようにも見える。さらに、朝鮮総督府は、「朝鮮市街地計画令」の施行にあたり、内務局・警務局に分かれていた所管部署を一元化させるべく総督官房に新たな課の設置を模索している。[*30]

一体化の限界

外地における建築・都市計画の法令の統合は、「朝鮮市街地計画令」を嚆矢とし、長所として語られることがあるのだが、法令の一体化について一九三三（昭和八）年四月八日の『京城日報』[*31]は、「市街地整理令の二案に就いては、審議室において両案を統合して計画令一本で進む方が適用上にも便利であり、審議にも好都合であるとの意向あり、建築物令との関係に就いては、警務局側において極力成案を急ぐこととなった」と報じており、同日の『毎日申報』[*32]［図1］には、「朝鮮の都市計画と市街地建築取締令は、都市計画は内務局で、建築物取締令は警務局で立案され、審議室に回付されて審議中であるが、朝鮮ではこの二つの法令を一つとし、都市計画令の中に市街地建築取締令を包含させることによって内務警務両局の

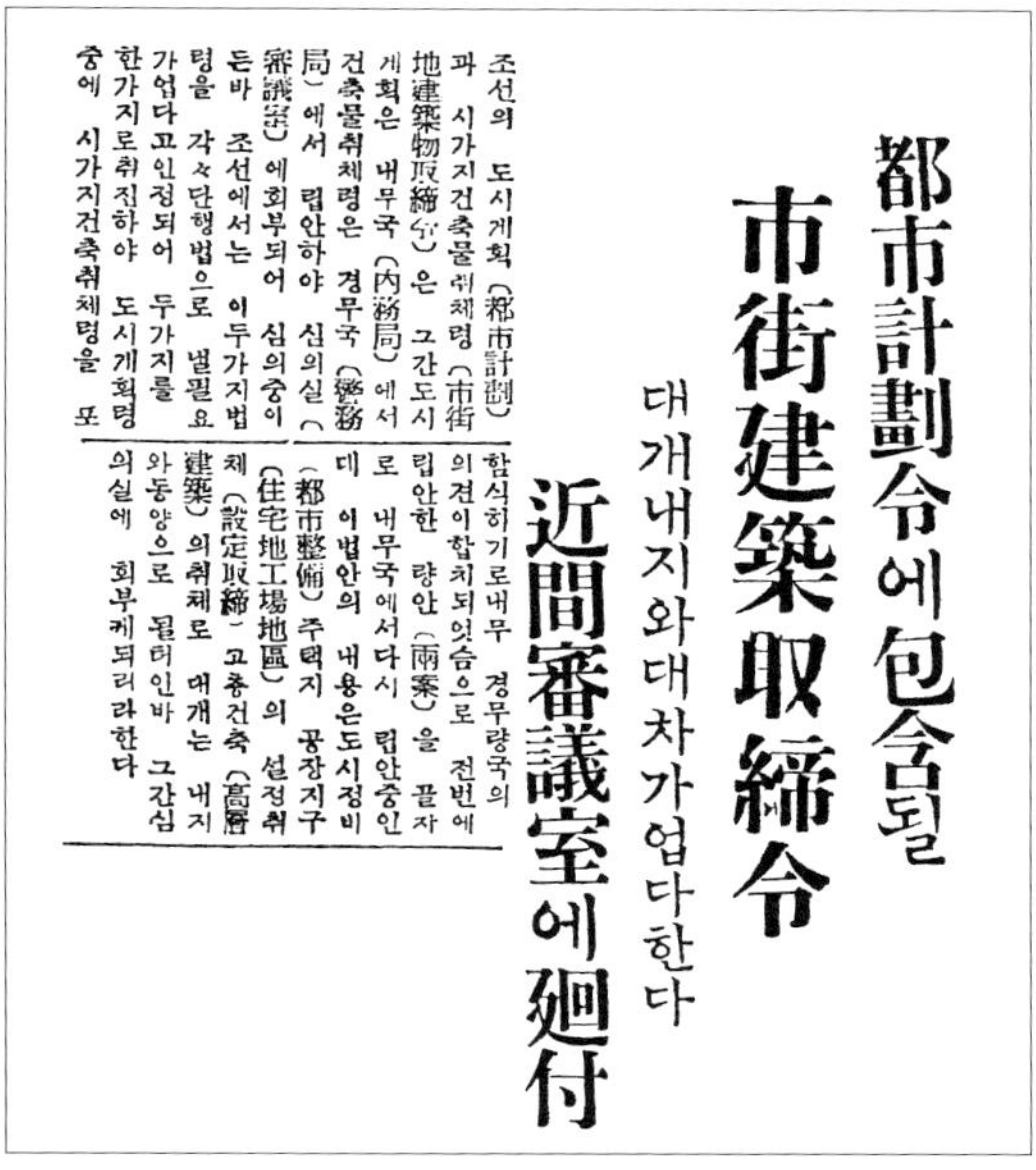
都市計劃令에包含될
市街建築取締令
대개내지와대차가업다한다
近間審議室에廻付

조선의 도시계획(都市計劃)과 시가지건축물취체령(市街地建築物取締令)은 그간도시계획은 내무국(内務局)에서 건축물취체령은 경무국(警務局)에서 립안하야 심의실(審議室)에 회부되어 심의중이든바 조선에서는 이두가지법령을 각々단행법으로 낼필요가업다고인정되어 두가지를 한가지로취진하야 도시계획령중에 시가지건축취체령을 또함식히기로내무 경무량국의 의견이합치되엿슴으로 전번에 립안한 량안(兩案)을 끌자로 내무국에서다시 립안중인데 이법안의 내용은도시정비(都市整備) 주택지 공장지구(住宅地工場地區)의 설정취체(設定取締) 고층건축(高層建築)의취체로 대개는 내지와동양으로 될터인바 그간심의실에 회부케되리라한다

［図1］『毎日申報』の記事
（『毎日申報』9117号、1933年4月8日、2面）

意見が合致したことで、前回立案した両案を骨子として内務局で再度立案中〔引用者翻訳〕」とする記述がある。これらを総合すると、「朝鮮市街地計画令」は、建築取締令、市街地計画令、市街地整理令として別個に起草されていたものが、適用の簡便さと審議の迅速さを理由として、総督官房審議室の段階で一体化されたのであり、「都市計画法」に相当する法令と「市街地建築物法」に相当する法令の両輪で都市計画を遂行する理想論の具現化というよりも、法令案審議の迅速化や適用時の事務手続きの簡素化が目的であったことがわかる。

内地の法改正と外地法令

「市街地建築物法」は都市計画調査委員会での検討経緯を反映して、「将来の都市たらむとするもの」[*33]への適用を視野に含めていたため、「建築法ダケヲ処ニ依ッテハ施行スルコト[*34]」が想定されていた。六大都市を念頭においた「都市計画法」とは大きな開きがあった。制定時の「都市計画法」では、適用する市を勅令で指定した上で、関係する市町村および都市計画委員会の意見を聞き、内務大臣が決定して内閣の認可を得る必要があった。勅令による指定について、内務省都市計画課長（当時）の飯沼一省[*35]は、法制定は「東京市区改正条例」がようやく五大都市に準用された時期であったため蓋然性があったが、一九三三年時点では「市政を施行せらるる都市である以上は、都市計画を準備すべきは当然のこと」で、「たとへ町村であっても、一定の計画に従って発展せしむるべき」と説明している。[*36]また飯沼は、制定当時の「市街地建築物法」が勅令で適用市街地を定めていたことを「重きに失するやうに思われる」[*37]と述べている。「都市計画法」は一九三三年三月二八日[*38]に改正されて、全ての市と

*33 池田宏「都市計画と建築警察」『都市公論』三巻、八号、一九二〇年、二一〜二九頁

*34 「第四十一回帝国議会衆議院 都市計画法案外一件委員会議録第三回」一九一九年三月一二日、三四頁

*35 一八九二（明治二五）年福島生まれ。一九一七（大正六）年東大法律科を卒業後、内務省都市計画課長、埼玉県や神奈川県で知事（官選）を歴任。戦後は都市計画協会会長を務めた。

*36 飯沼一省「改正「市街地建築物法」に就いて」『都市公論』一六巻、三号、一九三八年、二〜五頁

*37 飯沼一省「都市計画法中改正法律案に就て」『都市公論』一七巻、六号、一九三九年、二〜五頁

*38 官報一八七一号、一九三三（昭和八）年三月二九日

*39 官報二一七七号、一九三四（昭和九）年四月七日

*40 朝鮮総督府官報二二六四号、一九三四（昭和九）年七月二七日、府令第七八号

*41 朝鮮総督府官報二五九三号、一九三五（昭和一〇）年九月二日、府令第一〇四号

*42 朝鮮総督府官報二五九三号、一九三五（昭和一〇）年九月二日、府令第一〇五号

内務大臣が指定する町村が対象となり、適用範囲が大きく拡大されている。「市街地建築物法」も一九三四年四月六日[*39]に改正され、「都市計画法」と「市街地建築物法」の適用区域の決定権限は内務大臣に一元化された。「朝鮮市街地計画令」の発布は一九三四年六月二〇日で、「都市計画法」の適用区域の対象が拡大し、「市街地建築物法」の適用対象と大きな差がなくなった後である。その時点では、「都市計画法」・「市街地建築物法」の適用区域の決定権限は内務大臣に一元化されており、内地法との比較では時代的な変化も考慮する必要があるだろう。

「朝鮮市街地計画令」は、一九三四年八月一日に一章（総則）と三章（土地区画整理）のみが施行され、施行規則も一章（総則）と三章（土地区画整理）のみで構成されていた[*40]。その時点では二章（地域及地区ノ指定並ニ建築物等ノ制限）に対応する施行規則の策定作業が追いついておらず、二章の施行[*41]と施行規則の改正（二章部分の加筆[*42]）が告示されたのは、一年後の一九三五年九月二〇日である。さらに、昭和一〇年度版以降の『朝鮮総督府施政年報』でも一章（総則）や三章（土地区画整理）に関する動向は「都市施設」の項目に記述されているが、二章（地域及地区ノ指定並ニ建築物等ノ制限）の部分は「諸般取締」の項目であり、両者は別個の行政施策として記述されていた。なお、前述の運営組織一体化も、結局実現に至っていない。なお、「朝鮮市街地計画令」第四一条には「本章ノ規定ノ一部ハ朝鮮総督ノ定ムル所ニ依リ市街地計画区域ニ非ザル地域ニ之ヲ準用スルコトヲ得」とあり、「本章」とは「第二章　地域及地区ノ指定並ニ建築物等ノ制限」で、「市街地建築物法」に相当する部分であるから、内地法と同様に建築法令のみの適用が想定されている。

「朝鮮市街地計画令」における都市計画・建築法令一体化は、手続きの簡略化と適用の便利さの結果であり、朝鮮総督府の行政体系としては都市計画と建築は二元化されたままであった。

第3節 併存するだけの都市計画・建築法令

越沢明は、都市計画と建築取締が同一の法令で規定されていることについて、「都市計画と建築行政の関係は密接」で「都市計画法規の中に建築規則が包含されて」いると述べているが、同一の法令であることのメリットについては具体的に説明していない。本書では、「朝鮮市街地計画令」における都市計画・建築取締の統合について、『京城日報』が「（朝鮮総督府内で）適用上にも便利であり、審議にも好都合であるとの意向あり」と報じていたことを確認した。内地では、それぞれ「都市計画法」と「市街地建築物法」についての適用手続きが必要であり、中小都市はステータスシンボルとなる「都市計画法」の適用に熱心であった反面、細かい規制を伴う「市街地建築物法」の適用には消極的であった[*43]。両法の適用を要する場面では、手続きの一元化は長所である。

上記以外には、都市計画法制度が建築工事の許可制度をもつとする都市計画・建築の一体化の再評価（以下、再評価論[*44]）が主張されたことがある。再評価論は、外地法令が「都市計画法制度中に建築工事執行の許可制度、違反建築物の措置制度等を持つ」と主張している。建

*43 日本建築学会編『近代日本建築学発達史』丸善、一九七二年、一〇四六～一〇四八頁、復刻版：文生書院、二〇〇一年

*44 岡辺重雄「地方計画論の影響による戦前外地での地域制の発展と戦後都市計画法改正検討」『都市計画論文集』五三巻三号、二〇一八年、六六八～六七五頁

築工事執行の許可制度とは、例えば「朝鮮市街地計画令施行規則」（一九三五）の第百二十二条である。

朝鮮市街地計画令施行規則（一九三五）

第百二十二条　建築物ノ建築、移転、大修繕又ハ大変更ヲ為サントスルトキハ建築物ノ敷地ヲ管轄スル道知事ノ許可ヲ受クベシ

同様に「台湾都市計画令施行規則」（一九三六）第百八十五条は全てが許可制で、「関東州計画令施行規則」（一九三九）第四十七条は一部の建築物（特殊建築物と危険物工場）が認可の対象である（規則第四十七条）。満洲国では、許可制が基本であるが、特定の区域内の住居や仮設建築物、一〇平方メートル以下の物置等は届出制である（規則（一九三七）第三十一条、規則（一九四三）第七十四条）。内地法で対応するのは「市街地建築物法施行規則」（一九二〇）の第百四十三条である。

市街地建築物法施行規則（一九二〇）

第百四十三条　左ノ各号ノ新築、増築、改築、移転、大修繕又ハ大変更ヲ為サムトスルトキハ地方長官ノ認可ヲ受クヘシ

一　市街地建築物法第十四条ノ建築物

二　防火地区及美観地区内ノ建築物

三　其ノ他地方長官ノ指定スル建築物／建築物ノ用途ヲ変更シテ前項第一号

又ハ第三号ニ充テントスルモノ亦同シ

ここに、「第十四条ノ建築物」とは特殊建築物（不特定多数の人が利用する建築物や周辺への影響が大きい建築物）である。「市街地建築物法施行規則」（一九二〇）の第百四十四条にはその他の建築物の取り扱いが規定されている。

市街地建築物法施行規則（一九二〇）

第百四十四条　前条ニ該当セサル建築物ノ新築、増築、改築、移転、大修繕又ハ大変更ヲ為サムトスルトキハ地方長官ニ届出ツヘシ

地方長官ハ命令ノ規定ニ依リ軽微ナルモノニ付前項ノ届出ヲ為サシメサルコトヲ得

朝鮮と台湾では全ての建築を許可制とし、届出制との併用である内地や満洲国よりも制限は厳しくなっているが、内地では届け出を基本としつつ、特殊建築物や防火地区内などでは認可が必要であり、また、関東州や満洲国でも全てが許可制の対象ではないため、法令一体化と制限の厳しさは直接関係がない。

内地では「都市計画法」を基本法、「市街地建築物法」を個別法とする体系として都市計画法制度が構想されたことを既に確認した。「都市計画法制度」が建築工事の許可制度をもつ点で内地と外地に差がない。仮に個別の法令に着目したとしても、外地都市計画法令は「市街地建築物法」に相当する法令も含むことから、「（都市計画＋建築）法制度」である。「市街

地建築物法」に相当する法令に「市街地建築物法」と同等の権能が含まれることを指摘するだけでは、同語反復に過ぎない。

では、違反建築物の措置制度は、「都市計画法」に相当する法令との合体によって、内地法より強力な都市計画の実現手段となっているのだろうか。「朝鮮市街地計画令」（一九三四）の第三十三条に以下の規定がある。

朝鮮市街地計画令（一九三四）

第三十三条　市街地計画区域内ニ於ケル建築物左ノ各号ノ一ニ該当スルトキハ行政官庁ハ其ノ建築物ノ除却、改築、修繕、使用禁止、使用停止其ノ他ノ必要ナル措置ヲ命ズルコトヲ得

一　保安上危険ト認ムルトキ

二　衛生上有害ト認ムルトキ

三　本章ノ規定又ハ本章ノ規定ニ基キテ発スル命令ニ違反シテ建築物ヲ建築シタルトキ

これは、「市街地建築物法」（一九一九）とほぼ同じ規定である。

市街地建築物法（一九一九）

第十七条　行政官庁ハ建築物左ノ各号ノ一ニ該当スル場合ニ於テハ其ノ除却、改築、修繕、使用禁止、使用停止其ノ他ノ必要ナル措置ヲ命スルコトヲ得

一　保安上危険ト認ムルトキ
二　衛生上有害ト認ムルトキ
三　本法又ハ本法ニ基キテ発スル命令ニ違反シテ建築物ヲ建築シタルトキ

「市街地建築物法」（一九一九）での「本法」が「朝鮮市街地計画令」では「本章」となる点が異なる。「朝鮮市街地計画令」は、第一章（総則）、地域及地区ノ指定並ニ建築物等ノ制限（第二章）、土地区画整理（第三章）の三章構成で、第一章と第三章が「都市計画法」に、第二章が「市街地建築物法」に相当する。第二章に含まれる第三十三条は、第二章の規定への違反にしか対応できず、内地法を越える権能はない。「台湾都市計画令」、「関東州州計画令」も同様の構造であり、違反建築物の措置規定は、同様に「市街地建築物法」に相当する第二章への違反にしか対応していない。「朝鮮市街地計画令」では、既存不適格（第二十四条）、罰則（第二五条）、建築における道路の定義（第二十七条）、適用範囲（第三十八条〜第四十一条）の効力も第二章に限定されていた。これらに相当する「台湾都市計画令」と「関東州州計画令」の条文も、同様に第二章で完結している。

都市計画施設用地における建築の許可や原状回復命令は、内地では都市計画法第十一条、同施行令第十一条、第十四条で規定されている。

都市計画法（一九一八）

第十一条　第十六条第一項ノ土地ノ境域内又ハ前条第二項ノ規定ニ依リ指定スル地区内ニ於ケル建築物、土地ニ関スル工事又ハ権利ニ関スル制限ニシテ都

市計画上必要ナルモノハ勅令ヲ以テ之ヲ定ム

ここに「第十六条第一項ノ土地」とは、事業認可を受けた都市施設用地で、「前条第二項ノ規定ニ依リ指定スル地区」とは風致地区である。

都市計画法施行令（一九一九）

第十一条　都市計画法第十六条第一項ノ土地ノ境域内ニ於テ工作物ヲ新築改築増築若ハ除却シ、土地ノ形質ヲ変更シ又ハ地方長官ノ指定シタル竹木土石ノ類ヲ採取セントスル者ハ地方長官ノ許可ヲ受クベシ但シ命令ヲ以テ許可ヲ要セスト規定シタルトキハ此ノ限ニ在ラス

第十四条　地方長官ハ第十一条ノ規定ニ、前条ノ命令ニ又ハ第十二条ノ条件ニ違反シタル者ニ対シ原状回復ヲ命ズルコトヲ得

これらの規定に相当するのは「朝鮮市街地計画令」（一九三四）第十条である。「都市計画法」第十一条、同施行令第十一条、第十四条を統合整理した条文となっている。

朝鮮市街地計画令（一九三四）

第十条　第三条第四項ノ規定ニ依ル告示アリタル後第六条第一項ノ土地ノ境域内ニ於テ土地ノ形質ヲ変更シ、工作物ノ新築改築増築大修繕若ハ除却ヲ為シ、物件ヲ附加増置シ又ハ道知事ノ指定スル竹木土石ノ類ヲ採取セントスル者ハ

道知事ノ許可ヲ受クベシ
道知事ハ前項ノ規定ニ違反シタル者ニ対シ原状回復ヲ命ズルコトヲ得

「第三条第四項ノ規定ニ依ル告示」とは都市計画事業認可の告示で、「第六条第一項ノ土地」とは市街地計画に定められた都市施設用地のことである。

「朝鮮市街地計画令」第十条は、「都市計画法」に対応する「第一章　総則」に含まれていた。「台湾都市計画令」と「関東州州計画令」にも対応する条文が存在し、都市施設用地における建築の許可や原状回復命令を規定している。これらはいずれも「第一章　総則」に含まれていて、「市街地建築物法」に対応する第二章の条文とは分離したままである。以上から、朝鮮、台湾、関東州の都市計画・建築法令は一体化したというよりも同一の法令内に併存していたに過ぎないと考えるのが妥当である。この点において実のところ「戦前の法規の長所」は見いだしがたい。

「都邑計画法」(一九三六)の条文(第三十二条)は、構造が異なる。

都邑計画法(一九三六)
第三十二条　都邑計画区域内ニ於ケル建築物又ハ土地ニ関スル工事左ノ各号ノ一ニ該当スルトキハ行政官署ハ其ノ建築物ノ除却、改築、修繕、使用禁止、使用停止、土地ノ現状回復其ノ他必要ナル措置ヲ命ズルコトヲ得
一　保安上危険ト認ムルトキ
二　衛生上有害ト認ムルトキ

三　本法ノ規定又ハ本法ニ基キテ発スル命令ノ規定ニ違反シテ建築物ヲ建築シタルトキ

建築物ばかりでなく土地に関する工事が措置命令の対象に含まれているのが特徴で、「市街地建築物法」相当部分以外の違反への対応も可能であり、措置命令の対象となる要件は「本法ノ規定又ハ本法ニ基キテ発スル命令ノ規定ニ違反シテ建築物ヲ建築シタルトキ」となっていて、「市街地建築物法」に対応する規定に限定されない。「都邑計画法」（一九三六）において、「市街地建築物法」に対応する部分以外から建築物や土地に関する工事の規定としては、法第十三条（強制買収し得る土地物件に對する行為制限）、法第三十一条（都市施設用地内の行為制限）、規則第五条（工作物の新築改築や土地の形質変更には地方官所の許可が必要）がある。要するに「都邑計画法」（一九三六）第三十二条は、「市街地建築物法」（一九一九）第十七条と「都市計画法」第十一条、同施行令第十一条、第十四条の統合である。「都市計画法」（一九一九）は事業認可で権利制限が始まるのに対し、「都邑計画法」（一九三六）は決定告示である点で異なる。是正方法について、「都邑計画法」（一九三六）の権能は「都市計画法」（一九一九）のそれより強化されているわけではないが、条文上は都市計画・建築取締の統合が進んでいると言えるだろう。

「都邑計画法」（一九四二）第七十条では、措置命令の対象に「防衛上支障アリト認ムルトキ」と「都邑計画ノ決定又ハ変更、建築線ノ指定又ハ変更其ノ他ノ事由ニ因リ建築物ガ本法又ハ本法ニ基キテ発スル命令ノ規定ニ違反スベキモノ為リタルトキ」が追加された。より厳格に都市計画への整合を求める変更に見えるが、「都邑計画法」（一九三六）では第三十三条にあった既存不適格建築物の除却命令等が統合されたもので、大規模な変更ではない。「都邑計画法」は、接道条件の例に見るように、都市計画と建築取締は完全には統合されていないが、「朝鮮市街地計画令」「台湾都市計画令」「関東州州計画令」よりも条文の統合が進んでいる。にもかかわらず、「都邑計画法」（一九四二）では、建築法として単体規定の分離が予定されていた。この問題は次節で検討する。

第4節

満洲国における都邑計画法と建築法の分離

一九四二年の満洲国「都邑計画法」全面改正では、建築法を分離することが予定されていた。（満洲国）建築法は、制定される前に満洲国が崩壊したため、政府公報には登載されていないが、草案を作成した小栗忠七が、戦後まもなく法案を印刷に付し少数の関係者に研究資料として配布したことが知られている。[*45] 稀少な史料ではあるが、公立図書館にも所蔵事例があるため閲覧は可能である。本書では付録として全文を収録した。建築法案の条文から、その性格と分離の背景を考察する。

*45 越沢明『満洲国の首都計画』日本経済評論社、一九八八年、一七九頁

都邑計画法と（満洲国）建築法案

満洲国「都邑計画法」（一九四二）の起草者である秀島乾は、「集団統制と個別統制の両者を総括する事は都邑計画本来の意義から不適当」なので、都邑計画法では「建築群の集団的統制のみを包含する」こととし、「個別統制に就ては新に建築法を考慮中で」「第68条は（中略）

建築法が制定公布をみれば、本条は本法より削除されることになる。従って規則第68条以下第76条は大体旧法そのまゝに存置したわけである」と説明している。[*46]

都邑計画法（一九四二）

第六十八条　交通部大臣ハ都邑計画区域内ニ於ケル建築物ノ高度、容積、構造、設備、建築工事ノ施行、敷地内ニ存セシムベキ空地其ノ他建築物又ハ敷地ニ関シ本法ニ規定スルモノヲ除クノ外都邑計画上必要ナル事項ヲ定ムルコトヲ得

この条文に対応するのは建築法案第三十条である。

建築法案

第三十条　交通部大臣ハ建築物ノ宅地内ニ於ケル配置、計画、構造、意匠、設備、施工及資材ニ関シ本法ニ規定スルモノヲ除クノ外必要ナル事項ヲ定ムルコトヲ得

建築法案第三十条には集団規定に属する高さや容積が含まれていない。また、建築法案には建築線や用途地域に関する条文も存在しないため、「都邑計画法」に存置させる方針であったと考えられる。建築法案には敷地の接道義務（第十一条）、道路の定義（第十三条）、宅地面積の最小限度（第十六条）、建築物の用途（第二十二条）、隣地境界線からの距離（第二十七条）、

*46 秀島乾「新都邑計画法に就いて」『満洲建築雑誌』満洲建築協会、二三巻、五号、一九四三年、三〜二一頁

*47 参議院事務局「第7回国会 参議院 建設委員会」二二号、一九五〇（昭和二五）年四月二八日

違反建築の除却・改築等の措置（第三十二条）等の規定がある。

「都邑計画法施行規則」から削除されることとなっていた条文のうち、建築許可・届出（第七十四条）は、建築法案第二条において、正式に法律に位置付けられているが、構造設備（第六十八条）、耐火構造（第六十九条）、便所（第七十条）、井戸（第七十一条）、排水設備（第七十二条）、制限の付加（第七十三条）、検査（第七十五条）、手続の付加（第七十六条）は、建築法案に対応する条文が存在しない。これらに関する具体的規制は、「都邑計画法」と同様に施行規則へ委任する構造であるから、建築法の独立は単体規定の拡充を意味しない。

なお、秀島は、戦後の「建築基準法」制定時に国会参考人として、「建築基準法」と「都市計画法」は一体であることが望ましい旨を発言している[*47]が、それは「建築基準法」の制定だけでは都市周辺の緑地区域の制度が創設できないことを問題視したためで、集団規定を都市計画法側に含めるという点で、満洲国時代の秀島の主張と国会参考人としての発言は矛盾していない。

（満洲国）建築法案の全体構成

（満洲国）建築法案の目的は、第一条によれば「建築物ノ規制、改良並ニ需給調整及建築ノ指導監督等」である。全九八条のうち、建築敷地（第二章）や建築物（第三章）の規制は全体の四分の一程度で、収用及収用物の処置（第四章）、建築物の需給調整（第五章）、地代と賃貸料（第六章）のように、内地や他の外地には類例のない特異な規定が多くを占めている。

収用及収用物の処置（第四章）とは、地方官署の営業種別の指定などによって不適格化した宅地の収用と払い下げである。建築物の需給調整（第五章）とは、地方官署が需給調整上必要ありと判断した際に建築物ないし必要な土地の貸渡や譲渡を命ずる制度（第五五条〜第六三条）である。地代及賃貸料（第六章）では、地代や賃貸料について、評価員会による公定制を導入している。建築工事の調整（第七章）は、建築行為への規定ではなく、工事に要する物資・機器・労働者に対する命令権である。建築法案は、単体規定の充実ではなく、需給調整や物資・機器・労働者の使用に関する規定を拡充している。これは何を背景としているのだろうか。

（満洲国）建築法案起草の背景

満洲国では満洲産業開発五カ年計画に伴う人口急増や、日中戦争による資材難や物価の高騰によって住宅難が深刻化した。[*48] 満洲国政府は一九三八年一〇月一一日に「建築材料ノ統制ニ関スル件」（国務院訓令第一三五号・治安部訓令第一〇号）を発し、「鉄材、セメント、木材等建築資材ノ欠乏ニ鑑ミ都邑計画法適用域内ニ於ケル建築物ノ建築許可ニ当リテハ当分ノ間国防施設ノ整備、生産力ノ拡充、住宅難ノ緩和等ニ重点ヲ置キ不急工事ハ極力之ガ抑制ノ措置ヲ講ズル」こととした。[*49]「都邑計画法施行規則」（一九四三）第七四条（建築行為の許可）を援用して、不急の建築を不許可とすることで住宅供給のボトルネックとなる資材難に対応しようとしているのである。翌一九三九年四月二一日には、「建築統制ニ関スル件」（国務院訓令第四二号・治安部訓令第二七号）[*50] として、住宅の延べ面積の上限（一戸当たり一〇〇平方メートル）やセメント・鋼材の使用量の制限が謳われた。一九四〇年九月に新京で開催された満洲帝国協和会康徳七

*48 牧野正巳「新京特別市に於ける住宅難の実相」『満洲建築雑誌』二〇巻、一号、一九四〇年、七〜三四頁

*49 （満洲国）政府公報一三五八号、一九三八（康徳五）年一〇月一五日

*50 （満洲国）政府公報一五〇五号、一九三九（康徳六）年四月二一日

*51 満洲帝国協和会「全国聯合協議会議決事項処理経過報告（日文）康徳7年度」一九四一年、四六〜四七頁

*52 （満洲国）政府公報一七一三号、一九三九（康徳六）年一二月二八日

*53 （満洲国）政府公報一九八二号、一九四〇（康徳七）年一二月二日

*54 笠原敏郎「満洲国規格型住宅の制定に就て」『建築雑誌』五五号、一九四一年、七〇七〜七一三頁

*55 （満洲国）政府公報二八六六号、一九四三（康徳一〇）年一二月二一日

年度全国聯合協議会〔官民一体の国民教化組織の全国大会〕では、首都聯合協議会・竜江《りゅうこう》省聯合協議会・興安《こうあん》南省聯合協議会から「住宅難打開に関する件」として総務庁外局に住宅局を設置するなどの「住宅政策の強力なる一元的実施」が要請されたため[*51]、満洲国政府は同年一一月に「住宅臨時対策要綱」を決定するとともに、一二月二日に勅令第三一四号をもって、主に官庁営繕を担う官署であった建築局[*52]を改組し[*53]、住宅政策の一元的な統制指導組織とした。建築局長の笠原敏郎は、住宅行政の要点として、住宅の需給配分の調整、住宅建設量の総合的計画の立案、住宅規格の作製、満洲房産の指導監督、住宅資材・資金・労力の調整、家賃の統制、住宅建設資材使途の監査、住宅組合及住宅建設の助成、住宅行政機構の整備を挙げている[*54]。一九四四年一月一日の官制変更[*55]で建築局に建築行政処が設置され、所掌事務に「建築統制」が明文化された。

満洲国の建築・住宅行政は、❶建築許可制度の援用による住宅の需給調整、❷住宅の需給配分の調整、家賃の統制、住宅資材・資金・労力の調整を担う組織の設立、❸それらの統合として体系化された。これは満洲国建築法案の内容に重なる。以上から、満洲国における建築法制定は、住宅供給政策を拡大強化・体系化するための制度である。

第4章では、内地における「都市計画法」と「市街地建築物法」の成立過程、内地法の類似規定との比較等を踏まえた法令一体化の効果を検討した。

内地における「都市計画法」と「市街地建築物法」の関係を分析し、都市計画法を基本法、建築法を個別法とする体系として構想されたことを明らかにした。また、用途地域が都市計画法ではなく「市街地建築物法」で規定され、施設として都市計画に位置付けられるという構造に至った背景を考察した。

外地における都市計画と建築の法令一体化は、通説では先進性の象徴とされていたが、その嚆矢となる「朝鮮市街地計画令」の立案過程を分析し、手続きの簡略化と適用の便利さの結果であったことを明らかにした。

建築工事の許可制度や違反建築物の措置制度は、朝鮮・台湾・関東州において、「市街地建築物法」に相当する規定の範囲に限定されており、都市計画と建築は一体化したというよりも同一の法令内に併存していたと考えるのが妥当であると結論した。満洲国においても都市計画法の原状回復命令が統合されただけで、法令一体化による機能強化や新たな権能の獲得は見られなかった。

満洲国で建築法を独立させようとした理由は、住宅の需給調整の強化を目的に、施策と実行組織の体系化が図られた一環であった。

第5章

郊外の乱開発を防ぐ手法
——市街化調整区域と緑地区域

従来説は、
満洲国で線引き制度が
完成していたという。
本章では緑地系用途規制を分析し、
その主張の当否を検討する。

本章では外地都市計画制度の特徴とされる緑地系用途規制を検討する。

一九二四年のアムステルダム国際都市計画会議以降の地方計画論において、市街地を囲繞しその膨張を抑制するための緑地の計画が重視された。飯沼一省は『地方計画論』において、「地方計画と緑地問題とは不可分の関係に在ると考へる。緑地問題の考慮せられざる計画は、到底之を地方計画の範疇に列せしむべきものでない」[*1]と述べている。内地では「特別都市計画法」（一九四六）で緑地地域が実現したが、外地ではそれより一〇年早く、満洲国の「都邑計画法」で一九三六年に緑地区が制度化されている。満洲国における緑地系用途規制の導入を、内地より早い理想の具現化と見ることは妥当だろうか。また、外地の主要都市ではさまざまな手法を前提とした緑地計画が策定されている。これらもまた、理想の具現化なのだろうか。

一方、越沢明は、外地都市計画法令について「市街地の形成をコントロールする規制手法の点で日本国内の規則に比べて先進的な条項が少なくない」[*2]と述べている。「先進的な条項」として補注内の文献[*3]で具体的に言及されているのは、満洲国「都邑計画法」の緑地区・緑地区域と関東州州計画令の農業地域である。特に、「都邑計画法」（一九四二）における緑地区域の制度化を満洲国の「都邑計画の先進性」に位置付け、「一九六八年の日本の都市計画法全面改正で創設された『線引き』制度そのものと法文上もほとんど同一の規定となっている。つまり、この点において満洲国の法制度は日本国内より四半世紀も進んでいた」[*4]と結論している。そして、これらを背景に以下のような見解を開陳している。[*5]

〓 近代都市計画そのものの理念、制度、事業手法、技術は、日本では一九三〇 〓

*1 飯沼一省『地方計画論』良書普及会、一九三三年、一一八頁

*2 越沢明『哈爾浜の都市計画』総和社、一九八九年、二二八頁

*3 越沢明『植民地満州の都市計画』アジア経済研究所、一九七八年、一二一～一三三頁
越沢明「撫順の都市計画（1905～1945年）（上）」『地域開発』一九八六年一二月号、三〇～三二頁
石田頼房『日本近代都市計画の百年』自治体研究社、一九八七年、二〇四～二〇七頁

*4 前掲、『哈爾浜の都市計画』三〇五頁

*5 越沢明『満州国の首都計画』日本経済評論社、一九八八年、三～四頁

年代にほぼ確立していた、また完成していたというのが、私の見解である。これを新京の都市計画の実例をもって示したい。

例えば、現行の日本の都市計画の法規制のベースをなすのは、いわゆる線引き制度である。これは一九六八年の都市計画法全面改正で制度化されたもので、都市計画区域を市街化を促進する区域（市街化区域）と抑制・保留する区域（市街化調整区域）に区分し、市街化区域にインフラ整備を集中し、秩序あるまちづくりをしようとするのが趣旨であり、本来の建前であった。

この制度は、戦前、一九二〇代後半より〝郊外地統制をいかにすべきか〟（今日の言葉で言えば、都市近郊のスプロール開発をいかに防止すべきか）というテーマが、都市計画の大きな課題となり、欧州で盛んになったリージョナル・プランニング（地方計画）の理想の強い影響を受けて、市街地の外周に市街地の膨張を遮断するための市街化禁止区域・緑地地域を設定する考え方が構想されたことに歴史的起源がある。この制度は、戦前日本内地では制度化することはできなかったものの、外地では一九三六年の満州国の都邑計画法で制度化され、新京をはじめとする各地の都市計画で実際に法定の計画として決定された。また、朝鮮でも同様に一九四〇年の朝鮮市街地計画令改正で制度化されている（実際の適用は保山、一か所のみ）。

このような市街化禁止区域の構想は、内地では戦後になって一九四六年、戦災復興事業のために制定された特別都市計画法で緑地地域（地域としての緑地）として実を結び、戦災復興一一五都市のなかで、東京をはじめとする一一都市

二　で決定された。

越沢は、「都邑計画法」（一九三六）で、市街化禁止区域・緑地地域が制度化されていたことを例示し、日本の都市計画技術・手法が一九三〇年代にほぼ完成していたとする見解を披露している。

本章では、『地方計画論』で日本に紹介された緑地制度について、実現手段と手法の位置関係を把握した上で、各外地の主要都市における制度化ならびに計画の実態を明らかにする。また、満洲国「都邑計画法」における緑地区および緑地区域と「都市計画法」（一九六八）における市街化調整区域を比較分析し、いわゆる線引き制度が満洲国で完成していたとする主張の当否について検討する。

三

第1節 『地方計画論』で紹介された緑地制度

飯沼は緑地について「公園、公園道路、広場、運動場、植物園、飛行場、農業用地、林業用地等建築物の敷地として保留せらるることなき土地」の総称で、英語のopen spaceに相当すると説明している。[*6] 飯沼は、都市計画制度において緑地を確保する手段として「買収若くは土地収用による方法」と「警察権による権利制限の方法」[*7]の二つを挙げている。「買収若くは土地収用による方法」とは、都市施設としての緑地である。飯沼は「緑地の一種たる公園事業」として、アメリカにおける受益者負担制度による公園整備の事例を説明している。また、「警察権による権利制限の方法」について、飯沼は「緑地としての地域」と「市街地建築物法に於ける建築線の制度」の二種類の方法を提案している。[*8]

「緑地としての地域」とは、「建築物の敷地として開発することを許さざる」用途地域として「緑地地域若くは農業地域」[*9]を創設し、権利を制限する方法である。飯沼は市街地を囲繞する緑地の効用として「此の田園地帯に於て自給の食糧が生産せらるること」と「都市が無限に連続して膨脹することを之によりて防止し得ること」[*10]を挙げている。前者は農業地域に、

*6 前掲、『地方計画論』一四七～一四八頁
*7 前掲、『地方計画論』一五二頁
*8 前掲、『地方計画論』一二一～一二三頁
*9 前掲、『地方計画論』一五四頁
*10 前掲、『地方計画論』一四〇頁

後者は緑地地域に対応する概念と考えられるが、『地域計画論』の中では、市街地の膨張を抑止する空地の説明として農業地域の語を用いている箇所[*11]も多く、農業地域と緑地地域の用語や概念は厳密に使い分けられていない。

最後に、「市街地建築物法に於ける建築線の制度」とは、接道条件の厳格化による建築の抑制である。

飯沼が提示した都市計画法制上の緑地確保手法は、以下の三つである。

❶都市施設としての緑地
❷緑地系用途規制
❸建築線による緑地制度

飯沼の提案の中ではこれらの優劣は述べられておらず、三つの手法は同列である。

内地では、一九四〇年の都市計画法改正[*12]によって、第十六条に「❶都市施設としての緑地」が制度化されているが、「❷緑地系用途規制」に該当する緑地地域が制度化されたのは、第二次世界大戦後の一九四六年の「特別都市計画法」である。戦前の外地では、一九三六年に満洲国の「都邑計画法」で緑地区として制度化されたことを嚆矢として、「朝鮮市街地計画令」では一九四〇年の改正で緑地地域が、「関東州州計画令」では一九三八年の制定時に農業地域が制度化されている。本書では、内地よりも早く満洲国で制度化された背景を分析する。

また、内地・外地を含め、「❸建築線による緑地制度」について、台湾における運用実態を発掘したので、併せて分析する。

*11 前掲、『地方計画論』一四六頁
*12 官報三九六九号、一九四〇（昭和一五）年四月一日

第2節 満洲国の緑地区・緑地区域

妥協として導入された都邑計画法（一九三六）の緑地区

外地法令における緑地系用途規制の最初の制度化は、満洲国の「都邑計画法」（一九三六）である。同法第二十五条には緑地区の規定があり、同施行規則（一九三七）第十四条には建築可能な建築物が列挙されている。

> 都邑計画法（一九三六）
>
> 第二十五条　主管部大臣ハ都邑計画区域内ニ於テ緑地区ヲ指定シ其ノ地区内ニ於ケル建築物及其ノ敷地ニ関シ其ノ地区ノ市街化スルヲ防止スル為必要ナル事項ヲ定ムルコトヲ得

都邑計画法施行規則（一九三七）

第十四条　建築物ニシテ左ノ各号ノ一ニ該当スルモノヲ除クノ外ハ緑地区内ニ之ヲ建築スルコトヲ得ズ

一　各階建築面積ノ総和ガ敷地面積ノ百分ノ一以内ナルモノ

二　農業、林業、園芸、牧畜業、水産業、製塩業、窯業及採鉱採炭ニ必要ナルモノ

三　存続期間一箇年ヲ超エザル仮設建築物

四　前各号ニ掲グルモノヲ除クノ外行政官署公益上已ムヲ得ズト認ムルモノ

「都邑計画法」（一九三六）には緑地区の指定場所に関する規定はないが、民政部土木司都邑科は、「都邑計画法公布」に先立って、一九三六年一月に「緑地域設定ノ方針及目的」[*13]を策定し、緑地域の意義と指定の考え方を明らかにしている。

緑地域設定ノ方針及目的（康徳三年一月）

民政部土木司都邑科

設定方針

都邑計画ニ当リテハ先ヅ予想人口ニ相応スル市街計画区域ヲ定メ其ノ外周ニ市街化ヲ防止スル目的ヲ以テ一般建築ヲ許サザル緑地域ヲ環状ニ設定シ市街計画区域ト緑地域トノ領域ヲ以テ都邑計画区域ヲ形成セシメントス而シテ緑地域ノ広サハ特別ノ場合ヲ除クノ外左ノ二項ヲ満足スル範囲ニ於テ少ナカラ

*13 太田謙吉「満鮮観察記（続）」『公園緑地』二巻、一二号、一九三八年、三四〜四三頁

*14 （満洲国）政府公報六六九号、一九三六（康徳三）年六月一二日

> シムル方針ナリ
>
> 一　緑地帯ノ帯幅ハ約一粁以上ナル事
>
> 二　緑地帯ノ面積ハ市街計画地域ノ面積ヨリモ少ナカラザルコト
>
> 主目的
>
> 都邑施設ノアラユル計画（地域ノ配分、公共用地ノ決定、交通機関ノ計画、給水、排水ノ計画等）ハ市街化予定区域（面積、位置及形状）ノ決定ト相伴ヒテ初メテ之ヲ樹立スル事ヲ得、緑地域制ハ即チ市街化予定区域ヲ限定スル為メノ最上手段ナリトス
>
> （中略）
>
> 附記二、緑地域ノ買収ニ依リテ私権ノ拘束ヲ緩和スルハ理想ナレドモ財源ノ関係上困難ナリ　現在哈爾浜都邑計画事業ハ当初緑地域ヲ買収スル方針ナリシモ起債認可ニ際シ財政部ノ注意モアリ其ノ方針ヲ変更シタリ

「都邑計画法」（一九三六）が哈爾浜の都邑計画に遡及適用された際、同法附則で緑地域が緑地区に読み替えられているので、[*14] 引用部分の「緑地域」とは緑地区のことである。

「設定方針」には「市街計画区域ヲ定メ其ノ外周ニ市街化ヲ防止スル目的ヲ以テ一般建築ヲ許サザル緑地域ヲ環状ニ設定シ市街計画区域ト緑地域トノ領域ヲ以テ都邑計画区域ヲ形成セシメントス」とあり、緑地区は市街計画区域周辺の市街化防止を目的としている。そして、「主目的」として「都邑施設ノアラユル計画（地域ノ配分、公共用地ノ決定、交通機関ノ計画、給水、排水ノ計画等）ハ市街化予定区域（面積、位置及形状）ノ決定ト相伴ヒテ初メテ之ヲ樹立スル事

ヲ得、緑地域制ハ即チ市街化予定区域ヲ限定スル為メノ最上手段ナリトス」とある。すなわち緑地区は、今後市街化を許容するエリアを限定し、その拡大を統制するための制度であって、その主眼は計画（地域配分・公共用地・交通機関・給排水等）の与条件（エリアの面積・位置・形状）の担保にあることがわかる。そして、緑地区の規模については「緑地帯ノ帯幅ハ約一粁以上ナル事」と「緑地帯ノ面積ハ市街計画地域ノ面積ヨリモ少ナカラザルコト」を「満足スル範囲ニ於テ少ナカラシムル方針ナリ」としている。哈爾浜[*15]や奉天[*16]の都邑計画説明書には緑地区が市街計画区域外であることが明記されており、哈爾浜を始めとする満洲国の主要都市の都邑計画では、市街計画区域を囲む緑地区が描かれている【図1】。

哈爾浜の都邑計画について山田博愛は「母市の計画区域を二六七平方粁として、之れを繞らすに幅約二粁農緑地帯を以てし

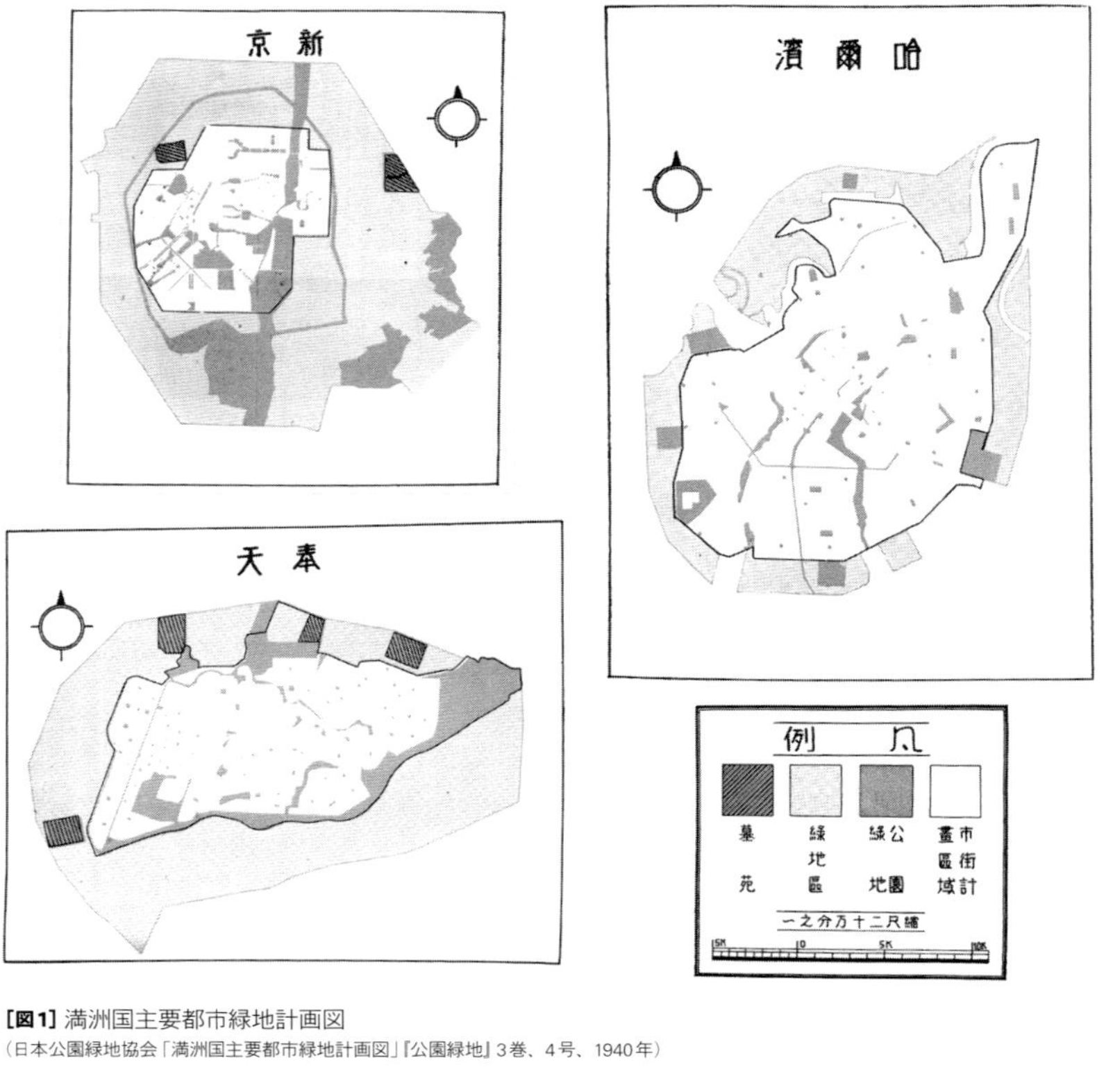

【図1】満洲国主要都市緑地計画図
（日本公園緑地協会「満洲国主要都市緑地計画図」『公園緑地』3巻、4号、1940年）

此部分には特殊の建築物以外一般の建築行為を禁止することとした（中略）建築行為の禁止に付ては母市計画区域内は勿論外部に亘って必要土地の全部を収得する予定」と述べており、[17]土地取得による施設としての緑地整備を目指していたが、「緑地域設定ノ方針及目的」の附則二には、「緑地域ノ買収ニ依リテ私権ノ拘束ヲ緩和スルハ理想ナレドモ財源ノ関係上困難ナリ」とある。用地取得による緑地化が理想と捉えられていたが、「哈爾浜都邑計画事業ハ当初緑地域ヲ買収スル方針ナリシモ起債認可ニ際シ財政部ノ注意モアリ其ノ方針ヲ変更シタリ」とあって、地域制度による権利制限は、実際は妥協の結果であったことがわかる。

一方、「都市計画法」（一九四〇）に緑地が位置付けられた理由について、内務省計画局長の松村光磨[18]は、「過大都市ニナラナイヤウニ、都市ノ周囲ニハ十分ナ緑地帯ヲ造ルコトガ必要[19]」と説明し、緑地帯の囲繞による市街地拡大の抑制が満洲国と共通している。緑地を都市施設に位置付ける理由については「緑地ハ成ルベク速ニ都市計画事業トシテ執行スルノ必要[20]」と説明している。内地の緑地は買収方式である。満洲国では買収による緑地確保が財政的理由で実現せず、緑地区の導入は妥協の結果であった。外地法令が内地法よりも理想を実現できたわけではない。

生産緑地を加えた都邑計画法（一九四二）の緑地区域

一九四二年の都邑計画法改正で、緑地区に代わって緑地区域が制度化された。同法第四十三条には、市街区域と緑地区域に二分することが規定された。同施行規則（一九四三）第四十一条には建築可能な建築物が列挙されている。緑地区からの変更として、容積率一パーセ

*15 哈爾浜特別市公署都市建設局「哈爾浜都邑計画説明書」一九三六年、六頁

*16 奉天市工務処都邑計画科「奉天都邑計画説明書」一九三八年、一一頁

*17 山田博愛「哈爾浜都市計画」『都市公論』一九巻、四号、一九三六年、一五～五六頁

*18 一八九四（明治二七）年佐賀生まれ。一九一八（大正七）年東大英法科を卒業後、内務省都市計画課長、計画局長、神奈川県知事（官選）を歴任。戦後は弁護士として活動した。

*19 「第七十五回帝国議会衆議院神宮関係特別都市計画法案外一件委員会議録第二回」一九四〇年三月二二日、三〇頁

*20 「第七十五回帝国議会衆議院神宮関係特別都市計画法案外一件委員会議録第一回」一九四〇年三月二〇日、四頁

ントの建築物および一年以内の仮設建築物が禁止されることになった一方で、交通・防衛、病院・監獄、墓地・火葬場、屠場・汚物処理場、火薬類の製造・貯蔵施設、住民の生活に必要な二〇平方メートル以内の店舗・飲食店が許容されることが明記された。農業・林業・園芸業・畜産業・水産業・製塩業・鉱業・窯業に限定される用途規制であることには変わりがない。

緑地区域の場所と規模について、小栗忠七は「如何なる場所に如何なる大きさに之を確保するものであるか、それは左の生産緑地設定要領の示す如くである」[21]と述べている。

生産緑地設定要領

都市ノ健全ナル生成発展ヲ期スル為都邑計画区域内ニ市街地周辺ノ特殊農業地帯タル生産緑地ヲ確保シ都邑計画トシテ之ヲ緑地区域ニ決定スルト共ニ関係機関ト協定シ営農ノ保全ヲ図リ、都市青鮮食糧ノ自給対策ヲ確立シ、以テ市民ノ保健、経済、並ニ防衛等ノ要請ニ対処セントス

（一）緑地区域ノ設定

1　都市周辺ノ特殊農業地帯タル生産緑地ヲ都邑計画法ニ依ル緑地区域ニ設定ス

2　緑地区域ハ左ノ標準ニ依リ之ヲ設定ス　但シ大ナル河川、低湿地、山岳地、大公園、墓苑其ノ他耕作不適地ハ左ノ面積算定ニハ含マザルモノトス

（イ）緑地区域ハ左表ニ準拠シ市街計画区域面積ノ概ネ二・五倍乃至三倍

---

*21　小栗忠七「満洲に於ける緑地行政」『公園緑地』七巻、五号、一九四三年、二一〜三六頁

*22　秀島乾「新都邑計画法に就いて」『満洲建築雑誌』満洲建築協会、二三巻、五号、一九四三年、三〜二一頁

ノ生産緑地ヲ包摂シ市街計画区域ノ外周ニ環状又ハ放射状ニ設定ス
（ロ）森林用地ハ薪材補給地トシテ考慮シ、可及的公有林トシ既設学校林、国防防災林及錬成林等ト関係セシメ厚生緑地トシテノ効用ヲ図リ恒続林トシテ保有セシムル如クス
（ハ）緑地区域ノ幅員ハ一粁ヨリ小ナラザルコトトス

『生産緑地設定要領』に、「市街計画区域面積ノ概ネ二・五倍乃至三倍ノ生産緑地ヲ包摂シ市街計画区域ノ外周ニ環状又ハ放射状ニ設定ス」「緑地区域ノ幅員ハ一粁ヨリ小ナラザルコトトス」とある。幅員一キロメートル以上の緑地帯が市街地を囲む構造は『緑地域設定ノ方針及目的』と共通し、異なるのは生産緑地の確保に伴う面積増である。秀島も「市街区域とは在来の市街計画区域を法的に明らかに定め」たもので、「在来の市街の無統制発展を抑制する過大都市防止の意味での緑地区の制は更に発展し、市街地のサブゾーンであり且は積極的に生産緑地としての性格を保持させた[*22]」と説明している。つまり緑地区域とは、従来の緑地区運用の制度化および、生産緑地の性格付与である。石田は「『緑地区』制度が幅の狭い環状緑地を確保するため建築を禁止的に制限する一種の地域制であり、計画論的にはむしろパークシステムだった」と述べるが、それにならえば、緑地地域は生産緑地を含んだパークシステムである。生産緑地の面積を除いて、緑地区と緑地区域の指定や土地利用規制の考え方に大きな変化はない。

第3節 朝鮮の緑地地域

朝鮮市街地計画令の緑地地域

「朝鮮市街地計画令」には、当初は緑地系用途規制の規定がなかったが、一九四〇年の改正で、緑地地域が創設された（第一八条ノ二）。「同施行規則」第九十八条ノ二で建築可能な用途として、農業関連は、神社・寺院、形像・記念塔、保健施設などが限定列挙されている。緑地地域は、保山（一九四一年四月五日）[*23]をはじめ、仁川《じんせん》、釜山《ふざん》、平壌《へいじょう》（一九四四年一月八日）[*24]等で指定を見たが、具体的な計画図は未発見である。

山地を充てた京城の緑地計画

京城では緑地地域は指定されなかったが、一九四〇（昭和一五）年三月一二日に、「朝鮮市

*23 朝鮮総督府官報四二五八号、一九四一（昭和一六）年四月五日
*24 朝鮮総督府官報五七一六号、一九四四（昭和一九）年一月八日
*25 朝鮮総督府官報三九四号、一九四〇（昭和一五）年三月一二日
*26 山下鉄郎「京城府緑地計画に就て」『都市公論』二三巻、八号、一九四〇年、九六〜一一〇頁

街地計画令」に基づいた公園計画が告示[*25]（第二〇八号、計一三八一・二ヘクタール）された。計画を策定した山下鉄郎（朝鮮総督府技師）は、イギリスやアメリカの主要都市の実績を目安として、公園緑地系統（Park System）にのっとって計画したとしつつも、京城は山地や丘陵が多い既成市街地であるため、「理想的公園の配置およびこれが系統的連絡等に於ては著しくその自由を阻害するのである。且又山岳丘陵の大部分は美林につゝまれて居るので自然の林野風景に恵まれて居り、又その間各所に史跡等も散在してゐるので、出来る限りこれ等を保存し活用して公園を計画すべきであると考へらる」と釈明している。空地の面積について、「京城府域内には本計画に依る公園予定地の外に尚一二四六ヘクタールの山林があり、之を加へる時は都市面積との比率二〇・二七パーセントとなる。更に此の外に広大なる漢江の河敷（相当面積の砂原がある）を加算すれば都市面積との比三七・〇〇パーセントとなるを以てその空地量に於ては充分なものであると信ずる」[*26]と述べている。空地については、市街地の公園と既存の山林、河川敷を

[図2] 京城府緑地計画図
（山下鉄郎「京城府緑地計画について」『都市公論』23巻、8号、1940年、pp.96～110）

もって、必要な面積を満たす考えであることがわかる。つまり、市街地計画上の手法を駆使して緑地を確保したというよりも、山岳地を既存の緑地として数字合わせをしたというのが実態である【図2】。

第4節 関東州の農業地域

関東州州計画令の農業地域

「関東州州計画令」では第十七条に農業地域が創設されており、「施行規則」第三十九条に建築可能な用途が限定列挙され、農業関連の土地利用を誘導している。朝鮮の緑地地域や満洲国の緑地区・緑地区域とは異なり、神社・寺院、形像・記念塔、保健あるいは防空のための施設は許容されていない。

内地では地方計画の法制度として地方計画法の制定が検討されており、一九三九年一月に一応の成案を得たが、実現には至らず、同年八月に京都市を除く五大都市周辺防空緑地計画を発表するに留まったとされる。[*27] その後も内務省は「都市計画及地方計画ニ関スル委員会」を設置して一九四〇年から一九四一年にかけて法案を検討した。一九四一年一月一七日の委員会で配布された「地方計画法案」「地方計画法施行勅令案要綱[*28]」には、農林地域と緑地地

*27 東京市政調査会『日本都市年鑑 昭和十七年用』東京市政調査会、一九四二年、一二六～一二七頁

*28 内務省都市計画及地方計画ニ関スル調査委員会（資料）」東京都公文書館内田祥三関係資料、一九四〇年

域が並立していて、農林地域と緑地地域が異なる概念として捉えられている。農林地域は農業関連に限定されているが、緑地地域は、神社・寺院、形像・記念塔、保健施設などが許容されていて、朝鮮の緑地地域や満洲国の緑地区・緑地区域と共通している。

地方計画と内務省

「関東州州計画令」の起草者であった西村輝一は一九三五年一二月に「八月下旬から九月の下旬にかけまして約一箇月、関東局の御用を仰付かりまして渡満を致しました。此の度の関東局の御用と申しますのは関東州に於ける都市計画に関する法制がまだ制定されて居りませんので、それを完成する為に少し手伝つて貰ひたいといふやうな御話でありまして、之に付きましては都市計画課長の松村さんも色々と御高配下さつた[*29]」と記している。西村が満洲へ赴いたのは一九三五年八月〜九月で、関東局の要望は「都市計画に関する法制」の策定、西村を関東局へ派遣したのは松村光磨である[*30]。

西村は「内務省内に於きましては地方計画、国土計画に就て本格的な検討が続けられて居る様な次第であります。州計画令の制定に当たりましては、今日の此の情勢に顧慮してこれらの空気を取り入れた[*31]」と述べている。「都市計画に関する法制」を求めた関東局に対し、地方計画法令である「関東州州計画令」で応えたことは、内務省内の「空気」の反映であった。西村はその七か月後である一九三六年五月に「国土計画に関する制度要綱」を発表している。内容は、農産物の生産地と消費地の関係に基づく地方計画である。主眼は食料供給地としての農地の確保・適正配置であって、市街地拡大を抑制する緑地や防空のための空地確

*29 西村輝一「満洲一瞥」『都市公論』一八巻、一九三五年一二月号、七七〜八七頁

*30 田部谷忠春編『松村光磨先生業績録』都市計画協会、一九七三年、四七頁

*31 西村輝一「第六回総会要録」全国都市問題会議、一九三九年、一六八〜一七九頁

*31 前掲、「満洲一瞥」

*33 官報一〇二一号、一九三〇（昭和五）年五月二八日

*34 関東州庁土木課「大連都市計画概要第二輯」一九三八年、二八八頁

*35 関東州庁土木課「大連都市計画概要第一輯」一九三七頁、一六六頁

保には及んでいない。

不利用地を充てた大連の農業地域

では、「関東州州計画令」の農業地域が、純粋に地方計画理論を反映した結果と考えることは妥当だろうか。西村は、「関東局に於きましても法制の要綱に付きまして武部司法部長の下に幹部をお集めになり再び会議を開かれましたが、是亦大体の御承認を得る事に相成りました」[*32]と述べている。西村が満洲へ赴いたのは一九三五年八月～九月であったから、一九三五年には「関東州州計画令」の基本的な方針は関東局で事実上承認されていたことがわかる。一方、大連では一九三〇年三月に公布された「大連都市計画委員会規則」（関東庁令第一八号）[*33]に基づいて、都市計画の検討が進んでいた。関東州庁土木課が作製した報告書『大連都市計画概要第二輯』によれば、一九三六年二月一五日の大連都市計画委員会では、「第一号議案」として「大連都市計画用途地域決定ノ件」が取り上げられている。幹事の清水本之助（関東州庁土木課技師）は、「用途地域ヲ設定スル為ニ、ソノ不足ナ所ノ目下立案進行中デアル所ノ法規案ノ抜萃ハ御参考ノ為ニ御手許ニ差上ゲテアリマスガ、ソレニ依リマスト云フト用途地域ノ種類ハ総テデ八種ニナツテ居リマス」[*34]と述べている。同様に関東州庁土木課が作製した『大連都市計画概要第一輯』は、「関東州州計画令」は大連における都市計画の「準拠法規」として起草されたと述べているから[*35]、清水の発言にある「目下立案進行中デアル所ノ法規案」とは、「関東州州計画令」（案）で、それを前提に用途地域の検討が進んでいたことがわかる。清水の発言によれば八つの用途地域とは、第一種住居地域、第二種住居地域、第三種住居地域、工業地域、商業地域、緑地地域、交通地域、雑種地域、である。これら八つの用途地域の中で、農業系の利用を想定しているのは緑地地域だけである。清水は「緑地地域ハ公園用ノ建物、運動場用建物、農事用建物ト云ツタヤウナ程度ノモノヲ許可スル、ト云フ方針ニナツテ居リマス」[36]と説明している。さらに清水は、緑地地域の配置について、以下のように説明している。[37]

> 図面デ御覧ニナリマスヤウニ、ソコニ緑ニ塗ツテアリマスノガ緑地ニナツテ居リマス、緑ニ塗ツテアリマス内ノ濃ク塗ツテアリマス所ハ公園施設或ハソレニ類シタ施設等、相当将来改善施設ヲスル予定ニ這入ツテ居リマス、薄イ色ノ部分ハ多ク山地ノ五十米乃至七十米以上ノ高イ所デアリマシテ、傾斜モ急デアリマスシ、給水等ノ関係上建築敷地トシテ利用スルニ適当デナイ、デアルカラシテコレヲ緑地トシテ利用シタ方ガ宜カラウト云フヤウニ取ツテ定メテアリマス。

このように、大連の緑地地域は農作物の生産地としてではなく、宅地の利用に適さない土地を基調として設定されていることがわかる。また、膨張を抑制するために都市を囲繞する、という視点も見られない。一九三八年に武居高四郎が著した『地方計画の理論と実際』[38]にも「大連地方計画」が紹介されている。地域制について以下の説明がある。

> 地域制は従来の我国制度に改善を加へ、住居地域、商業地域、工業地域並に臨港地域とするが、其の用途と使用の程度に適応せしめる為め更に各地域を細分

*36 前掲、「大連都市計画概要第二輯」二八一～二八二頁

*37 前掲、「大連都市計画概要第二輯」二八七～二八八頁

*38 武居高四郎『地方計画の理論と実際』冨山房、一九三八年、二七九～二八〇頁

*39 山嵜義三郎「関東州州計画の国土計画的重要性」『大東亜経済』九巻四号、大東亜経済社、一九四五、二〇～二五頁

して住居地域を3種類、商業地域を2種類、工業地域を3種類に分類・設定せんとする等、欧米諸国最近の地域制度を斟酌し、且大連に適当のものとした。又高度地域は4種類、面積地域は4種類とし、夫々適当に配置せんとするもので、従来の我国地域制に一大改善を加ふるもので、これが実施を期待してゐる。

実際に施行された「関東州州計画令」とは工業地域の種類の数が異なるが（施行は四種類）、清水の発言よりも施行された用途地域の種類に近く、より検討の進んだ計画案を反映した記述と考えられる。農業地域に対応するのは「不利用地域」である【図3】。

以上から、「関東州州計画令」の農業地域は、農地の確保や適正配置を重視する地方計画理論を背景として規定されてはいるが、実態は宅地利用を行えない土地を基調として設定されていたと考えられる。なお、農業地域は、一九四五（昭和二〇）年四月時点で設定に向けた調査が完結しておらず[*39]、指定に至っていないと考えられる。

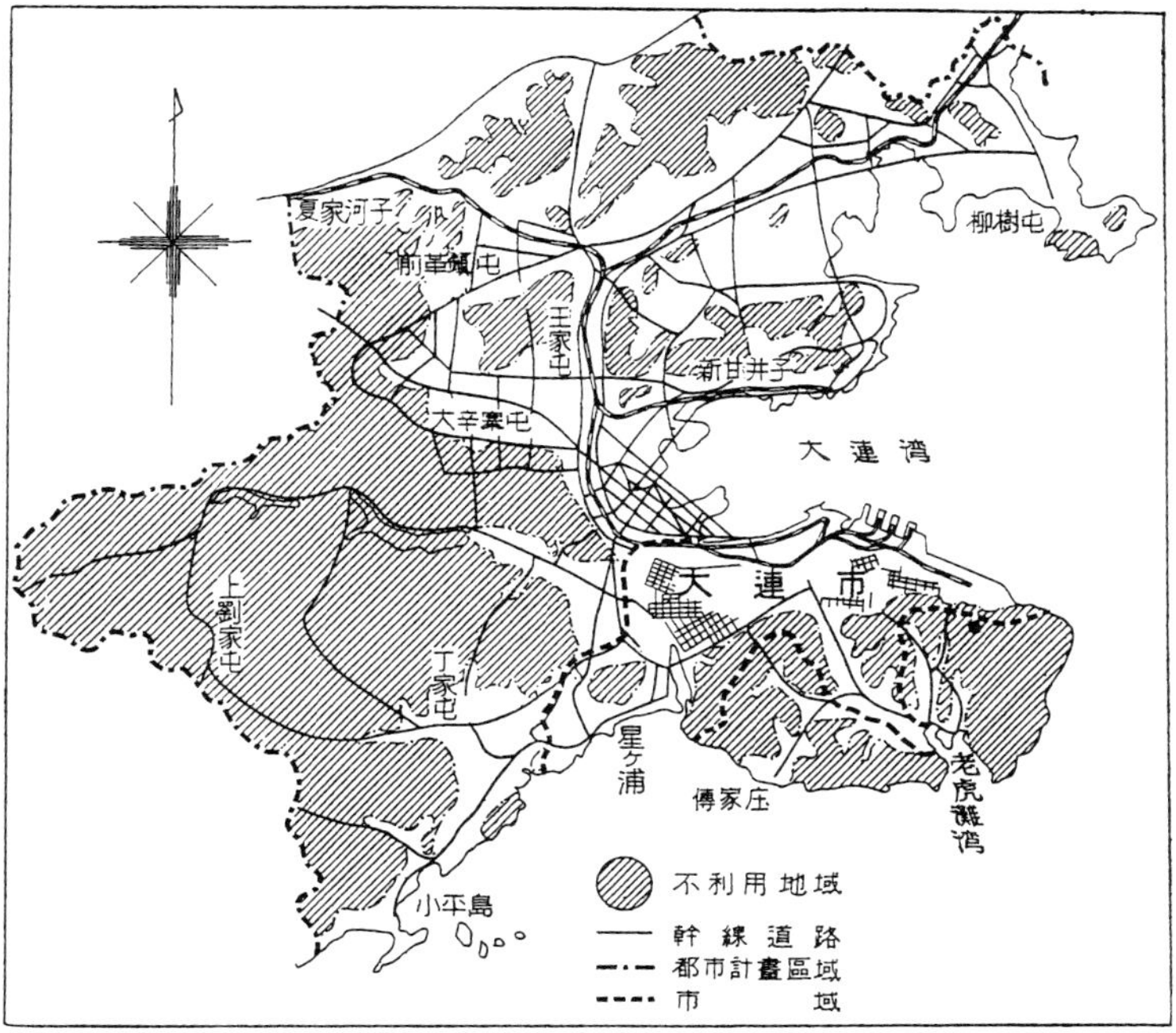

【図3】大連地方計画街路網図
（武居高四郎『地方計画の理論と実際』冨山房、一九三八年、二七九頁）

台湾の農業地域
第5節

台湾都市計画令検討時の農業地域

「台湾都市計画令」では、地域、商業、工業の三地域と防火、美観、風致、風紀の四地区が規定されていたが、草案段階では農業地域が存在した。内務省都市計画課属官であった小栗忠七は、台湾総督府の招請を受けて[*40]「台湾都市計画令」の「法案討議[*41]」に参画し、「台湾都市計画令」の草案に存在した農業地域に言及している。

> 台湾都市計画令草案
>
> 第二十条　都市計画区域内ニ於テ住居地域、商業地域、工業地域又ハ農業地域ヲ指定スルコトヲ得
>
> 第二十四条　農業地域ニ於テハ農業ノ用途ニ供スル建築物ニ限リ之ヲ建築スル

*40 小錦「常夏紀行（一）」『都市公論』一八巻、一九三五年一〇月号、一三四～一四三頁（一）（二）は「小錦」名義であるが、（三）～（一〇）は本名の小栗忠七名義。

*41 小栗忠七「常夏紀行（一〇）」『都市公論』一九巻、一九三六年九月号、一〇〇～一一五頁

*42 （台湾総督）府報四二九二号、一九四一（昭和一六）年九月一四日

*43 （台湾総督）府報四三三三号、一九四一年（昭和一六）年一一月八日

*44 台北市役所「台北市概況 昭和十七年版」一九四二年、七五頁

*45 台北市役所「台北都市計画地域設定説明書」一九四一年、九～一一頁

成案では農業地域が削除され、代わりに特別地区制度が導入されている。小栗は、「農業緑地を留保し得るを以て特別地区の活用を望んで止まぬ」と述べている。台湾総督府属官の小川広吉も、一九三七年時点で住居地域内に特別地区として緑地地区が設置されるものと予想されると述べており、「台湾都市計画令」では、住居地域内の特別地区である「緑地地区」としての運用が想定されたことがわかる。

「台湾都市計画令」に基づく特別地区は一九四一年の「台湾都市計画令施行規則」改正（台湾総督府令第一七二号）[*42]で設定されたが、緑地地区・農業地区は実現していない。

「市街地として考へられない」台北の「農業地域」

台北の用途地域は一九四一年一一月八日に決定告示（台湾総督府告示一〇〇四号）された。[*43]台北市役所が一九四二年に発行した『台北市概況 昭和十七年版』[*44]によれば、各用途地域と面積は商業地域（七三五・〇〇ヘクタール）、工業地域（七三五・〇〇ヘクタール）、住居地域（二七九三・〇〇ヘクタール）、未設定地（四三二・〇〇ヘクタール）、無設定地（一九〇一・〇〇ヘクタール）である。台北市役所が作製した『台北都市計画地域設定説明書』によれば、未設定地とは用途規制の働かない地域で、いわゆる未指定地域である。軽工業地域および緩衝地帯としての役割が与えられていた。これに対し無設定地とは、「各種の施設設計の全然ない土地すなわちまだ市街地として考へられない土地」で、「一種の建築禁止地域」「言はゞ農業地域[*45]」である。「台湾都市計画令」の接道条件は特に厳しく、既存道路であっても何らかの計画上の担保がない限りは道路とは見なされなかった（第二十九条、第四十一条）。建築物の接道条件は都市計画道路や土地区画整理設計の道路に限定されていたから、「各種の施設設計の全然ない土地」には建築できない。これは建築線制度による緑地の実現事例である。『地方計画論』で提案された法制上の手法は三種類全てが実現していることになる。

筆者は中華民国接収後の一九四七年に台北市工務局が作成した「台北市都市計画用途分区図」[*46]を発見した。図題、製作者、凡例に紙添付による修正痕があり、修正前は、題名が「台北都市計画地域設定参考図」、製作者が「台北市役所」で、用途地域の凡例が「商業地域、工業地域、住居地域、未設定地、無設定地」であることが確認できた。『台北市概況・昭和十七年版』の用途地域に一致している。以上から、「台北市都市計画用途分区図」は一九四二～四五年時点の台北市の用途地域図をベースに修正されたものと考えられる。当該図から用途地域の指定状況や地形情報をトレースするとともに、修正前の題名や凡例を反映させて、「台北都市計画地域設定参考図」を復元した【図4】。図4の無設定地は都市計画区域の

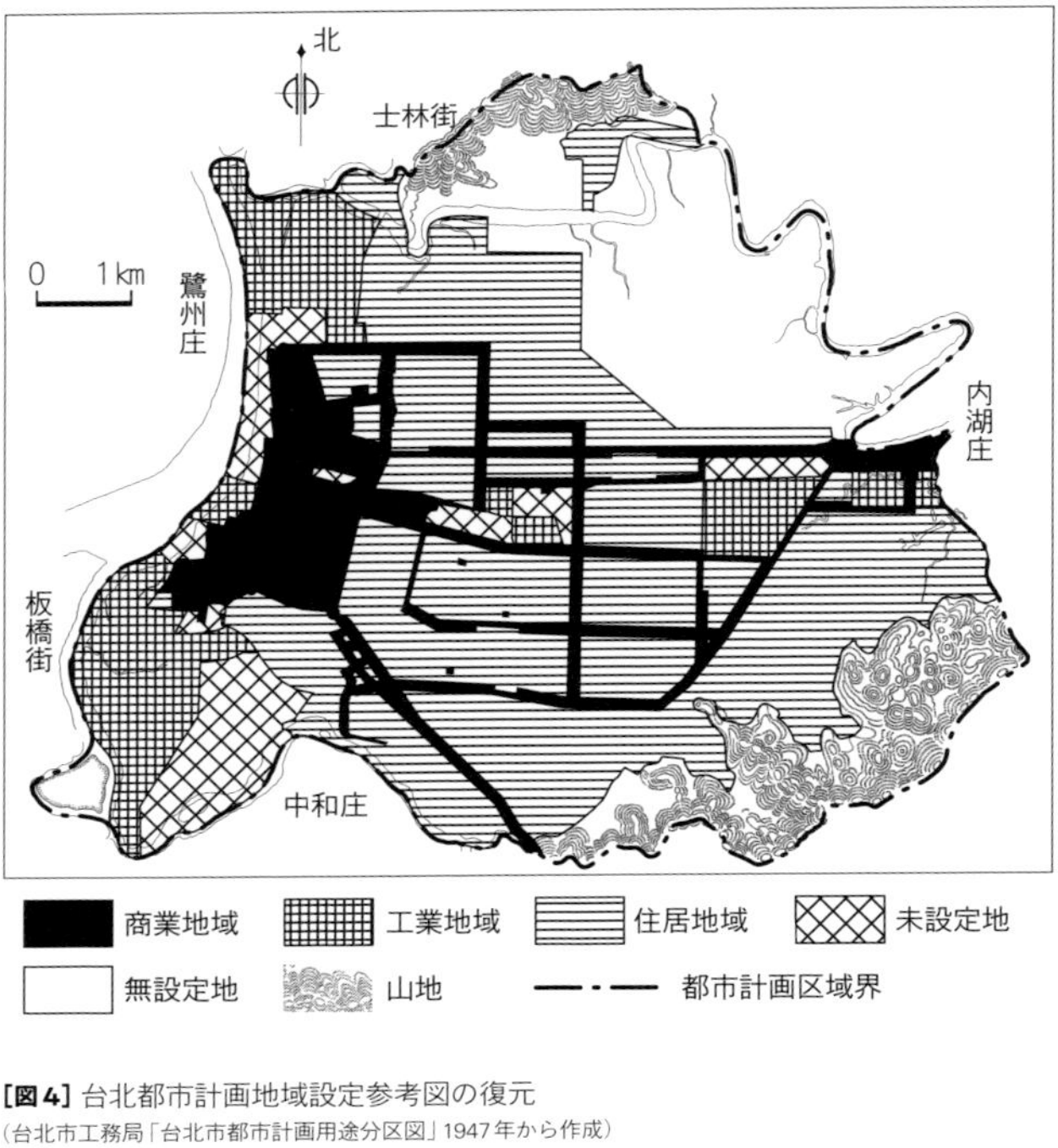

［図4］台北都市計画地域設定参考図の復元
（台北市工務局「台北市都市計画用途分区図」1947年から作成）

*46 台北市工務局「台北市都市計画用途分区図」一九四七年

*47 前掲、（台湾総督）府報四三三三号

北東や南東である。比較的広い北東部分は一九四一年一一月八日に台湾総督府告示一〇〇三号で都市計画決定された「飛行場第一号」（四万一七〇〇ヘクタール、現在の台北松山機場）である。[*47]市街地周囲に緑地帯を確保してはいるが、ほぼ「山地」であり、農作物の供給地としての機能には疑問が残る。

第6節 市街化調整区域と緑地区域

朝鮮・台湾・関東州の主要都市に対し、**図1**に示した満洲国の主要都市では、土地利用の難しい山岳地ではなく、市街地を囲繞する理想型に近いかたちで緑地計画が策定されていた。では、越沢の指摘するように、緑地区域の制度化をもって市街化調整区域に関する理論が完成していたと考えることは妥当だろうか。

法文上の類似性

一九六八年に改正された「都市計画法」（昭和四三年六月一五日法律第一〇〇号）[*48]第七条では、都市計画区域を区分して、市街化区域および市街化調整区域を定めることとされた。計画エリアを二分する点では「都邑計画法」（一九四二）第四十三条と類似性がある。

*48 官報号外、六九号、一九六八（昭和四三）年六月一五日

都市計画法（一九六八）

第七条　都市計画には、無秩序な市街化を防止し、計画的な市街化を図るため、都市計画区域を区分して、市街化区域および市街化調整区域を定めるものとする。

都邑計画法（一九四二）

第四十三条　交通部大臣ハ土地ノ用途ヲ統制スル為都邑計画トシテ都邑計画区域内ノ土地ヲ市街区域及緑地区域ノ二種ニ区分決定スルコトヲ要ス

本節では市街化調整区域の制度の成立過程と趣旨を分析し、緑地区域と比較する。

建築抑制だけではない市街化調整区域

「都市計画法」（一九六八）制定時の建設省都市計画課長であった大塩洋一郎は、市街地の膨張抑制について、次のように述べている。

激しい都市集中に対処する方策としては地方開発に力を入れて都市集中を防止する一方、グリーンベルトの如き規制の方法によって大都市の拡大を防止しようとする方式が考えられるが、ロンドンの如く人口増加の比絞的緩やかな地域は別として、東京の如く集中の勢の激しい都市において、このような規制のみに頼った方策が全く無力であったことは、首都圏のグリーンベルト構想の失敗によっても実証されたのである。

そこで、このような都市集中が不可避であり、かつ経済合理性を有するものであるとすれば、大都市の将来のフリンジの地帯に、グリーンベルトとは逆の考え方から、高密度の市街地を形成すべき地域を計画的に設け、そこに人口を吸収することによってスプロールを妨止し、望ましい都市形態をまとめようとする考え方が生まれて来る筈である。

ここで、「首都圏のグリーンベルト構想」として大塩が批判しているのが、「特別都市計画法」に基づく緑地地域である。「特別都市計画法」（一九四六）は戦災復興の一環として制定され、その第三条に緑地地域が創設された。[*49]

特別都市計画法（一九四六）

第三条　主務大臣は、特別都市計画上必要と認めるときは、第一条第三項の市町村の区域内において又はその区域外にわたり、特別都市計画の施設として緑地地域を指定することができる。

帝国議会での趣旨説明によれば、緑地地域の創設理由は、「都市ノ過大膨張ヲ抑止」するため「周辺部ニ相当広大ナ土地ヲ空地トシテ保持スルコトガ必要」だが「防空法ノ廃止ニ伴ヒ（中略）空地帯タルノ制限ヲ解除サレル」ので、「是等ノ土地ヲ緑地地域トシテ指定スル必

*49 官報五八九九号、一九四六（昭和二一）年九月一一日

*50 「第九十回帝国議会貴族院　特別都市計画法案特別委員会議速記録第一号」一九四六年六月二五日、一頁

*51 官報六四五八号、一九四八（昭和二三）年七月二六日

*52 官報五九二三号、一九四六（昭和二一）年一〇月一〇日

要」があるからである。[*50] 緑地地域は防空法の空地を存続させるための制度であった。東京では一九四八年七月二六日に建設省告示一七号[*51]をもって緑地地域が指定されている**[図5]**。また、同施行令第三条および内閣告示第三一号[*52]に規定された緑地地域の規制内容は以下のとおりである。

特別都市計画法施行令（一九四六）

第三条　法第三条第一項の規定により指定された緑地地域内においては、建築物は左の各号の一に該当するものを除いては、これを新築又は増築することができない。

一　農業、林業、畜産業又は水産業を営む者の業務又は居住の用途に供するために建築するもの

二　公園、運動場の類に付随して建築するもの

三　内閣総理大臣の指定する建築物でその建築面積が敷地面積の十分の一を越えないもの

四　地方長官が公益上やむを得ないと認めるもの

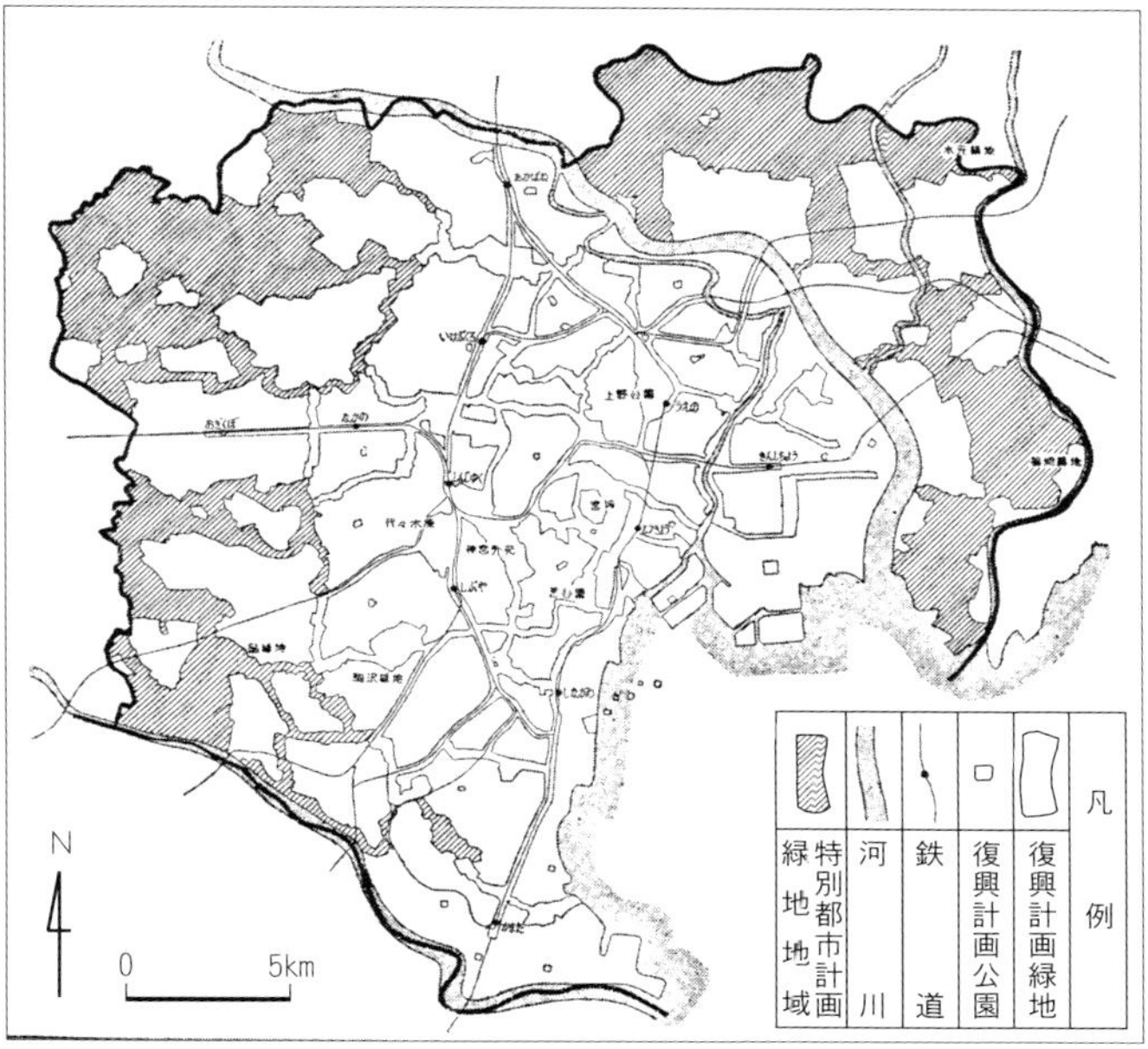

[図5] 東京復興緑地および公園図（1947）
（日本公園緑地協会「復興緑地および公園図」『公園緑地』9巻、1号、1947年、口絵に方位とスケールを加筆）

内閣告示第三十一号

特別都市計画法施行令第三条第一項第三号の規定によって、次の建築物を指定する。

昭和二十一年十月十日

内閣総理大臣　吉田　茂

一、一戸建又は二戸建住宅

二、日常生活に必要なる店舗の類

三、神社、寺院、教会所の類

大塩によれば、ロンドンでグリーンベルトが奏効した理由は、農村人口が既に四パーセントに減っていて、かつ都市労働者より所得水準が高く、都市への人口圧力が少なかったためである。その一方で、パリは年間一七万の人口増加による郊外部へのスプロールに悩んでおり、かつパリの政治・経済上の比重は日本における東京よりも高いことから、パリの方式に近似性を求めるべきであると述べている。[*53] そして、大塩が着目したのはフランスのＺＡＤ（Zone d'aménagement différé、長期整備地域）であった。ＺＡＤは、関係市町村の申し出に基づいて建設大臣が指定する地域で、公共団体にはＺＡＤ内の道路、下水道、緑地などの施設の整備が義務づけられるが、指定前の評価額に基づいて八年間の先買権を行使することができるとされている。大塩はＺＡＤを「グリーンベルトと逆の高密度市街化地帯の構想であって、都市形態を空間地によって遮断的に形成するのではなく、むしろここに高密度に人口圧力を

*53 大塩洋一郎「都市計画上の問題点」『新都市』都市計画協会、二一巻、一号、一九六七年、四～七頁

*54 松本弘他「線引き制度の成立経過（上）」『土地住宅問題』一二八号、一九八五年、二七～四四頁

*55 大塩洋一郎「計画的市街地開発のための用地確保の制度」『新都市』都市計画協会、二一巻、五号、一九六七年、二～五頁

*56 財団法人農村開発企画委員会「第４回農村土地利用制度研究会」二〇〇八年、一〇頁

吸収することによってスプロールを防ぎ、都市形態をまとめようとする方式」と説明している。

「都市計画法」（一九六八）の「市街化区域」と「市街化調整区域」は、「都市地域における土地利用の合理化を図るための対策に関する答申」（昭和四二年三月二四日宅地制度審議会第六次答申）における「既成市街地」「市街化地域」「市街化調整地域」「保存地域」の四地域の再編であることが知られているが、第六次答申答案の検討段階で建設省内部では「開発保留地域」が構想されていた。*54

大塩によれば、開発保留地域はフランスのＺＡＤに倣ったもので、「その地域内においては一般の開発行為を禁止するとともに、指定時の時価を基準として八年間、先買、買取請求等ができることとすることにより、都市の将来のフリンジにおいて、将来の用地を長期にわたり確保し、スプロールを食い止め、秩序ある都市の形成を図ることをねらいとしたもの」*55であったが、「一時点における評価額での先買や収用の問題や、土地収用法の改正が現在国会に提案中であること等」によって答申には盛り込まれなかった。しかしながら、大塩の部下として策定作業に携わった宮澤美智雄（当時建設省都市計画課で土地利用担当の課長補佐）は、「『開発保留地域』と『保存地域』が消えると、残るのは『市街化調整地域』です。『市街化調整地域』には、結果的に保存されるところもあれば、やがて時期が来て条件が調って開発されるところもあります。最終的には、法律の段階で、この三つの地域を覆う『市街化調整区域』という考え方でまとめましょうということになりました」*56と証言しており、市街化調整区域は「開発保留地域」と「保存地域」の趣旨を含んでいる**［図6］**。

「特別都市計画法施行令」（一九四六）の緑地地域では、建蔽率一〇パーセント以内の一戸建

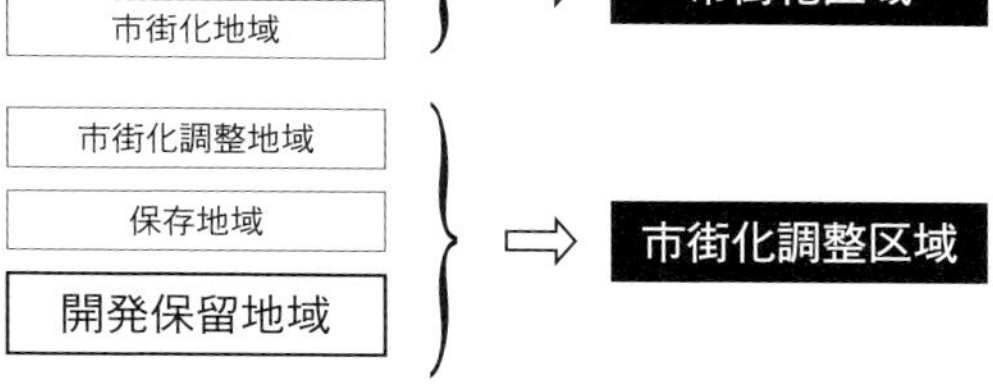

［図6］都市計画法（1968）に向けた建設省内部の検討（筆者作成）

又は二戸建住宅が許容されているが、主に農林水産業に限定される用途規制である点は緑地区・緑地区域と同じである。そして、大塩がグリーンベルト失敗の要因としたのは、建蔽率一〇パーセントの建築物の許容ではなく、人口圧力を計画的に吸収する仕組みが存在しない「規制のみに頼った方策」だったからであった。そして、人口圧力を吸収するエリアの設定を重視し、その趣旨を包含した制度が市街化調整区域であった。

緑地区域・市街化調整区域の双方ともにスプロールへの対処という点では目的は同じであるが、緑地区域は空間的な遮断であるのに対し、市街化調整区域は開発されることを前提とした上での土地利用誘導であった。市街化調整区域は、緑地区域を含む「規制のみに頼った方策」を止揚して考案された新たな手法であるから、いわば次の世代の制度である。したがって、緑地区域は市街化調整区域の先取りではない。

計画区域を二つに区分する趣旨の違い

趣旨の違いを確認したところで、再度条文を参照しておく。都市（邑）計画区域を区分する理由は何か。「都邑計画法」（一九四二）は「土地ノ用途ヲ統制スル為」で、「都市計画法」（一九六八）は「計画的な市街化を図るため」である。簡潔かつ的確に趣旨を表現した立法者の言語能力に驚嘆するばかりである。

本章では、外地都市計画制度の特徴とされる緑地系用途規制について分析した。

飯沼一省が『地方計画論』で紹介した都市計画における三種類の緑地確保の手法は、日本の内地・外地の都市計画法令において、全てが実現しているが、満洲国を除いて主に山岳部の建築困難な土地で展開しており、積極的な緑地・農地の確保の結果ではなかった。

満洲国の「都邑計画法」（一九三六）の緑地区は、財政上の理由で施設としての緑地の買収が困難であったために導入された施策であった。理想の具現化ではなく、妥協の結果であった。

「都邑計画法」（一九四二）の緑地区域は、「都邑計画法」（一九三六）の緑地区の運用実態の制度化であった。スプロールへの対処という点では「都市計画法」（一九六八）の市街化調整区域と目的は同じであるが、緑地区域は空間的な遮断であるのに対し、市街化調整区域は計画的に開発されることを前提とした上での土地利用誘導であって、後者は前者を止揚していた。緑地区域は市街化調整区域の先取りではない。

「都邑計画法」（一九四二）の緑地区域制度は、用途地域等の地域・地区の上層部分に区域区分を設定し、土地利用規制を体系化させた点で、内地や他の外地にない画期的な制度であったが、緑地系の用途規制としては、一九四〇年に朝鮮で緑地地域が導入されていたから、個別の規制手法としては相対的に進んでいたわけではない。以上から、戦後の制度の先取りと言うよりも、その時代なりの水準の技術を体系化したものと考えるのが妥当である。

第6章

内地より詳細な土地利用規制

――用途地域の細分化

外地都市計画法令では
用途規制や形態規制の細分化がみられる。
本章では、
それらがわが国の法律を
先取りしていたとする評価の
妥当性を検討する。

本章では、外地都市計画における用途規制や形態規制の細分化を検討する。外地、特に満洲国の用途・形態規制は内地のそれより進んでいたと言われる。石田頼房は、「都邑計画法」（一九四二）の地域地区制を高く評価し、「建築基準法」（一九七〇）以上の水準と結論している。[*1]

一九四二年満州国都邑計画法の地域地区制は、用途地域制としては四種の基本用途地域と一〇種の純粋用途地域を持ち、形態規制としては細分化された容積街区・空地街区・高度街区の制度を持っていました。住居系の用途地域で見れば、基本的用途地域である住居地域の他に、個別地区、集合地区、特別地区の制度がありました。個別地区は一戸建て住宅の専用地区（現在の日本でいえば、低層住居専用地域に相当）、集合地区は共同住宅を中心とする地区（同じく、中高層住居専用地域に相当）などです。特別地区は住居地域の中にあって店舗等を集中させるべき地区で、この地区が住居地域の中に指定されると一般の住居地域での店舗等の立地が制限されることになっていました。このような詳細な地域地区制は日本国内でいえば一九七〇年建築基準法でようやく到達する水準、あるいはそれを超えた水準であったといえるでしょう。

満洲国の「都邑計画法」（一九四二）は、土地利用規制に優れ、戦後のわが国の法律を先取りし、あるいは水準を超えたというのである。「都邑計画法」（一九四二）の用途規制は、緑地区域を除いても一三種類であり、「建築基準法」（一九七〇）の用途地域は八種類であるから、

*1 石田頼房『日本近現代都市計画の展開』自治体研究社、二〇〇四年、一六七頁

*2 参議院事務局「第7回国会 参議院 建設委員会 第22号 昭和25年4月28日」一九五〇年

「都邑計画法」(一九四二)の方がより細分化されているようにも見える。しかしながら、制度の構造や思想背景、適用の考え方は明らかにされていない。

また、「都邑計画法」(一九三六)は、建物の高さではなく容積率による形態規制を採用している。「都邑計画法」(一九四二)を起草した秀島乾は、建築基準法制定時の国会参考人として、容積率による統制を導入すべきとの発言をしている。[*2] 満洲国の「都邑計画法」(一九四二)が、戦後のわが国の法律を先取りし、あるいは水準を超えたという見解は妥当だろうか。今日の我が国の都市計画制度は、満洲国の法制度の延長線上にあるのだろうか。本章では、外地都市計画における用途規制と形態規制の細分化を検討する。

外地の土地利用規制
第1節

朝鮮市街地計画令

「朝鮮市街地計画令」（一九三四）の用途規制は、第一五条から第一八条で規定されている。「市街地建築物法」と同様に、住居地域、商業地域、工業地域を基本とし、工業地域内特別地区の規定がある。住居地域・商業地域からの工場排除が主であって、工業地域内での住居・商業利用の混在や、住居地域での商業利用、商業地域での住居利用は可能であった点も「市街地建築物法」と同様であった。建蔽率は用途地域ごとに定められており、住居地域六〇パーセント、商業地域八〇パーセント、工業地域七〇パーセントで（施行規則第四十八条、第百二条）、「市街地建築物法施行令」（一九二〇）と同じ水準である。建築物の高さは、住居地域二〇メートル以下、それ以外三一メートル以下で（施行規則第百三条）、こちらも「市街地建築物法施行令」（一九二〇）と同じ水準である。

*3 朝鮮総督府文書課「彙報」『朝鮮』三〇八号、一九四一年、九三〜九四頁

一九四〇年の改正では、住居地域、工業地域、商業地域の三地域が専用地域化（第十六条～第十八条）され、「市街地建築物法」よりも用途規制が厳格化している他、第十九条ノ三で「特別ノ地区」（後述）を設定できることになり、工業地域内特別地区が廃止された。また、混合地域（第十九条ノ二）を創設し、いわゆる未指定地を制度として位置付けた。既述のとおり、緑地地域が新設されている（第十八条ノ二）。[*3] 施行規則第五十二条ノ二で建築区域制度が導入され、用途地域指定と建蔽率指定が分離された。

台湾都市計画令

「台湾都市計画令」の用途規制は、住居地域、商業地域、工業地域の三種類である（第十八条）。住居地域・商業地域からの工場排除が主であって、工業地域内での住居・商業利用の混在や、住居地域での商業利用、商業地域での住居利用は可能であった（第十九条～第二十一条）。工業地域内特別地区の規定がなく、その代わりに全ての用途地域内で「特別地区」（第二三条、後述）を設定することが可能となっていた。

建蔽率は用途地域ごとに定められており、住居地域五五パーセント、商業地域七五パーセント、工業地域六五パーセント（施行規則第四十一条、第七十三条）である。亜熱帯気候での通風換気を考慮し、「市街地建築物法施行令」（一九二〇）より五パーセントずつ低い。建築物の高さは、住居地域二〇メートル以下、住居地域以外三一メートル以下で（施行規則第四十二条）、こちらは「市街地建築物法施行令」（一九二〇）と同じ水準である。

特別地区は、当初の施行規則（一九三七）では定まっておらず、具体化するのは一九四一年の改正[*4]（第三十七条ノ二）である。住居専用地区（第三十七条ノ三：戸建て又は二戸建の住宅のみを許容）、特別住居地区（第三十七条ノ四：労働者住居のみを許容）、商業専用地区（第三十七条ノ五：店舗、料理屋、飲食店、劇場等のみを許容）、工業専用地区（第三十七条ノ六：工場、倉庫等のみを許容）、特別工業地区（第三十七条ノ七：火薬庫、有害・危険な工場を許容する唯一の地区）が設定された。その結果、「台湾都市計画令」には事実上八種類の用途地域が存在することになる【表1】。

関東州州計画令

「関東州州計画令」の用途地域は住居地域、商業地域、工業地域、農業地域の四種類である（第十七条）。「関東州州計画令」では、住居地域からはカフェー・バー・料理店の類を、工業地域ではそれらに加え、百貨店・市場等、興行場・舞踏場等、博物館・美術

地域地区	用途の規制
住居地域	【以下の用途を禁止】常時使用する原動機が３馬力を超える工場／以下の事業を営む工場（玩具用普通火工品の製造、アセチレンガスを用いる金属加工、ドライクリーニング・ドライダイング、セルロイドの加熱加工、塗料吹付、亜硫酸ガスを用いる漂白、動物質炭の製造、羽または毛の洗浄・染色・漂白、製綿、骨等の挽割・金属の乾燥研磨、原動機を用いる鉱物等の粉砕、煉瓦・陶磁器の製造、硝子の製造、動力槌を用いる鍛冶）／主に貨物の積卸を目的とする桟橋・鉄道駅／50㎡を超える自動車車庫／劇場等／貸座敷・待合・料理屋／倉庫業を営む倉庫／火葬場・廃棄物処理場／屠場・死畜処理場／汚物の処理場／知事または庁長の認めるもの（規則第35条）
住居専用地区	【以下の用途に限定】独立または二戸建の住宅（施行規則37条の3）
特別住居地区	【以下の用途に限定】労働者の住居の用に供する建築物（施行規則37条の4）
商業地域	【以下の用途を禁止】常時使用する原動機が15馬力を超える工場（日刊新聞印刷所を除く）／以下の事業を営む工場（玩具用普通火工品の製造、アセチレンガスを用いる金属加工、ドライクリーニング・ドライダイング、セルロイドの加熱加工、塗料吹付、亜硫酸ガスを用いる漂白、動物質炭の製造、羽または毛の洗浄・染色・漂白、製綿、骨等の挽割・金属の乾燥研磨、原動機を用いる鉱物等の粉砕、煉瓦・陶磁器の製造、硝子の製造、動力槌を用いる鍛冶）／火葬場・廃棄物処理場／屠場・死畜処理場／汚物の処理場（規則第36条）
商業専用地区	【以下の用途に限定】店舗・料理屋・飲食店の類／劇場等／貸座敷・待合・料理屋／遊戯場の類（規則37条の5）
工業地域	【ここでのみ許容される用途】常時使用する原動機が50馬力を超える工場／以下の事業を営む工場（台湾銃砲火薬類取締規則による火薬類の製造、塩素酸塩類等の製造、セルロイド等の製造、合成染料等の製造、溶剤を用いるゴム・塗料等の製造、石炭ガス等の製造、塩素等の製造、金属の熔融または精錬、他）／知事または庁長の指定した事業を営む工場／知事または庁長の指定した物品を貯蔵する建築物（規則37条）
工業専用地	【以下の用途に限定】工場・物品の貯蔵又は処理に供する建築物／車庫・倉庫（規則37条の6）
特別工業地区	【ここでのみ許容される用途】台湾銃砲火薬類取締規則に依る火薬類の製造／以下の事業を営む工場（台湾銃砲火薬類取締規則による火薬類の製造、ニトロセルロース等の製造、セ石油類等の製造／知事または庁長が指定した物品の貯蔵または処理に供するもの（規則37条の7）

【表1】台湾都市計画令の用途地域
（（台湾総督）府報2871号、1936（昭和11）年12月30日・（台湾総督）府報4292号、1941（昭和16）年9月14日）

*4 （台湾総督）府報四二九二号、一九四一（昭和一六）年九月一四日

地域地区	用途の規制	地区設定の趣旨
住居地域	【以下の用途を禁止】カフェー・バー、料理店の類／待合、貸座敷等／大規模な百貨店、市場、物品配給所の類／興行場／舞踏場／営業用自動車車庫又は給油所／食料品・被服品・建具・家具・印刷物・箱・籠・自転車・荷車の類の製造又は修繕工場であって、馬力数３以下かつ爆発・引火の危険が少ないものを除く一切の工場／爆発性、発火性又は引火性の物品の貯蔵所、処理場／倉庫／木材、石材、石炭等の蔵置場／発電所、変電所／屠場場／汚物処理場／採鉱場・採石場／禽畜飼養場／墓地／その他関東州長官の指定するもの（州規則36条）	住居の安寧を害する恐れのある用途の排除
住居専用地区	【以下の用途に限定】住宅／事務所兼用住宅／共同住宅、寄宿舎等／神社／寺院、教会／学校、図書館／託児所等／15㎡以下の店舗・飲食店、関東州庁長官が認めた診療所／公園、小菜園、温室／関東州庁長官が必要と認めるもの／これらに付随する用途として関東州長官が認めたもの（州規則41条）	専ら住居および日常生活に必要な若干の商業用途のみを許容し、その他の用途を排除して地区内住居の安寧静穏を企図。
特別住居地区	【以下の用途に限定】労働者に供する住宅・共同住宅・寄宿舎等／労働者の集合所、収容所／20㎡以下の店舗・飲食店／湯屋、理髪店、写真館、質屋／関東州庁長官が認めた診療所・事務所／食料品・被服品・自転車・荷車の工場で、原動機或いは発火性のある物品を使用しないもの／車馬収容所／寺院、教会／託児所等／公園、小菜園、温室／関東州庁長官が必要と認めるもの／これらに付随する用途として関東州長官が認めたもの（州規則42条）	大連の特殊事情を反映し、寺兒溝の碧山荘付近等、苦力収用所や苦力宿舎等の集団地を想定
商業地域	【以下の用途を禁止】10馬力を超過する原動機を使用する工場／危険・有害な工場、化学工場／爆発性、発火性又は引火性の物品の貯蔵所、処理場／発電所／車馬集客所／屠場場／汚物処理場／採鉱場・採石場／禽畜飼養場／墓地／その他関東州長官の指定するもの（州規則37条）	商業の利便を害する恐れのある用途の排除
商業専用地区	【以下の用途に限定】店舗、事務所／カフェー・バー、料理店の類／興行場／営業用自動車車庫又は給油所／旅館、集会所、遊技場／関東州庁長官が認めた診療所／日刊新聞印刷所／１階前面がこれらの用途に該当する建物／関東州庁長官が必要と認めるもの／これらに付随する用途として関東州長官が認めたもの（州規則43条）	住居や工場等の排除を目的とするが、１階を商店・２階以上を共同住宅とする建物等を想定。
工業地域	【以下の用途を禁止】カフェー・バー、料理店の類／待合、貸座敷等／大規模な百貨店、市場、物品配給所の類／興行場／舞踏場／禽畜飼養場／墓地／店舗床面積20㎡を超える商店、飲食店／博物館、美術館／州庁長官の認定を受けない医院、旅館等／その他関東州長官の指定するもの（州規則38条）	工業の利便を害する恐れのある用途の排除
第１種工業地区	【以下の用途に限定】火薬・化学製品・セメント類・塗料の工場／営業用自動車車庫又は給油所／爆発性、発火性又は引火性の物品の貯蔵所、処理場／倉庫／工場敷地内又は隣接敷地内の工場管理者の住宅で関東州庁長官の認めたもの／関東州庁長官が必要と認めるもの／これらに付随する用途として関東州長官が認めたもの（州規則44条）	主として危険・有害な工場と、化製工場を許容。
第２種工業地区	【以下の用途に限定】危険・有害な工場を除く化学工場の大部分と一般工場／爆発性、発火性又は引火性の物品の貯蔵所、処理場／採鉱場・採石場／工場敷地内又は隣接敷地内の工場管理者の住宅および職工宿舎／関東州庁長官が必要と認めるもの／これらに付随する用途として関東州長官が認めたもの（州規則45条）	化学工場の大部分（危険・有害な工場を除く）と一般工場とを許容。
第３種工業地区	【以下の用途を禁止】50馬力以上の原動機が稼働する工場／火薬・セメント類の工場／爆発性、発火性又は引火性の物品の貯蔵所、処理場／関東州庁長官が指定するもの（州規則46条）	馬力数50以下の一般中小工場を許容し、化学工場の大部分を排除。住居は排除しない。
農業地域	【以下の用途に限定】農業、林業、牧畜菜、塩業その他の原始産業／従事者の住宅／墓地／関東州庁長官が必要と認めるもの／これらに付随する用途として関東州長官が認めたもの（州規則39条）	農業、林業、牧畜業、塩業其の他原始産業の利便を害する恐れのある用途の排除

[表2] 関東州州計画令の用途地域

（官報3924号、1940（昭和15）年２月７日および伊藤鉀太郎「関東州州計画令と関東州州計画令施行規則に就いて」『満洲建築雑誌』20巻、3号、1940年、pp.18 ～ 30）

館等を排除し（施行規則第三十六条、第三十八条）、用途地域の専用地域化が進展している。さらに、「関東州州計画令」第十八条は特別地区の制度を規定し、施行規則第四十条では六種類の特別地区が規定されている。「関東州州計画令」では、事実上一〇種類の用途地域が設定されていることになる【表2】。

「関東州州計画令」には防火地区がない。これは、「設けたとしても比較的耐火建築物の多い関東州に於ては、木造建築の多い内地に於けるが如き実効性を期待できないし又実益も少い」[*5]と判断されたためである。しかしながら、それ以前に大連市街の建築物を統制した「大連市建築規則」（大正八年関東庁令十七号）[*6]には、「建築物は煉瓦造、石造、「コンクリート」其の他耐火壁構造とす（十条）」とあって、耐火構造を義務付けていた。大連市建築規則と「関東州州計画令」との関係について、「現行建築規則の改廃等関係法規の整備を要する」[*7]ため、「施行規則の姉妹法たるべき関東州建築物規則（仮称）の公布が必要」[*8]であった。つまり、耐火建築物を義務化してきた大連市建築規則の廃止を前提としつつ、「関東州州計画令」では耐火建築物の義務化を制度として設けないまま、防火地区を不要とする結論を明示している。市街地の不燃化に対する規制は弱い。

「関東州州計画令」第二十条では、大使は建築物・工作物敷地の面積、空地、位置、高さ、構造もしくは設備を統制するために必要な区域を設定できることになっており、施行規則では、敷地面積（規則第七十一条）、空地面積（規則第七十二条、第七十三条）、建物の高さ（規則第七十五条、第七十六条）が規定された。

*5 大連商工会議所「関東州計画令の外貌」『東亜商工経済』二巻、四号、一九三八年、五〇～六六頁

*6 官報二〇六三号、一九一九（大正八）年六月二〇日

*7 長尾滋「関東州州計画令の構成と特質」『都市問題』三〇巻、五号、一九四〇年、一七三～一八六頁

*8 伊藤鉀太郎「関東州州計画令と関東州計画令施行規則に就いて」『満洲建築雑誌』二〇巻、三号、一九四〇年、一八～三〇頁

*9 交通部編纂『交通部法規類纂第六編（都邑計画）』満洲行政学会一九四二年、五六～五七頁

都邑計画法（一九三六）の用途地域

「都邑計画法」（一九三六）の用途地域制度は住居地域、商業地域、工業地域の三種類である（第十七条）。住居地域（第十八条）・商業地域（第十九条）からの工場排除が主で、工業地域（第二十条）内での住居・商業利用の混在や、住居地域での商業利用、商業地域での住居利用は可能であった。商業地域への住居混在等の問題は、「市街地建築物法」と同水準であった。また、「市街地建築物法」や「朝鮮市街地計画令」（一九三四）と同様に工業地域内特別地区（第二十条二項）が存在する。

技術指針である都邑計画標準には「都邑計画区域ニハ交通、生産、地形、風致、風向其ノ他ヲ考慮シ必要ニ応ジ左ノ地域及地区ヲ設定スヘシ[*9]」とあるだけで、具体的な指定の考え方の記述はなかった。

建蔽率は用途地域ごとに定められており（第十六条）、住居地域四〇パーセント、商業地域七〇パーセント、工業地域六〇パーセントで、「市街地建築物法施行令」（一九二〇）より厳しい水準である。建築物の高さではなく用途地域ごとに「各階ノ建築面積総和ノ敷地面積ニ対スル割合」すなわち、容積率によって容量統制が行われていることが特徴である。ここに、「建築面積」とは「建築基準法」で言うところの「床面積」のことである。「建築基準法」の「床面積」は壁の中心線で測るが、「都邑計画法」の「建築面積」は、外壁の外面で測る点が異なる（第二十条）。

都邑計画法（一九四二）の用途地域

「都邑計画法」（一九四二）では、用途地域を専用地域化するとともに、混合地域を加えている（第四十四条〜第四十八条）。また、既述のとおり、緑地区が緑地区域に変更されている（第四十九条）。

さらに、住居地域内に個別地区・集合地区・特定地区が、商業地域内に商館地区・店舗地区・歓興地区が、工業地域内に特工地区・重工地区・軽工地区・倉庫地区が定められることになった。「都邑計画法」（一九三六）の工業地域内特別地区は、特工地区として存続している。規制内容は、規則第四十二条から第四十四条に規定された。

「都邑計画法」（一九四二）の用途規制は十三種類で、「建築基準法」（一九七〇）の八種類（第一種住居専用地域、第二種住居専用地域、住居地域、近隣商業地域、商業地域、準工業地域、工業地域、工業専用地域）よりも多い。

用途地域を細分化する手法

第2節

外地都市計画法令における用途指定・形態規制の設定・変更を時系列で並べると**表3**になる。新しい法令であるほど、用途指定と形態規制の分離、および用途地域の細分化並びに専用地域化が進んでいることがわかる。また、「台湾都市計画令」は工業地域内特別地区を初めて廃止した法令で、「新機軸」[*10]として「特別（ノ）地区」を設けた最初の事例でもある。その後、「関東州州計画令」（一九三八）や「朝鮮市街地計画令」（一九四〇）が同じ構造に移行しており、「台湾都市計画令」が影響を与えていると考えられる。第二章で、外地都市計画法令は先行する他地域

年	法令名	用途指定·形態規制の設定·変更の概要
1919	市街地建築物法	用途地域は３種類（住居、商業、工業）と工業地域内特別地区、高さと建蔽率は用途地域に連動
1934	朝鮮市街地計画令	用途地域は３種類（住居、商業、工業）と工業地域内特別地区、高さと建蔽率は用途地域に連動
1936	都邑計画法	用途地域は３種類（住居、商業、工業）と工業地域内特別地区および緑地区、建蔽率と容積率は用途地域に連動
1936	台湾都市計画令	用途地域は３種類（住居、商業、工業）、特別地区を導入、高さと建蔽率は用途地域に連動
1938	市街地建築物法	住居（住居専用地区）、工業（工業専用地区）を創設
1938	関東州州計画令	用途地域は４種類（住居、商業、工業、緑地）の専用地域、用途地域内に特別地区を導入、高さと空地率は用途指定と別に指定
1939	関東州州計画令施行規則	住居（住居専用地区、特別住居地区）、商業（商業専用地区）、工業（第一種工業地区、第二種工業地区、第三種工業地区）の特別地区を設定
1940	朝鮮市街地計画令	用途地域を専用地域化し混合と緑地を追加、工業地域内特別地区を廃止し特別ノ地区を導入、建蔽率と用途指定を分離
1941	台湾都市計画令施行規則	住居（住居専用地区、特別住居地区）、商業（商業専用地区）、工業（工業専用地区、特別工業地区）の特別地区を設定
1942	都邑計画法	都邑計画区域を市街区域と緑地区域に編成、市街区域内の用途地域を専用地域化し混合を追加、用途指定・空地率・容積率を分離
1943	都邑計画法施行規則	住居（個別地区、集合地区、特定地区）、商業（商館地区、店舗地区、歓興地区）、工業（特工地区、重工地区、軽工地区、倉庫地区）の各地区を設定

[表3] 外地都市計画法令における用途指定・形態規制

の法令を参照しながら策定されていたことを確認した。法令の改正においても、相互に影響を受けていることがわかる。これらのうち、最後に制定された「都邑計画法」（一九四二）が、最も形態規制が体系化されており、かつ用途規制の細分化が進んでいる。本節では、外地都市計画法令における用途規制の細分化の特徴を分析する。

市街地建築物法にみる用途地域の細分化の手法

まず、外地都市計画法令の元となった「市街地建築物法」における用途地域の細分化の手法を確認しておく。一九一九年に制定された「市街地建築物法」には、住居地域、商業地域、工業地域に加え、工業地域内特別地区が定められていた。工業地域では基本的に全ての用途が建築可能であるが、その中の一部に特別地区が指定されると、衛生上有害・保安上危険の恐れのある建築物は、特別地区外に建築できなくなる。これは、補集合部分の用途を規制して特別地区内に危険物工場を集中させる仕組みである。特別地区には危険物の種類に応じて甲種・乙種があり、敷地以外の土地での特別地区の指定いかんによって、建築可能な用途が変化するのが特徴である。[*11] 補集合部分の用途を制限する規制手法を、本書では「工業地域内特別地区方式」と呼ぶこととする【図1】。一九二七年四月に全国都市計画主任官会議で示された都市計画の技術的指針である『地域決定標準』においては、「指定及表示」の第一項目に「工業地域内特別地区を指定せんとするときは地域指定と同時に之を為すこと」と明記されている。工業地域内特別地区を

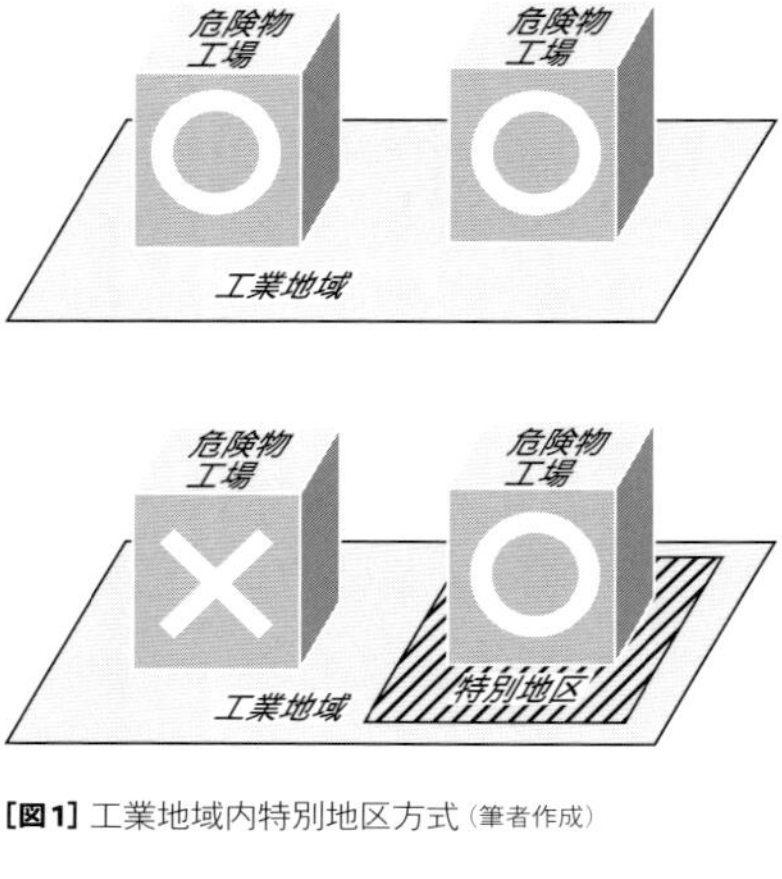

【図1】 工業地域内特別地区方式（筆者作成）

*10 小栗忠七「常夏紀行後記」『都市公論』一九巻、一九三六年一〇月号、一一五～一五二頁

*11 官報三二九五号、一九二三（大正一二）年七月二八日

*12 内務大臣官房都市計画課『都市計画法令集』一九三三年、一四六～一四八頁

*13 官報三三六七号、一九三八（昭和一三）年三月二八日

*14 前掲、（台湾総督）府報四二九二号

追加で指定すると、追加指定部分に留まらず、都市計画区域全体の用途規制に影響を与えるためである。さらに、一九三三年七月二〇日に通牒として整理された「都市計画調査資料及計画標準ニ関スル件」（昭和八年七月二〇日発都第一五号 地方長官・都市計画地方委員会長宛内務次官通牒）[12]の中の「地域決定標準」では、「工業地域内特別地区ヲ決定スルニ付テハ其ノ利害得失ヲ充分考慮スルコト」と、慎重な指定が求められている。

一方、一九三八年の改正[13]で創設された住居専用地区（第二条）と工業専用地区（第四条）は、指定された地区内の用途を厳格化する規制手法である。住居地域内では商業系の建築が許容されていたが、住居専用地区が指定されると住宅以外の建築が禁止される。工業地域では住居系商業系の建築が許容されていたが、工業専用地区が指定されると住居系商業系の建築が禁止される。このような指定された地区内の用途を厳格化する規制手法を、「専用地区方式」と呼ぶこととする【図2】。これらを踏まえて外地都市計画法令における用途地域の細分化の手法を分析する。

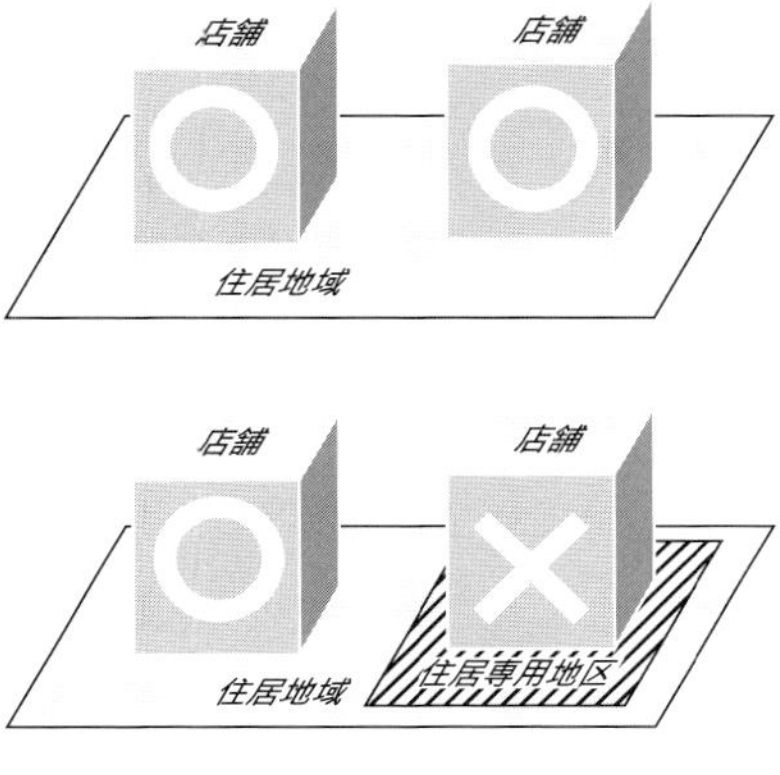

【図2】専用地区方式（筆者作成）

台湾・朝鮮・関東州における「特別（ノ）地区」

「台湾都市計画令」と「関東州州計画令」には「特別地区」が、「朝鮮市街地計画令」（一九四〇）には「特別ノ地区」が存在する。「台湾都市計画令施行規則」（一九四一）[14]では、特別地区として、住居専用地区（戸建て又は二戸建の住宅のみを許容）、特別住居地区（労働者住居のみを許容）、商業専用地区（店舗、料理屋、飲食店、劇場等のみを許容）、工業専用地区（工場、倉庫等のみを許容）、特別工業地区（火薬庫、有害・危険な工場を許容する唯一の地区）が設定された。特別工業地区を除いていずれも地区内の用途を厳格化しているので、専用地区方式である。特別工業地区は、危険物工場を地区内に集中させる仕組みである点において、「市街地建築物法」の工業地域内特別地区と趣旨は同じである。しかしながら、「台湾都市計画令施行規則」（一九四二）第三七条ノ七には「左ノ各号ノ一ニ該当スル建築物ハ特別工業地区内ニ非ザレバ之ヲ建築スルコトヲ得ズ」とある。「台湾都市計画令」では、工業地域内で危険物工場の設置が包括的に制限され、特別工業地区内でのみ許容される構造となっている。したがって、工業地域であっても危険物工場を建設するためには、必ず特別工業地区を指定する必要がある。「台湾都市計画令」では敷地以外の土地での特別地区の指定いかんによって、建築可能な用途が変動することはない**［図3］**。既に述べたとおり、「市街地建築物法」では、工業地域内での危険物工場の建設は一般に許容されていて、工業地域内特別地区が指定された場合にのみ、危険物工場の建築に制限が生じることとなっていた。「台湾都市計画令」と「市街地建築物法」（「朝鮮市街地計画令」［一九三四］および「都邑計画法」［一九三六］）における危険物工場の規制手法は異なる。

「関東州州計画令施行規則」第四〇条で指定された六種類の「特別地区」（住居専用地区、特別住居地区、商業専用地区、第一種工業地区、第二種工業地区および第三種工業地区）はいずれも地区内の用途を厳格化しているから、専用地区方式である。

「朝鮮市街地計画令」（一九三四）第十八条は、「市街地建築物法」（一九一九）の工業地域内特別地区と同様の規定であったから工業地域内特別地区方式で

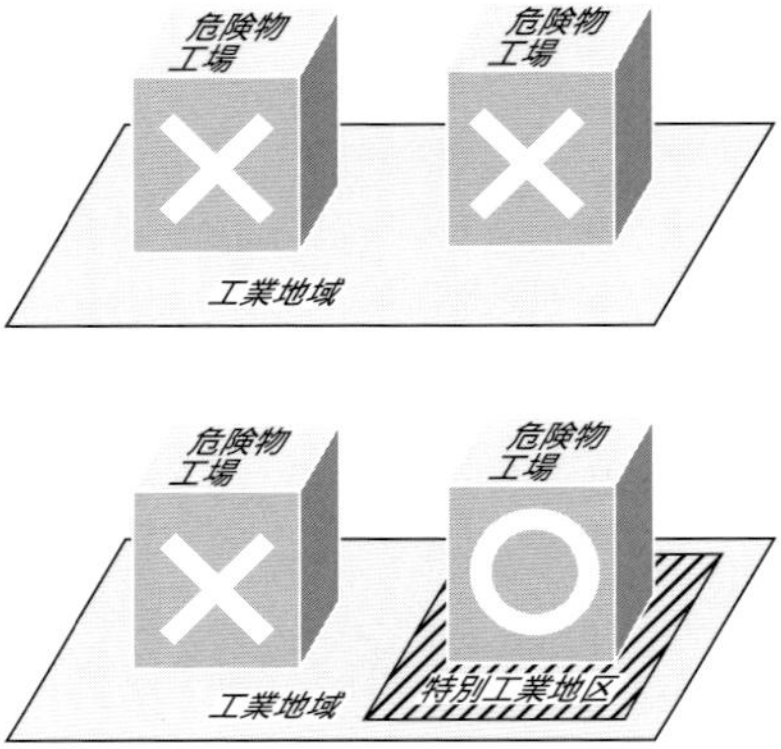

［図3］台湾都市計画令における特別工業地区（筆者作成）

あるが、一九四〇年の改正で廃止され、第十九条ノ三で「特別ノ地区ヲ指定シ其ノ地区内ニ於ケル建築物ノ用途ニ付必要ナル規定ヲ設クルコトヲ得」となり、明らかに専用地区方式である。朝鮮では工業地域内特別地区方式が廃止されて専用地区方式が発達し、台湾や関東州では専用地区方式が基調とされた。

都邑計画法（一九四二）における用途地域内の細分化

「都邑計画法」（一九四二）の起草者である秀島乾は、住居地域を例示して個別地区・集合地区・特定地区の用途規制を説明している。個別住宅をA、集合住宅をB、労務者住宅をCとすると、個別地区ではA、集合地区ではAとBが、特定地区ではA、B、Cが許容される用途であって、他の用途地域においても同様の原則であるとしている。この説明では、特定地区、集合地区、個別地区の順に用途規制が厳格化（専用地域化）されているようにも見える。しかしながら、規制の構造はやや複雑で、単純な用途の厳格化ばかりではない。「都邑計画法施行規則」（一九四三）第四十二条には「都邑計画法第四十五条第一項ノ規定ニ依リ住居地域内ニ於テハ左ノ各号ニ掲グル建築物ノ外之ヲ建築スルコトヲ得ズ但シ第十一号乃至十三号ニ掲グルモノハ特定地区ヲ決定シタル場合ニ於テハ其ノ地区内ニ限リ之ヲ建築スルコトヲ得」とある。つまり、床面積二〇平方メートル未満の店舗・飲食店（一一号）、原動機を使用しない家内工業の類（一二号）、車馬収容所の類（一三号）は、一般には住居地域内でも建築可能であるが、住居地域内の一部に特定地区が指定された場合は、特定地区以外での場所では建築できなくなる。例えば、住居地域内に「原動機を使用しない家内工業」が立地していたとして、その敷地以外の場所に特定地区が指定されると、その「原動機を使用しない家内工業」は既存不適格化するのである【図4】。特定地区は、指定エリアの補集合部分の用途規制を厳格化する規制手法、すなわち工業地域内特別地区方式である。後述する「都邑計画標準」（案）では、特定地区は小都市以外の全ての都市で適用が想定されていた。敷地以外の場所での指定いかんによって規制内容が変化する構造が、小都市以外の全ての都市に及ぶのである。なお、商業地域内の歓興地区と工業地域内の特工地区も同様の規制の構造、すなわち工業地域内特別地区方式である。秀島は工業地域内の特工地区を「旧法および日本法の特別地区に相当[15]」と説明しており、制度の原型は、「都邑計画法」（一九三六）に移入された「市街地建築物法」（一九一九）の工業地域内特別地区である。さらに敷地以外の場所での指定いかんによって規制内容が変化する構造も同じである。一般の工業地域内で危険物工場の建設が制限された「台湾都市計画令」とは規制の構造が異なる。

なお、緑地区域内の鉱業・窯業に供する地域（規則第四十六条）も同様の構造であり、工業地域内特別地区方式は、用途規制の細分化手法として「都邑計画法」（一九四二）全般に及んでいる。

ただし、特工地区、特定地区、歓興地区以外の地区は、単純に地区内の用途を厳格化する規制方法である。例えば住居地域の場合、個別地区が指定されると個別住宅（一号）以外のものが建てられなくなる。地区内の用途を厳格化する規制手法であるから、専用地区方式である。

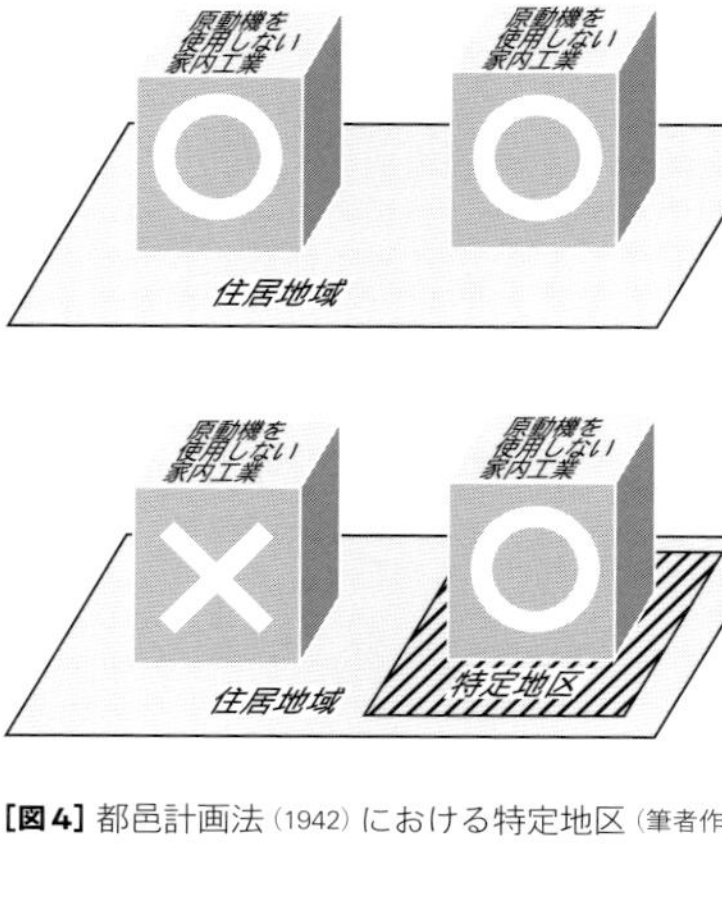

［図4］ 都邑計画法（1942）における特定地区（筆者作成）

*15 秀島乾「新都邑計画法に就いて」『満洲建築雑誌』満洲建築協会、二三巻、五号、一九四三年、三〜二一頁

*16 秀島乾「都邑計画標準の構成」『日本建築学会関東支部第16回研究発表会』一九五四年、一七〜二〇頁

*17 秀島乾「新都邑計画法の立案について」『日本建築学会関東支部第16回研究発表会』一九五四年、一三〜一六頁

「都邑計画法」(一九四二)の規制手法は「市街地建築物法」の拡張であり、「市街地建築物法」より用途規制の種類が多く、一見体系化されているが、工業地域内特別地区方式と専用地区方式という正反対の規制手法が混在するため、複雑である。

朝鮮では工業地域内特別地区方式が廃止されて専用地区方式に転換し、台湾や関東州では専用地区方式が基調とされた。工業地域内特別地区方式の拡充は満洲国特有の事象である。

満洲国で拡張された工業地域内特別地区方式

一九四二年の「都邑計画法」改正に対応する技術指針として、一九四五年春に交通部内で「都邑計画標準」(案)が機関決定されたが、公表される前に満洲国が崩壊した。[*16]「都邑計画標準」(案)は、都邑の性格および規模に応じて各地域間の連携を考慮して決定するとして、巨都市、大都市、中都市、小都市に区分して、それぞれ決定する地区の種別を定め、都市の規模が大きくなるほど用途規制の細分化が図られている【表4】。工業地域内特別地区方式は、都市の規模に応じて用途規制を細分化させることができるため、体系的な土地利用規制においては合理的である。秀島は、建物の立地が進んだ既成市街地では用途地域純化は最小限に留めるとしている。[*17]また、新旧市街地の関係について、「満洲に於て国土

都邑計画標準案の都市規模	地域内地区	個別住宅	集合住宅、共同住宅、独身寮	事務所兼用住宅	寺院、廟	学校、訓練所、図書館	倶楽部、母子寮、託児所	診療所、産院	消費組合、物品配給所	形象、記念塔	労務者の住宅、収容所	20m²未満の店舗・飲食店	原動機を使用しない家内工業	車馬収容所	これらに付随するもので地方官署が認めたもの	公益上やむを得ないと地方官署が認めたもの
小都市	住居地域	○	○	○	○	○	○	○	○	○	○	○	○	○	○	○
大都市・中都市	住居地域	○	○	○	○	○	○	○	○	○	○	×	×	×	○	○
	特定地区	○	○	○	○	○	○	○	○	○	○	○	○	○	○	○
巨都市	住居地域	○	○	○	○	○	○	○	○	○	○	×	×	×	○	○
	個別地区	○	×	×	×	×	×	×	×	×	×	×	×	×	○	×
	集合地区	○	○	○	○	○	○	○	○	○	×	×	×	×	○	○
	特定地区	○	○	○	○	○	○	○	○	○	○	○	○	○	○	○

[表4] 住居地域内の用途規制

(政府公報(満洲国)2612号、1943(康徳10)年2月10日・秀島乾「都邑計画標準の構成」『日本建築学会関東支部第16回研究発表会』1954年、pp.17～20)

開発に伴ふ都市創設がその主体を占むる為に都市計画本然の姿でその設計が行はれる。即ち一鉄道駅又は旧都市が都市発生の起点とは成っても新都市のその多くはこれらに全然無関係に旧市街に禍されることなく飽迄も〝建主改従〟の精神で新しく計画され建設されるのである」[*18]と述べており、満洲では既成市街地の改良よりも新規市街地の計画が主体である。「都邑計画法」（一九四二）の用途規制の細分化・純粋化は、新規に設計される都市への適用が想定されていて、既成市街地では最小限の適用に留める方針であった。また、工業地域内特別地区方式は、都市の規模に応じて用途規制を系統的に細分化・純粋化できる点で体系化されているが、都邑計画区域全体の規制内容を変動させる構造を持っていたことから、「市街地建築物法」の工業地域内特別地区と同じく、最初の用途地域指定時に併せて指定しておく必要があるだろう。したがって、仮に同様の制度を内地や朝鮮・台湾などへ移入したとしても、既成市街地が拡大した都市が多く、運用は困難である。満洲国で工業地域内特別地区方式が大々的に採用された理由は何だろうか。「都邑計画法」（一九四二）は、「計画及其ノ実現並ニ之ガ保続」を目的として、既成市街地を与条件としない新規市街地の計画・建設に注力していた。すなわち、最初の地域指定の保続が重視され、既成市街地の整序を顧みる必要がなかったのである。このように工業地域内特別地区方式が受け入れられやすい条件を備えていたためと考えられる。

内地で棄却された工業地域内特別地区方式

一九四二年四月時点では、工業地域内特別地区は東京（指定：一九二五年一月二六日内務省告

*18 前掲、「新都邑計画法に就いて」
*19 官報三七二六号、一九二五（大正一四）年一月二六日
*20 官報四一九五号、一九二六（大正一五）年八月一七日
*21 官報二五六二号、一九三五（昭和一〇）年七月一八日
*22 建築学会編『昭和17年版建築年鑑』一九四二年、九四～九七頁
*23 官報七〇〇七号、一九五〇（昭和二五）年五月二四日
*24 官報一三〇三三号、一九七〇（昭和四五）年六月一日
*25 「第六十三回国会衆議院 建設委員会議録第十七号」一九七〇年五月一一日、一頁
*26 前掲、官報三三六七号
*27 官報三九〇七号、一九四〇（昭和一五）年一月一八日
*28 官報四一一六号、一九四〇（昭和一五）年九月二四日
*29 官報三九五四号、一九四〇（昭和一五）年三月一三日
*30 官報四五二八号、一九四二（昭和一七）年二月一四日
*31 官報四五四二号、一九四二（昭和一七）年三月三日
*32 前掲、『昭和17年版建築年鑑』九三頁

示一四号、[19] 変更：一九二六年八月一七日内務省告示一〇九号、[20] 変更：一九三五年七月一八日内務省告示四四二号[21]）以外では指定されていない[22]。

「市街地建築物法」の工業地域内特別地区は、「建築基準法」（昭和二五年五月二四日法律第二〇一号[23]）の制定に伴って、特別用途地区（第五二条）の創設と入れ替わりに廃止されており、「建築基準法」の歴史としての視点に立てば、工業地域内特別地区方式は棄却された古い制度である。「建築基準法」の一九七〇年改正[24]における用途地域の細分化について、第一種住居専用地域、第二種住居専用地域、工業専用地域は、「市街地建築物法」（一九三八）の専用地区を用途地域化したものである。法律改正時の衆議院において大津留温（建設省住宅局長）は「住居専用地区という現行制度のもとで地区が指定されております（中略）用途なりについては相当具体的な指定がございますので、それを新しい八つの地域に指定がえするということでございます[25]」と説明している。つまり、「都邑計画法」（一九四二）では工業地域内特別地区方式が拡張・一般化されているのに対し、「建築基準法」（一九七〇）ではその構造が排除されて専用地区方式をベースに発展しており、両者は構造の異なる用途地域制度をそなえていた。なお、「市街地建築物法」の専用地区導入は一九三八年改正（第二条、第四条[26]）であり、一九一九年の制定時点から存在していた工業地域内特別地区よりも約二〇年後発である。「都邑計画法」が改正された一九四二年時点で、工業地域内特別地区の指定が東京のみであるのに対し、住居専用地区は、東京（一九四〇年一月一八日内務省告示二〇号[27]）と名古屋（一九四〇年九月二四日告示五一六号[28]）に、工業専用地区は名古屋（一九四〇年三月一三日内務省告示一一三号[29]）、西宮（一九四二年二月一四日内務省告示五四号[30]）、尼崎（一九四二年三月三日内務省告示九六号[31]）に広がっている[32]。内地では専用地区方式を基調とする傾向が顕れており、内地と満洲国の制度は異なった方向へと進化しはじめていることがわかる。

工業地域内特別地区方式は、都市の規模に応じて用途規制を細分化・純粋化させることができるが、都邑計画区域全体の規制内容を変動させるため、用途地域指定に併せて最初から指定しておく必要があった。既成市街地では適用しにくく、内地ばかりでなく朝鮮でも廃止[*33]された、言わば古い制度だった。「都邑計画法」（一九四二）は内地の「市街地建築物法」に比較して用途規制が細分化されているが、これは古い制度を存置したままでの複雑化である。専用地区方式をベースに発展した「建築基準法」（一九七〇）の先取りというよりも、既成市街地の切り捨てを前提として、その時代なりの技術を駆使して細分化が進展した結果と考えるのが妥当である。

用途地域細分化と法治主義

内地で実現した用途規制細分化は、「市街地建築物法」の住居専用地域と工業専用地域の二種類であるが、外地ではより多くの細分化が見られる。これらを単純に規制手法の進歩と見なすのは妥当だろうか。

「市街地建築物法」への住居専用地区・工業専用地区の導入にあたり、第七十三回帝国議会衆議院市街地建築物法中改正法律委員会で次のやりとりがあった。用途制限を「施行令ニ於テ御制限ニナレバ十分デアラウト思ハレマス」と述べた田中好（政友会）に対し、内務参与官の木村正義は「非常ニ権利義務ニ重大ナ影響ヲ与ヘルモノデアリマスカラ、是ハヤハリ法律ヲ以テ規定スル必要ガアルト思ヒマス（中略）施行令デ取扱フニハドウモ問題ガ少シ重大

*33 朝鮮総督府官報四一七三号、一九四〇（昭和一五）年一二月一八日

*34 「第七十三回帝国議会衆議院「市街地建築物法」中改正法律委員会議録（速記）第三回」一九三八年三月一八日、一〇～一一頁

*35 官報二五八三号、一九二一（大正一〇）年三月一五日

*36 官報八三二四号、一九一一（明治四四）年三月二五日

過ギテ、ヤハリ法律事項トシテ法律ノ中ニ規定スルノガ適当」と答弁し、[*34] 勅令ではなく法律による制限を要するとしている。第4章で、都市計画調査委員会第三回両法案特別委員会（大正七年一二月一一日）において池田宏が勅令による用途制限を「余リ乱暴」と指摘していたことを確認した。権利制限には慎重に対応し、法律としての制定を求める内務省の姿勢は一貫している。

これに対し、満洲国以外では、行政機関の長（台湾総督、朝鮮総督、満洲国駐箚特命全権大使）が施行規則にのっとって特別（ノ）地区を設定し、任意の用途規制を行うことができた。「台湾都市計画令」は「台湾ニ施行スヘキ法令ニ関スル法律」（大正一〇年三月一五日法律第三号）[*35]に基づく包括的な立法権にのっとって、台湾総督が発布した律令（法律の効力を有する命令）であり、「朝鮮市街地計画令」も同様の構造を持つ制令（「朝鮮ニ施行スヘキ法令ニ関スル法律」〔明治四四年三月二五日法律第三十号〕[*36]に基づいて朝鮮総督が発する法律の効力を持つ命令）であった。台湾総督や朝鮮総督へ白紙委任された立法権に基づいて、台湾総督や朝鮮総督に用途規制の制限内容を白紙委任する律令・制令が制定されているのである。「関東州州計画令」は勅令であったから、帝国議会の協賛は不要であった。満洲国では、法律自体も教令（後に勅令）として制定されていたから、「都邑計画法」における用途規制制度も議会のチェックは受けていない。特別地区制度が内地で実現しなかったのは、形式的ながらも議会制民主主義と法治主義が守られたからである。

内地では、新たな規制の創設に対して内務省は法治主義との兼ね合いから慎重であった。外地における用途規制の種類の多さのみに着目すると一面的な評価に陥る恐れがあるため、注意が必要である。

満洲国の「都邑計画法」は一九三六年の制定当初から容積率制限を基調とし、一九四二年の改正では容積街区制度に再編された他、形態規制の体系化が進展している。「建築基準法」が容積地区を導入し、地区内で高さ制限を撤廃して容積率規制に移行しはじめるのは一九六三年の改正[*37]である。「都邑計画法」を内地法の先取りと見なすのは妥当だろうか。

満洲国の未成熟な容積率規制

「市街地建築物法」は、空地率と絶対高さによって建築を規制するが、「都邑計画法」（一九三六）は容積率による規制であった。「都邑計画法」（一九三六）の起草者である近藤謙三郎は一九三九年二月一五日の講演で「内地法に於きましては、高さは一〇〇尺と云ふことに以前から決って居りますが、満洲法に於きましては、目下の所高さには制限がございませぬ。どんな高いものを建てゝも宜しいと云ふことになって居るのであります。其の代りに容積—建

*37 前田光嘉「高さ制限の撤廃と容積地区」『新建築』三八巻、四号、一九六三年四月、七三〜七四頁

*38 前掲、「満洲の都邑計画に就て」三二三〜三二八頁

*39 笠原敏郎「都市計画に於ける建築的施設の基本計画（主として東京の場合）に就て（二）」『建築雑誌』五三二号、一九三〇年四月、七九〇〜七九一頁

*40 前掲、「都市計画に於ける建築的施設の基本計画（主として東京の場合）に就て（二）」八〇二〜八〇三頁

*41 前掲、「都市計画に於ける建築的施設の基本計画（主として東京の場合）に就て（二）」七九三〜七九四頁

物のボリュームを抑へてあるのであります」[*38]と説明している。

容積率制度の導入については、「市街地建築物法」制定当時にも検討がなされている。「市街地建築物法」の起草に参画した笠原敏郎は、敷地面積に対する建物体積の割合（体積率）や延べ床面積の割合（容積率）は、「研究の不備、実行上の煩雑、伝統的習慣等」のため諸外国でもほとんど採用されず、「便宜的応用」として「階数制限、高さ制限及之れ等と空地制限の混用」が見られ[*39]、「我現行規定も（中略）容量統制の原則的方法とすべき建築物の容積又は床面積の密度制限」ではなく「変則的方法たる高及空地割合制限の方法」[*40]を採用したと述べている。「市街地建築物法」が空地率と絶対高さを採用した理由について、❶形状による統制は、採光や通気など従来制度の延長として理解されやすいが、都市施設の能力との整合を目的とする容量統制は受け入れられにくい、❷体積率や容積率による容量統制は研究が進んでおらず効果に不安がある、❸高さと空地率による制限は「容量統制の変則的方法」かつ、一種の形状制限と見なせるから実行しやすいを挙げている。[*41]「市街地建築物法」制定当時においては容量統制を意識しつつ、「便宜的応用」「変則的方法」として高さと空地率が採用されている。容積率規制は、新規に考案された制度というよりも、内地で導入が見送られた制度であった。満洲国は形式的には新興国家であるから、建前上は従来制度が存在せず、容積率による規制が受け入れられやすい素地はある。

「都邑計画法」（一九四二）を起草した秀島乾は、指定容積率三〇〇パーセントの奉天市鎮西工場地帯では四四パーセントしか使用されておらず、指定容積率七〇パーセントの新京市住宅地域も四〇パーセント弱しか使用されていない実態を踏まえ、「都邑計画法」（一九三六）の容積率制限について、「計画人口が単なる夢に過ぎず、法制的には無統制なることを意味し」

「実質的には何等の効果もない」と断定し、「都市の規模別又は都心と地区の距離別乃至は用途地区の性格に応じて建築計画を可能ならしむる為に」「都邑計画法」（一九四二）で容積街区制（第五一条）を導入したとしている。[*42] さらに近藤の講演の五か月後の一九三九年七月一七日に、新京では「都邑計画法建築細則」（康徳六（一九三九）年七月一七日首都警察庁令第四号）[*43] 第十二条によって、建物の高さと軒高の最高限度が定められて、容積率方式と絶対高さ方式の併用となった。

「都邑計画法施行規則」（一九三七）第十六条によれば、「第一階ノ建築面積ノ敷地面積ニ対スル割合」は、住居地域一〇分の四以内、商業地域一〇分の七以内、その他一〇分の六以内である。「各階ノ建築面積総和ノ敷地面積ニ対スル割合」は、住居地域一〇分の七以内、商業地域一〇分の三五以内、その他一〇分の三〇以内である。建蔽率と容積率を最大に活用したとして、住居地域は二階建て、商業地域は五階建て、その他も五階建てである。一九四二年時点の新京の平均階高は四メートル前後[*44] であるから、住居地域では八メートル、それ以外では二〇メートル程度の軒高となる。「都邑計画法建築細則」第十二条による住居地域内の軒高が一〇メートル、それ以外は二三メートルである。

都邑計画法建築細則（一九三九）

第十二条　建築物ノ高サ及軒高ノ最高限度ハ左ノ制限ニ依ルベシ但シ警察総監建築物ノ用途ニ依リ已ムヲ得ズト認メ又ハ周囲ノ状況ニ依リ支障ナシト認ムルトキハ此ノ限ニ在ラズ

一　特ニ指定スル区域

*42 前掲、「新都邑計画法に就て」六頁

*43 （満洲国）政府公報一六二八号、一九三九（康徳六）年九月一六日

*44 前掲、「新都邑計画法に就て」一八頁

高サ　十二米　軒高　八米

二　住居地域内

高サ　十四米　軒高　十米

三　住居地域外

高サ　二十三米　軒高　二十三米

「都邑計画法建築細則」（一九三九）で新たに導入された高さ規制は、「都邑計画法施行規則」（一九三七）の容積率規制とほぼ同じ建物規模を許容している。容積率規制の高さ規制への翻訳である。馴染みのなかった容積率規制を円滑に運用するための措置と筆者は考えている。満洲国「都邑計画法」（一九三六）の容積率制度は、先進的な試みではあったが、高さ制限への翻訳とその併用を要するなど、実効性は十分ではなかった。「都邑計画法」では、一九四二年の改正で容積街区、空地街区、高度街区が制度化され、用途規制と分離されたが、既述のとおり、技術的な指針となる「都邑計画標準」（案）の準備中に終戦を迎えており、容積率規制をはじめとする満洲国における形態規制は発展途上のままであった。

本章では、外地都市計画法令における用途規制と形態規制の細分化について分析した。外地では、「台湾都市計画令」（一九三六）を嚆矢として、用途地域内での地区設定によって任意の土地利用規制を実現する特別地区制度が導入され、「関東州州計画令」（一九三八）や「朝鮮市街地計画令」（一九四〇）でも同様の制度が導入された。内地で実現しなかったのは、法治主義が守られたためであった。

「都邑計画法」（一九四二）では工業地域内特別地区方式の拡張・一般化を基調として用途規制の細分化が進展した。工業地域内特別地区方式は、都市の規模に応じた用途規制の純粋化や体系化に優れていたが、既成市街地では適用しにくい規制手法であり、内地や朝鮮ではあまり活用されないまま廃止された。「都邑計画法」（一九四二）は、既成市街地に煩わされない新規市街地の創出・保続という基本思想に基づいており、その用途規制細分化は、既成市街地の多い内地や朝鮮・台湾とは別の方向を目指していた。満洲の用途規制は、確かに「建築基準法」（一九七〇）より多くの種類を備えていたが、既成市街地に煩わされない新規市街地の創出・保続という基本思想を背景に、古い制度である工業地域内特別地区方式の拡充を基調としていた。したがって、専用地区方式をベースに発展した戦後制度の先取りではなく、その時代なりの技術を駆使した複雑化・体系化であった。

容積率規制は、緑地区・緑地区域と同じく戦後の日本で導入された制度に似ているが、高さ規制の併用を必要とし、技術的には未成熟な状態であった。

第7章

内地と異なる開発手法
——土地区画整理と土地の公有化

本章では、外地の土地区画整理や土地経営などの面整備手法を分析し、戦後日本の制度との関係性を考察する。

本章では、外地の都市計画に見られる内地と異なる開発手法を検討する。土地区画整理は外地でも実施されたが、朝鮮や台湾では地権者が組織する土地区画整理による施行が認められなかった。孫禎睦は、日本統治期の朝鮮の土地区画整理について、「日帝下の韓半島土地区画整理事業は、民間または民間組合で実施する道を完全に封鎖してしまう徹底して強力な行政主導型事業であった」[*1]と述べている。組合施行の排除を、単純に権力的志向の反映とみることは妥当だろうか。

満洲国では土地経営と呼ばれる事業手法が展開した。[*2] これは、行政機関などが、❶従前の土地利用価格で事業区域全体を買収し、❷道路や上下水道などの公共施設整備と宅地造成を行い、❸宅地を売却し、❹売却益で工事費用を償還する、というスキームである。

越沢明は土地経営を「地価上昇による開発利益が公的に還元されるシステム」で、「開発利益が不労所得として特定の個人・会社に独占される事態は生じない」と説明し、「戦後日本の臨海工業地帯造成やニュータウン建設に広く採用された手法である。しかし、戦前は主に満州でしか実行されなかった」と、戦後わが国の宅地造成手法の先取りに位置付けている。[*3] 内地でなく満洲国で実施された理由について、「束縛のない新天地で大胆に最新の制度・手法を導入できたこと」を挙げている。[*4]

石田頼房は、土地経営について、「市街地化すべき地域をまず市有化し、詳細な土地利用規制・建築規制をかけてから利用者に譲渡することで、計画内容を確実に実現しようとするこのような手法は、世界的にも先端的な手法」と述べている。満洲国で実現した理由は「植民地支配権力を背景にしていたから」で、「先端的に見える土地政策も植民地支配思想の現れ」と結論している。[*5]

*1 孫禎睦『日帝強占期都市計劃研究』一志社（韓国）、一九九〇年、二六一頁

*2 満洲国史編纂刊行会編『満洲国史各論』満蒙同胞援護会、一九七一年、一〇〇二頁

*3 越沢明『満州国の首都計画』日本経済評論社、一九八八年、一一六～一一七頁

*4 越沢明『哈爾浜の都市計画』総和社、一九八九年、三〇五～三〇六頁

*5 石田頼房『日本近現代都市計画の展開』自治体研究社、二〇〇四年、一六五～一六九頁

*6 前掲、『満州国の首都計画』一七七頁

植民地に対する越沢と石田の価値評価は大きく乖離しているが、都市計画手法としての土地経営を評価する点で一致している。しかしながら、越沢・石田ともに法的位置付けには言及がない。

土地経営と同様に、内地および、満洲国以外の外地では導入されていない制度に近隣住区がある。越沢はその理由を、「宅地開発の規準を法律で規定することは民間宅地開発の多い日本では不可能だから」[*6]と述べているが、満洲国で導入された背景は説明されていない。満洲国で土地経営や近隣住区が導入された背景を、日本では何らかの事情で見送られた先進的理論・制度の移入と理解することは妥当だろうか。

本章では、外地都市計画法令における土地区画整理の展開、および土地経営と集団住区について、制度の起源、特徴、新規市街地への特化との関係、戦後日本制度との比較などの視点から検討する。

第1節 外地の土地区画整理

外地の土地区画整理

「朝鮮市街地計画令」の土地区画整理は、「朝鮮土地改良令」（昭和二年一二月二八日制令第一六号）[*7]の準用によって手続きが行われることになっていた。これは「耕地整理法」に手続きを委任する内地法と同じ構造である。内地との違いとしては、市街地の土地区画整理に関する規定が盛り込まれていることが挙げられる。[*8]具体的には、換地予定地の指定権と既存建物の移転命令に関する規定（第四十七条）のことである。内地の通常の土地区画整理よりも、事業手法の幅が広がっているのだが、これは関東大震災からの復興を目的に東京・横浜に適用された「特別都市計画法」（大正一二年一二月二四日法律第五三号）[*9]の第三条と第六条の移入であり、朝鮮で初めて導入されたわけではない。組合施行は排除されている。

台湾では、朝鮮と同様に市街地での事業に関する規定が盛り込まれた他、❶土地区画整理

*7 朝鮮総督府官報三〇〇号、一九二七（昭和二）年一二月二八日

*8 「朝鮮市街地計画令の発布に就いて牛島局長語る」『京城日報』一九三四年六月二〇日、朝刊三面

*9 官報、号外、一九二三（大正一二）年一二月二四日

*10 小錦「常夏紀行（一）」『都市公論』一八巻、一九三五年一〇月号、一三四〜一四三頁
（一）（二）は「小錦」名義であるが、（三）〜（一〇）は本名の小栗忠七名義

*11 小栗忠七「常夏紀行（一〇）」『都市公論』一九巻、一九三六年九月号、一〇〇〜一一五頁

*12 小栗忠七『土地区画整理の歴史と法制』巌松堂書店、一九三五年、四六七〜四九五頁

が地権者の私益ではなく公企業であることの明確化（「市街地トシテノ土地ノ利用ヲ増進」第四十六条）、❷全ての土地の強制編入可能化（同施行規則第二百十三条、第二百四十三条）などの進展が見られる。これは、台湾総督府の招請を受けて[*10]「台湾都市計画令」の「法案討議[*11]」に参画した小栗忠七（内務省都市計画課嘱）の意見が反映された結果である。小栗は一九三五年に『土地区画整理の歴史と法制[*12]』を著し、その中で「土地区画整理制度の欠陥」を指摘しており、「都市計画法の不備」には❶、「耕地整理法の準用より来る不備」には❷、に該当する記述が見られる。耕地整理の準用でない土地区画整理専用の制度化も台湾の特徴であった。朝鮮と同様に組合施行が排除された。

「関東州州計画令」では、市街地の土地区画整理と農地の耕地整理を合わせて、土地整理と呼んでいる。「台湾都市計画令」では、土地区画整理の目的が市街地として土地の利用増進とされていたが、土地整理の目的は単に「土地ノ利用ヲ増進スル」こと（第二七条）で、「都市計画法」や「朝鮮市街地計画令」と同じ水準である。耕地整理をも含んだため、土地区画整理のみの目的に特化できなかった可能性がある。関東州州計画事業は行政官庁（公共団体含む）施行を前提としつつも、第三者施行（第六条）も認められている。大連では「関東州土木事業規則」（庁令五十三号[*13]）の許可を受けた土地整理事業として、民間企業による宅地造成の実績[*14]があったためと考えられる。市街地での事業に必要な換地予定地の指定権と移転命令の規定（第三十六条）も備えていたが、事業目的（第二十七条）や施行者（第六条）のように、耕地整理との合体によって散漫になったとみられる規定もある。

満洲国では「国都建設計画法」（一九三三）に土地区画整理が規定され、一九三八年の改正でもほぼ同じ条文が残ったが、事業化されていない。「都邑計画法」（一九三六）は第十六条

*13 官報三六四三号、一九二四（大正一三）年一〇月一三日

*14 胡麻鶴五峰「大連の市街地計画と土地整理事業」『区画整理』六巻、三号、一九四〇年、一二～二五頁

に「都邑計画区域内ノ土地ニ付テハ其ノ宅地トシテノ利用ヲ増進スル為都邑計画事業トシテ土地重画ヲ施行スルコトヲ得／前項ノ土地重画ニ関シテハ別ニ之ヲ定ム」とあるが、法制化はされていない。土地重画とは土地区画整理のことである。「都邑計画法」（一九四二）でも同様の規定（第四十二条）が存置されたが法制化されなかった。

「関東州州計画令」では耕地整理との一体化によって、施行者の限定や公益性の規定が後退し、上記の理想型は満たさないが、大局的には先行実例が反映されている。「特別都市計画法」（一九二三）第六条の施行者の換地の指定権と移転命令の規定が、朝鮮・台湾・関東州の都市計画法令に設けられており、台湾と関東州では公共施設の帰属先の明確化や、建築物工作物の権利者による損害補償請求権の否定が盛り込まれている。後年に制定された法令ほど規定の整備が進み、一連の法令群における蓄積として市街地の土地区画整理制度に充実がみられる。

禁止された組合区画整理

「朝鮮市街地計画令」と「台湾都市計画令」では組合施行が禁止されていた。これは実務者の理想型の具現化である。「特別都市計画法」（一九二三）の政府原案も組合施行を否定していたが、衆議院の修正決議で追加されている。[*15] 貴族院では組合施行の実効性に質疑が及ぶと、池田宏（帝都復興院理事・計画局長）は、組合施行の場合は権利者間で紛争が懸念されるが、行政庁施行であれば「能ク其人々ノ言フコトモ聞キッツ換地ノ規定モ致シ、又補償モ耕地整理法ノ見ルガ如キ乱暴ナコトヲスルコトナシニ執行[*16]」と答弁し、組合施行への不信感をストレー

*15 「第四十七回帝国議会衆議院帝都復興法案外二件委員会議録速記第四回」一九二三年一二月二〇日、三頁

*16 「第四十七回帝国議会貴族院帝都復興法案外二件特別委員会議事速記録第一号」一九二三年一二月二二日、五頁

*17 石原市三郎『特別都市計画法解説』巌松堂書店、一九二四年、九〜一〇、二二頁

*18 小栗忠七「台湾都市計画令の持つ意義」『区画整理』三巻、四号、一九三七年、八八〜九三頁

トに表明している。復興局事務官の石原市三郎は、「人民組合を設立して之をして執行せしめんとするは一の理想に過ぎずして各土地所有者の利害及借地人の関係等に想到すれば到底組合を設立せしむる如きことは望んで得べからざること」であって「帝都百年の大計を樹てんとするには此際国家が之を執行しなければならぬ」から、「議会の修正は帝都百年の大計を失す」と批判し、土地区画整理の意義を「耕地の利用を増進する一個人の利益事業とは異なりて、全く公益上必要なる事業」と述べている。[*17] 土地区画整理の公益性や国家による執行の強調は「台湾都市計画令」の特徴で、小栗忠七は「内地の法制より数等進歩して居る」と評価していた。[*18] 石原と小栗の理想的制度観は、その点においても同じであり、組合施行の排除は当時の実務者の理想型である。議会から修正される機会のない外地都市計画法令において、実務者の理想型が実現していたのである。外地都市計画法令は議会のチェックを経ずに制度化されたことから、権力的志向であるとも言えるが、事業を権力的に進めるというよりも、地権者間の公平さや事業目的の公正さを追求しようとしていたことの結果ではある。第5章では、満洲国「都邑計画法」の緑地区（域）導入の背景が、財政事情による妥協の結果であったことを明らかにした。組合施行土地区画整理の排除と緑地区（域）の導入は、いずれも制度化の背景と後世の評価に隔たりがあるが、乖離の態様は対照的である。

満洲国の「土地経営」——市街地の公有化

第2節

満洲国では土地公有化および土地経営と呼ばれる事業手法が採用された。土地経営とは、❶行政機関が従前の土地価格で事業区域全体を買収して土地を公有化し、❷道路や上下水道等の公共施設整備と宅地造成を行い、❸宅地を売却ないし賃貸し、❹その収益で工事費用を償還する、という一連のスキームである。土地経営は、国都建設計画[*19]以外に「大ハルピン都市計画、奉天鉄西工業都市計画、大東港都市計画」[*20]に事例があるが、朝鮮や台湾など他の植民地や内地には類例がない。[*21] 土地経営はいかなる法制度を背景としたのだろうか。

超過収用の拡張による制度化

「都邑計画法」（一九三六）の起草者は近藤謙三郎（土木司都邑科長）と都富佃《つどみつくだ》（総務庁法制処参事官）である。近藤は、起草時の状況を証言している。[*22]

*19 満洲帝国政府編『満洲建国十年史』原書房、一九六九年、二三二頁

*20 近藤謙三郎「都市経営と土地経営」満洲回顧集刊行会編『あゝ満洲：国つくり産業開発者の手記』満洲回顧集刊行会、一九六五年、二〇三～二〇四頁

*21 前掲、『満洲国の首都計画』一一六頁、前掲、『哈爾浜の都市計画』二三八頁

*22 前掲、『都市経営と土地経営』二〇三～二〇四頁

*23 大東港建設局『大東港 第2輯』一九四二年、一〇七頁

人口の都市集中によって田園化して市街となるならば、（中略）これはこの天変地異に則応して果たすべき政府の責任であるが、政府はその財源に悩むのが常である。一方において市街地は田園とは比べようもない高値を呼ぶが、その高値は、たまたまその土地を所有していた地主の不労利得となり終るのが常である。（中略）その不労利得を公共の手に収めることができるならば、都市公共施設費の大部分あるいは全額はこの土地の値上りでまかなうことができる。これが土地経営に基づく都市経営である。（中略）私はこの制度を都市計画の基本政策として満洲の新興諸都市に適用することを要請した。法制局の都留（ママ）参事官は大賛成で、都市計画用地の一括買収に関する法案を書いてくれた。

引用箇所に登場する「都留」は「都富」の誤植である（第2章参照）。近藤は公共施設による周辺地価の上昇に着目し、その地価上昇分を公共施設の整備費に充当する方法を模索し、都富が近藤の意図を法制度に具現化したことがわかる。大東港の用地買収の根拠が、「都邑計画法」（一九三六）第十二条であることが明言されている。[*23]

都邑計画法（一九三六）

第十二条　行政官署タル都邑計画事業執行者ハ都邑計画事業ノ為必要ナル土地及其ノ定着物ニ関スル権利ヲ都邑計画決定当時ノ時価ヲ基準トシ土地物件ノ利用状況等ニ依リテ定ムル相当価格ヲ以テ買収スルコトヲ得

受益者負担ヲ命ジ得ベキ土地及其ノ定着物ニ関スル権利ニ付亦前項ニ同ジ

「都邑計画法」（一九三六）は「日本都市計画法および市街地建築物法並に朝鮮市街地計画令に探り満洲の特殊性を加味したもの」[*24]である。対応するのは「都市計画法」（一九一九）第十六条である。

都市計画法（一九一九）

第十六条　道路、広場、河川、港湾、公園其ノ他勅令ヲ以テ指定スル施設ニ関スル都市計画事業ニシテ内閣ノ認可ヲ受ケタルモノニ必要ナル土地ハ之ヲ収用又ハ使用スルコトヲ得

前項土地付近ノ土地ニシテ都市計画事業トシテノ建築敷地造成ニ必要ナルモノハ勅令ノ定ムル所ニ依リ之ヲ収用又ハ使用スルコトヲ得

第二項は超過収用の規定である。超過収用とは街路等の整備の際に、街路沿いに小規模あるいは不整形な土地が残らないように沿道の土地を合わせて収用し、事業後に売り払うことで、小規模宅地の弊害を改善する手法である。「都市計画法」（一九一九）が「付近ノ土地」で「建築敷地造成ニ必要ナルモノ」を対象とするのに対し、「都邑計画法」（一九三六）では「受益者負担ヲ命ジ得ベキ土地及其ノ定着物」に拡張されている。土地経営は、公共施設整備の便益が及ぶ範囲を予め買収し、土地の処分価格に上乗せして、受益者負担金を徴収する手法として制度化されている。[*25] 制度化の来歴において、土地経営は超過収用の派生に位置する。

*24 満洲帝国協和会科学技術聯合部会建設部会『康徳十年版建設年鑑』一九四三年、一六八頁
*25 建築学会新京支部『満洲建築概説』満洲事情案内所、一九四〇年、六三〇頁
*26 前掲、『日本近現代都市計画の展開』一六六頁
*27 前掲、『大東港 第2輯』一〇七頁
*28 高倉馨「羅津の都市建設について」都市計画の基本問題全国都市問題会議、一九三八年、二五三～二五六頁
*29 朝鮮総督府官報二三五九号、一九三四年一一月二〇日
*30 「羅津の都市計画案年内に確定する」『京城日報』九三〇三号、一九三三年一〇月一九日、朝刊四面
*31 前掲、『大東港 第2輯』一〇七頁

満洲国で実現できた背景

石田頼房は「国内では出来なかったことがなぜ「満州国」ではできたのかといえば、それは植民地支配権力を背景にしていたからに他なりません」[26]と述べるが、植民地支配権力がどのように作用したのかを具体的に説明していない。大東港建設局弘報股長の藏本正男は、大東港における土地経営の優位性を朝鮮北部の羅津《らしん》と比較して、「往事日本内地の都邑計画、就中土地経営が自由主義経済思想の桎梏に束縛せられ、どれ程発展を阻害されたか、手近な実例を挙げるなら北鮮《ママ》某港の現況等思ひ中ばに過ぎるものがあらう」[27]と述べている。羅津では、内地と大陸を連絡する拠点港湾に選定されると、土地投機が殺到している。[28]そのため京城より早く「朝鮮市街地計画令」（一九三四）が急遽適用[29]されることになった。それでも、急激な地価上昇に阻まれて、予定された都市施設用地買収ができず、土地区画整理に変更されている。[30]「都邑計画法」では、一九三六年の制定当初から、土地の収容価格は計画決定時点を基準とし（第十二条）、土地投機を抑止している。「朝鮮市街地計画令」が同様に計画決定時点を基準としたのは一九四〇年の改正以降であった。満洲国当局も、「都邑計画法」（一九三六）第十二条（都邑計画決定時点の時価を収用価格とする）が投機による地価上昇を防いでいたことを、羅津との違いとして認識している。[31]朝鮮と満洲国の違いは、投機や不在地主介入の抑止の成否である。

近藤は「満洲の実情」として「交通が不便なればなる程、そして又治安が乱れてゐればゐる程、土地の価格は非常に安い」ことを挙げ、満洲国の郊外地では「土地の買収元金の多少は殆ど問題にならないと云ひ得るのであります」と断言している。つまり、満洲国の不安定な社会経済条件による低廉な地価が、内地とは異なる土地経営の必要条件として認識されていたのである。

ロシアの植民政策をモデルとした土地公有化

石田は土地公有化について、ドイツや北欧との類似性を指摘しているが[*32]、近藤の残した証言によれば、直接の影響を受けたのは、哈爾浜におけるロシアの土地保有（鉄道附属地）である。近藤自身はドイツから影響を受けたとは述べておらず、ロシアの鉄道附属地が、ドイツから影響を受けたのではないかと想像したに過ぎない。

> 満洲へ来て私が深く感じたことは、満鉄が附属地の市街経営の基礎を土地の経営に置いて来たことと、新京の国都建設に同じ手法が行なわれていたことであった。これはしかし、日本人が大陸に進出して創出した手法であるかというに、そうではなくて古く帝政ロシアの時代において満洲に適用された手法である。その生きた事例を我々はハルピンの土地制度に見ることができた。（中略）これはロシア人の知恵であったかというに、そうではなくて、ヨーロッパ諸都市経営の延長であったと思われる。何故かならばたとえばドイツの諸都市は現在でも、広大な面積の市街地あるいは都市計画用地を市有地として保有しているからである。[*33]

*32 前掲、『日本近現代都市計画の展開』一六五頁

*33 前掲、『都市経営と土地経営』二〇三～二〇四頁

*34 国立公文書館「満蒙問題関係ノ重要条約摘要」（ＪＡＣＡＲ（アジア歴史資料センター）：Ref. A03023738700）（作成年不詳）

*35 外務省編纂『日本外交文書第37巻38巻別冊日露戦争Ⅴ』日本国際連合協会、一九六〇年、四二五～四二八頁

*36 麻田雅文「日露戦争前後における中東鉄道収用地の形成と地域への影響」『史学雑誌』一一九編九号、二〇一〇年、一～三三頁

ロシアによる哈爾浜の土地保有は東清鉄道の敷設に始まる。三国干渉の見返りとして、ロシアは露清密約第四条[*34]に基づいて清国から東清鉄道の敷設権を得ていた。ロシアはこれを拡大解釈し、沿線の土地を収用して炭鉱や市街地の建設を進めるとともに、鉄道附属地として実質的に行政権を行使していた。東清鉄道は私企業の体裁をとり、ロシア政府は土地収用に基づく哈爾浜市街地の建設を、「一私人ノ権利」として「鉄道経営ノ為必要ナル一定ノ地所ヲ占有スルモノ」であって「政府ニ於テ之ヲ動シ得ヘキモノニ非ス」[*35]と説明していたが、国策としてロシア人の入植が構想されていて[*36]、文字どおり植民地そのものである。日本は、日露講和条約第六条および日清間満洲ニ関スル条約第一条に基づいて、南満洲支線（長春―旅順間）とともにそれらの土地の権益をロシアから継承した。これが満鉄附属地である。満洲国「都邑計画法」（一九三六）第十二条で制度化された土地経営にとって、ドイツにおける都市の土地公有化政策は、直接の起源とは言いがたい。

廃止された超過収用

「都邑計画法」（一九四二）では、第十九条に「都邑計画事業執行者ハ都邑計画事業ノ為必要ナル土地若ハ土地ニ定着スル物件又ハ之ニ関スル所有権以外ノ権利ヲ収用スルコトヲ得」という規定があるのみで、「都邑計画法」（一九三六）第十二条第二項に相当する超過収用の規定がない。

「都邑計画法」（一九三六）の土地経営の土地処分価格には、受益者負担金が上乗せされている。

土地経営は受益者負担金の徴収制度でもあった。[*37] 土地経営を経由しない受益者負担金の徴収については、「都邑計画法」（一九三六）では第十一条で徴収の根拠が規定されるに過ぎなかったが、「都邑計画法」（一九四二）では、徴収の根拠（第十一条）の他に、徴収官署の指定（第十二条）、補償金等との相殺（第十三条）、地価増加に伴う各筆への登録（第十四条）、受益者負担金の帰属先（第十五条）と、具体的な手続きに関する条文が充実している。市街地全体の土地公有化の根拠が消滅するとともに、土地経営に依らない受益者負担金徴収手法が一般化されている。

満洲国では土地区画整理に関する法制度が整備されなかった。事業手法としての土地区画整理や超過収用の欠落という、既成市街地の整序手段が不在の状態である。第6章では、「都邑計画法」（一九四二）の用途規制細分化が、既成市街地の切り捨てを前提としていたことを指摘した。面整備手法についても、同様に既成市街地の切り捨てが行われている。

*37 建築学会新京支部『満洲建築概説』満洲事情案内所、一九四〇年、六三〇頁

第3節

土地経営の事例――満洲国新京の国都建設計画

土地経営の事例のうち、大東港都市計画は終戦時点で未完であり、奉天鉄西工業都市計画は満鉄と満洲国の合弁会社による工業団地の造成である。[*38] また、越沢明によれば、哈爾浜では土地公有化には成功したものの、人口の増加が予測を下回り、土地需要が多くなかったため、土地売却が難航したという。[*39] これらに対し、新京の市街地を建設した国都建設計画について、「国都建設計画事業は、満州中央銀行から五〇〇万円を借入れ、ほぼ予算の通り実行された」[*40] と説明されている。当初予算では、土地の売却益で国都建設事業の資金需要が完結することになっていた。本節では、土地経営の成功事例とされる国都建設計画について分析する。

国都建設計画の概要

一九三二年三月一〇日に長春が満洲国の国都に選定され（大同元［一九三二］年三月一〇日国

*38 李薈「奉天鉄西工業区の成立に関する歴史的研究」『都市計画論文集』五五巻三号、二〇二〇年、一二七三～一二七九頁

*39 前掲、『哈爾浜の都市計画』二五五頁

*40 前掲、『満州国の首都計』一〇七頁

務院布告第一号）、一四日に「新京」と命名された（大同元〔一九三二〕年三月一四日国務院布告第二号）[*41]。満鉄経済調査会（満鉄内に設置された満洲国の経済政策の立案機関）は一九三二年三月に、新京都市計画の立案に着手し、満洲国は四月一日に国務総理直属の国都建設局を設置している[*42]。一九三二年七月二七日に関東軍特務部・満鉄経済調査会・国都建設局は協定を締結し、❶満鉄経済調査会は長春都市計画設計を打ち切り、成果を関東軍特務部に提供する、❷関東軍特務部が審議した上で国都建設局へ提供する、❸国都建設局はそれを参考として計画案を作成して特務部と協議することとなった[*43]。計画案は関東軍司令部で開催された三回の打合会議（一九三二年八月、一〇月一八日、一一月七日）[*44]において協議された。主に議論になったのは執政府の位置と向きである。越沢は「宮殿の正面を南面させ」「中国の都城の伝統的な計画原理」にのっとった国都建設局の案と、「中国の都城の原理にはとらわれず、地形等の関係から宮殿を南面させていない」満鉄経済調査会の案を巡って「激しいやりとり」があったと述べている[*45]。実際は、双方ともに執政府の南面や南嶺《なんれい》への建設に反対していたわけではなく、議論が収束しなかったのは南面や地形の高低差、市街地との接続などさまざまな計画条件を同時に満足することが困難であったためである[*46]。一九三二年一一月一七日には、執政府を杏花村《きょうかそん》に設け、将来は満鉄経済調査会が推奨する大房身あるいは国都建設局の推す南嶺に建設するという両案併記に落ち着いた[*47]。国都建設局は一二月五日に計画区域一〇〇平方キロメートルとなる国都建設計画概要案並びに事業予算案を作成し、諮問委員会、国務総理への稟申を経て一九三三年一月二四日に「国都建設事業計画執行ニ関スル件（大同二（一九三三）年一月二四日国務院指令第三号）」[*48]をもって認可された。

第一期事業は、執行区域二〇平方キロメートル（一九三六年に二一・四平方キロメートルに拡張）

*41 満洲国政府公報邦訳、一号、一九三二（大同元）年四月一日

*42 前掲、『満洲国史各論』一〇一〇頁

*43 南満洲鉄道株式会社経済調査会『新京都市建設方策』『立案調査書類』二〇編二巻、一九三五年、一一五頁

*44 前掲、『新京都市建設方策』二〜三頁

*45 前掲、『満洲国の首都計画』九五〜九九頁

*46 五島寧「日本植民地都市計画に見る伝統的計画原理の取扱に関する論説」『都市計画論文集』No.41−3、二〇〇六年、八九三〜八九八頁

*47 前掲、『新京都市建設方策』九九頁

*48 満洲国政府公報日訳、八九号、一九九三年（大同二年）一月二四日

*49 満洲帝国臨時国都建設局『国都建設紀念式典誌』一九三八年、七頁

*50 満洲国政府公報、一一二四号、一九三七年（康徳四年）一二月二七日

*51 新京特別市長官房庶務課『国都新京 康徳九年版』満洲事情案内所、一九四二年、二七〜二八頁

*52 前掲、『満洲国史各論』一〇一六〜一〇八〇頁

として、一九三七年一二月まで実施された。[*49] 国都建設事業は、一九三八年一月から新京特別市公署の外局である臨時国都建設局に移管され、[*50] 一九四〇年一二月まで第二期事業として継続した。第二期事業は区域を拡張しない建前だったが、区域外で住宅や諸機関新設に応じた。[*51] 南北の大同大街と東西の興仁大路を基軸に、放射並びに循環系統の街路が配置された。下水道は一部を除いて分流式であり、市街地全域で水洗式トイレが実現した。低湿地には雨水管渠を接続して親水公園化している。都市施設の充実が特徴である。[*52]

国都建設計画の関係法令

事業は「国都建設計画法」（大同二（一九三三）年四月一九日教令第二四号）[*53] にのっとって実施された。一九三八年の改正（康徳五（一九三八）年一二月二八日勅令第三四三号）[*54] によって、「都邑計画法」（康徳三（一九三六）年六月一二日勅令第八二号）[*55] を一般法として体系化され、「都邑計画法」が新京の国都建設計画・事業へも遡及適応された。建築の単体規定も「都邑計画法施行規則」の守備範囲で、「都邑計画法建築細則」とは「都邑計画法施行規則」（一九三七）第三十条に基づいて都邑ごとに特別の構造規定を要する際に定められる細則である。新京では、一九三九年一月一日に「都邑計画法」（一九三六）にのっとった建築統制が始まっている。

一九三九年に「都邑計画法」（一九三六）が遡及適用されるまでの新京では、「国都建設局建築指示条項」「国都建設局土地建造物売却及貸付規則」「国都建設計画区域内各種用途地域建築物及用途許可準則」によって建築物が統制されていた。「国都建設局土地建造物売却及貸付規則」（大同二（一九三三）年五月三一日教令第四四号）[*56] は全二十八条で、土地建物の売却ま

*53 満洲国政府公報日訳、一二四号、一九三三年（大同二年）四月二六日

*54 （満洲国）政府公報、一四一九号、一九三八年（康徳五年）一二月二八日

*55 （満洲国）政府公報、六六九号、一九三六年（康徳三年）六月一二日

*56 満洲国政府公報日訳、一三九号、一九三三年（大同二年）五月三一日

たは貸し付けに関する手続きを定めている。「国都建設局建築指示条項」（大同二（一九三三）年五月三一日教令第四四号）[*57]は、その契約条件で、「国都建設計画区域内各種用途地域建築物及用途許可準則」は審査基準[*58]であった。これらは建築物の性能を担保し土地利用の適正化を図っている点で、「市街地建築物法」などと同様の働きをしているが、違反に対する罰則規定がなく、「国都建設局土地建造物売却及貸付規則」による土地売買契約の解除をもって規程の遵守が担保されている。「市街地建築物法」（一九一九）や「都市計画法」（一九一九）のような私権制限ではなく、土地の売却条件であった。

改正後の「都邑計画法」（一九四二）第三十一条では、都邑計画によって払い下げられた土地が一定の期間内に利用目的に供されない場合は、権利が消滅する旨が定められている。起草者である秀島は、「在来国都建設に於て用ひたる土地の合埋的利用の為の土地回収の制を法制化」[*59]したと説明している。第三十一条は土地経営において運用されていた、建築物の用途・性能違反に対する土地貸付契約解除の法制化であった。

完結しない事業採算

越沢明の『満洲国の首都計画』[*60]では、国都建設計画事業の資金の流れは、満洲中央銀行から年金利六・五パーセントで運転資金を借り入れて、造成された宅地の売却益で償還すると説明されてきた。**表1**は、『第一次満洲国年報』[*61]に記載された「国都建設第一期五ヵ年計画予算概表」で、大同元（一九三二）年七月一日の満洲中央銀行の貸出金利は年利一三・一四パーセント（当座貸越）[*62]であるから、国都建設局は極めて低利な運転資金を見込んでいる。越沢は、

*57 前掲、満洲国政府広報日訳、一三九号

*58 （満洲国）国務院国都建設局『建築物及用途許可準則（日訳）：国都建設計画区域内各種用途地域』一九三三年

*59 秀島乾「新都邑計画法に就いて」満洲建築協会『満洲建築雑誌』二三巻五号、一九四三年、三〜二二頁、

*60 前掲、『満洲国の首都計画』一〇七頁

*61 （満洲国）国務院統計処『第一次満洲国年報』満洲文化協会、一九三三年、三〇六〜三〇七頁

*62 （満洲国）国務院財政部『財務提要』一九三六年、二〇〜二一頁

*63 国務院総務庁情報処『満洲建国五年小史』一九三七年、一二七〜一二八頁

表1の事業計画が「ほぼ予算の通り実行された」と主張するが、検証過程が提示されていない。

国都建設事業の事業費は国都建設局特別会計（康徳五［一九三八］年以降は臨時国都建設局特別会計）である。特別会計歳入歳出予算各明細書各年版などを用いて予算推移の実態を把握し、表2を作成した。満洲国の会計年度は中華民国を踏襲して七月から翌年六月までを一年度としていたが、産業の最盛期となる四月から一〇月までを二分することや、日本の会計年度との不整合等で実務上は不便であることを理由に康徳三（一九三六）年一月一日から暦年制による会計年度に変更されている。会計年度を一月開始とすれば、日本と満洲国の予算編成期が事実上一致し、また満洲国の出納閉鎖期が日本の年度末に一致するからである。[63] 各会計年度の実際の期間は表2に示したとおりである。歳入歳出は基本的に款までを記載したが、表1との対応を考慮し、必要に応じて項・目についても記載した。款項目の名称や階層は年度によって加除・変動がある。単なる名称の変更や項・目の独立も含まれるが、史料の再現性を考慮し、名称や款項目は統一していない。ただし予算書の款項目の順序にかかわらず、似た性格のものはなるべく近くに記載し

	初年度	二年度	三年度	四年度	五年度
収入	5,005,000	6,346,000	6,533,000	6,481,000	6,231,000
借地料	0	230,000	460,000	655,000	655,000
土地売払金	0	5,920,000	5,825,000	5,535,000	5,220,000
土地増価税	0	150,000	165,000	181,000	200,000
水道料金	3,000	36,000	63,000	90,000	126,000
雑収入	2,000	10,000	20,000	20,000	30,000
借入金	5,000,000	0	0	0	0
支出	4,995,000	6,355,000	6,534,000	6,481,000	6,231,000
新営費	4,534,000	5,543,000	3,784,000	3,635,000	4,505,000
事務費	343,000	434,000	343,000	435,000	435,000
土地買収費	3,000,000	3,000,000	1,200,000	0	0
道路橋梁費	500,000	900,000	950,000	1,250,000	1,800,000
水道費	300,000	500,000	500,000	800,000	900,000
下水道費	200,000	400,000	400,000	650,000	850,000
公共施設費	200,000	300,000	300,000	500,000	520,000
借入金利子	162,000	325,000	325,000	201,000	65,000
借入金償還	0	0	1,900,000	2,100,000	1,000,000
予備費	299,000	487,000	525,000	545,000	661,000

[表1] 国都建設計画第一期五ヵ年計画当初予算概要表
（（満洲国）国務院統計処「第1次満洲国年報」満洲文化協会、1933年、pp.306～307）

	康徳4年度	康徳5年度	康徳6年度	康徳7年度	康徳8年度	合計(円)
	1937年1月～12月	1938年1月～12月	1939年1～12月	1940年1月～12月	1941年1月～12月	
	5,231,847	**2,147,403**	**3,199,687**	**6,959,309**	**5,683,677**	**56,767,937**
	2,691,124	2,070,550	2,124,973	4,291,730	4,267,342	31,477,003
	158,750	151,027	151,511	160,498	161,718	1,009,964
	2,532,374	1,919,523	1,973,462	4,131,232	4,105,624	30,467,039
	823,388					823,388
						150,000
						3,500,000
	117,335	76,853	139,714	250,579	221,070	2,170,281
						5,000,000
						7,500,000
	1,600,000					1,600,000
			935,000	2,417,000	1,195,265	4,547,265
	5,231,847	**2,147,403**	**3,199,687**	**6,959,309**	**5,683,677**	**55,732,648**
	381,996	304,226	310,189	484,100	420,494	3,640,675
	3,137,091	1,565,559	2,575,580	6,151,507	4,545,037	37,533,797
	1,032,651	153,029	420,400	1,484,237	854,398	12,254,361
	200,487	71,530	165,250	556,338	579,780	5,979,957
	738,915	7,579	189,750	536,679	122,618	2,158,969
	35,349	53,920	45,400	191,320	136,000	698,563
	57,900	20,000	20,000	100,000	16,000	292,972
				100,000		100,000
	1,332,635	837,477	1,018,280	2,223,453	1,861,744	13,578,413
	1,000	500	500	237,100	53,000	448,815
	63,600					117,056
			100,000	39,000		139,000
	347,308	382,200	331,300	1,073,460	696,400	4,160,287
				60,000	68,750	128,750
	156,103	150,900	633,600	832,257	715,670	3,648,753
	8,665	1,500	1,500	101,000	24,400	172,935
	45,564	39,953	40,000	101,000	90,675	723,862
	149,565					149,565
					180,000	180,000
						796,000
	1,142,015					7,131,336
	175,280					583,614
						400,000
	320,000					3,605,417
		225,000	225,000	202,500	590,000	1,242,500
	3,000	4,000	4,000	5,000	15,000	59,000
	22,465	13,618	19,918	51,202	48,146	221,309
	50,000	35,000	65,000	65,000	65,000	1,315,000

会計年度	大同元年度	大同２年度	康徳元年度	康徳２年度	康徳３年度
実際の期間	1932年７月 ～1933年６月	1933年７月 ～1934年６月	1934年７月 ～1935年６月	1935年７月 ～12月	1936年１月 ～12月
歳　入	**5,018,000**	**6,424,000**	**9,661,015**	**6,018,080**	**6,424,919**
土地収入	1,000	6,150,000	5,830,000	1,240,920	2,809,364
土地出租収入	1,000	60,000	60,000	15,000	90,460
土地出売収入		6,090,000	5,770,000	1,225,920	2,718,904
自来水収入					
新京特別市負担金		150,000			
自来水事業資金（新京特別市）			3,500,000		
雑収入	17,000	124,000	331,015	277,160	615,555
収入資金（満洲中央銀）	5,000,000				
国債金				4,500,000	3,000,000
由国債金特別会計					
由前年度撥入金					
歳　出	**5,018,000**	**6,424,000**	**8,750,137**	**6,018,080**	**6,300,508**
国都建設局（人件費等）	172,857	488,345	432,873	223,659	421,936
建設事業費	4,467,143	5,274,655	2,451,925	3,124,613	4,240,687
土地費	2,988,000	3,079,315	74,000	795,270	1,373,061
収買用地費		2,556,872		709,700	1,140,000
補償費		443,128		20,000	100,300
宅地造成費		15,915	50,000	55,570	115,089
土地出売費		27,400	24,000	10,000	17,672
補助市水道費					
街路橋梁費	442,000	906,000	1,100,000	1,528,170	2,328,654
石材運搬費			155,615		1,100
堤防築造費				51,074	2,382
工業地帯貨物搬運設備費					
汚水道費	197,000	394,300		477,272	261,047
排水路築造費					
公共施設費	200,000	295,000	250,000	210,000	205,223
工程用建築物造営費	4,500	4,500	16,310	6,060	4,500
調査費	71,643	99,540	114,000	56,767	64,720
事業完成記念式典費					
補助費					
自来水費	300,000	496,000			
自来水費			2,824,602	2,234,290	930,429
自来水事業資金利息補給費			145,834	87,500	175,000
滾入一般会計（借入金償還）	100,000	300,000			
借入金各項支出款			2,616,667	218,750	450,000
撥入国債整理基金特別会計					
各項発還款			10,000	10,000	8,000
各項支出款（賞恤金等）	3,000	11,000	18,236	9,268	24,456
国庫準備金	275,000	350,000	250,000	110,000	50,000

[表2] 国都建設局特別会計歳入歳出予算一覧

（（満洲国）国務院総務庁「大同元年度歳入歳出追加預算；大同元年度国都建設局特別会計歳入歳出予算」1932年、pp.31 ～ 37、（満洲国）国務院総務庁「大同二年度特別会計歳入歳出予算各目明細書」1933年、pp.5 ～ 22、（満洲国）国務院総務庁「康徳元年度特別会計歳入歳出予算各目明細書」1934年、pp.5 ～ 31、（満洲国）国務院総務庁「康徳二年度各特別会計予算」1935年、pp.2 ～ 9、（満洲国）国務院総務庁「康徳三年度特別会計歳入歳出予算各明細書」1936年、pp.35 ～ 73、（満洲国）国務院総務庁「康徳四年度国都建設局特別会計歳入歳出予算各明細書」1937年、pp.1 ～ 48、（満洲国）国務院総務庁「康徳五年度各特別会計予算」1938年、pp.28 ～ 34、（満洲国）政府公報、号外、1938（康徳5）年12月23日、（満洲国）国務院総務庁「康徳七年度各特別会計予算」1940年、pp.36 ～ 42、（満洲国）国務院総務庁「康徳八年度総予算」1941年、pp.37 ～ 43）

た。趣旨のわかりにくい款項目は、細目を参照して（　）内に内容を補った。表2から以下のことが確認できる。満洲中央銀行からの借入五〇〇万円の金利は年五パーセントで[*64]、表1の目論見よりも低かったが、他にも康徳二年度（一九三五年七月〜一二月）から四年度（一九三七年一月〜一二月）にかけて国債で九一〇万円を調達している。これらの合計額一四一〇万円は想定された借入額の約三倍である。新京特別市からも負担金として三六五万円の歳入がある。主要な歳入である土地売却収益は三〇四六万七〇三九円で、当初想定された三二五〇万円と大差ないように見えるが、前者は国都建設計画区域全域（約一〇〇平方キロメートル）で、後者は第一期事業の当初区域（約二〇平方キロメートル）であるから、目論見よりも著しく低い収益しか得られていない。

表2の「借入金利子」並びに「借入金償還」に対応する**表2**の款項目（「滾入一般会計」「借入金各項支出款」「撥入国債整理基金特別会計」）の合計は五二四万七九一七円で、借入元金の三分の一強しか償還できていない。借入残高に年間五パーセント複利の金利と仮定して資金運用を試算すると、一三三四万八四九八円の債務超過であり、一般会計からの補填を通して広く国民に負担を求める構造である。この債務超過は、工事費（建設事業費と土地費の差額）二五二七万九四三六円を下回っており、大局的には事業費の削減に成功している。地価の上昇に伴う開発利益の吸収にも成果を上げていると考えられるが、土地売却益などの収益だけでは事業が完結していない。

土地経営は土地売却益だけでは完結しておらず、実質的に一般会計からの補填を要したことが明らかになった。国都建設局に莫大な公費支弁が許されたのは、単なるデベロッパーではなく行政機関だからである。国都建設事業は行政機関による公共事業である。

*64　前掲、『財務提要』二〇〜二一頁

第4節

集団住区——満洲国流の近隣住区

「都邑計画法」（一九四二）で導入された集団住区は、C・A・ペリーのneighborhood unitの訳語である。一般には近隣住区と訳されるが、満洲国では市民生活の組織化が重視されたため、あえて集団住区と名付けられた。[*65] 満洲国の制度を指す場合は集団住区と呼ぶこととする。近隣住区は戦後日本のニュータウンにおいて、理論として導入されたが、法制度化はされていない。建設集団住区制度の導入は、内地法や他の外地都市計画法令には類例のない制度である。

*65 秀島乾「満洲に於ける都市計画と集団住区制」『住宅』第二七巻六月号、一九四二年、一七四〜一八二頁

人口管理手段に変容した集団住区の特徴

ペリーは、近隣住区の原則として、❶小学校一校が必要な人口規模、❷通過交通の迂回を促す幹線道路による囲繞、❸近隣生活の要求を満たすオープンスペース、❹住区の範囲に応じた学校その他の公共用地、❺幹線道路に面した住区周辺への商店街配置、❻通過交通を防ぐ

住区内の街路網、を挙げている。人間的なスケールの都市空間の計画的創造や、地域コミュニティの育成によって、都市における匿名性や相互の無関心を克服しようとしている。[*66]

秀島は集団住区を「市民集団社会に国家の意思を反映し国民生活を合理的に組織せる日常生活圏の住区」[*67]と定義し、その効果として❶職能配分と適正人口の保持、❷都市民の定住化基地の確立、❸住居の疎散による防空と市民の耐戦的組織化、❹複合民族国家における民族的地域秩序の確立、❺都邑構築の総合的運営、❻都市計画の時間的進展、を挙げている。[*68] ❶は、国土計画における人口配分の基礎単位化である。❷は、住区の個性発揚による郷土性の具現化を手段とした定住化の促進である。❸は住宅の分散配置の他に、住民の組織化による防空活動への対応を含む。❹は、風俗習慣の異なる民族集団同士の摩擦回避である。具体的には民族集団ごとの集団住区を構成させ、土地中心部の公共施設において各民族が交歓・協和するとしている。❺は都市施設と住宅計画の組織化・一体化による、不整合の排除である。❻では、都市計画では大綱を決定し、細部を集団住区に委ねることで、時代や地形に応じた計画が完遂されるとしている。集団住区における郷土性の具現化などは、満洲国の状況に適合させた近隣住区論の消化と見ることもできるが、大いに異なる点もある。**図1**は秀島による集団住区の設計案である。国民学校（小学校）を中心に設定

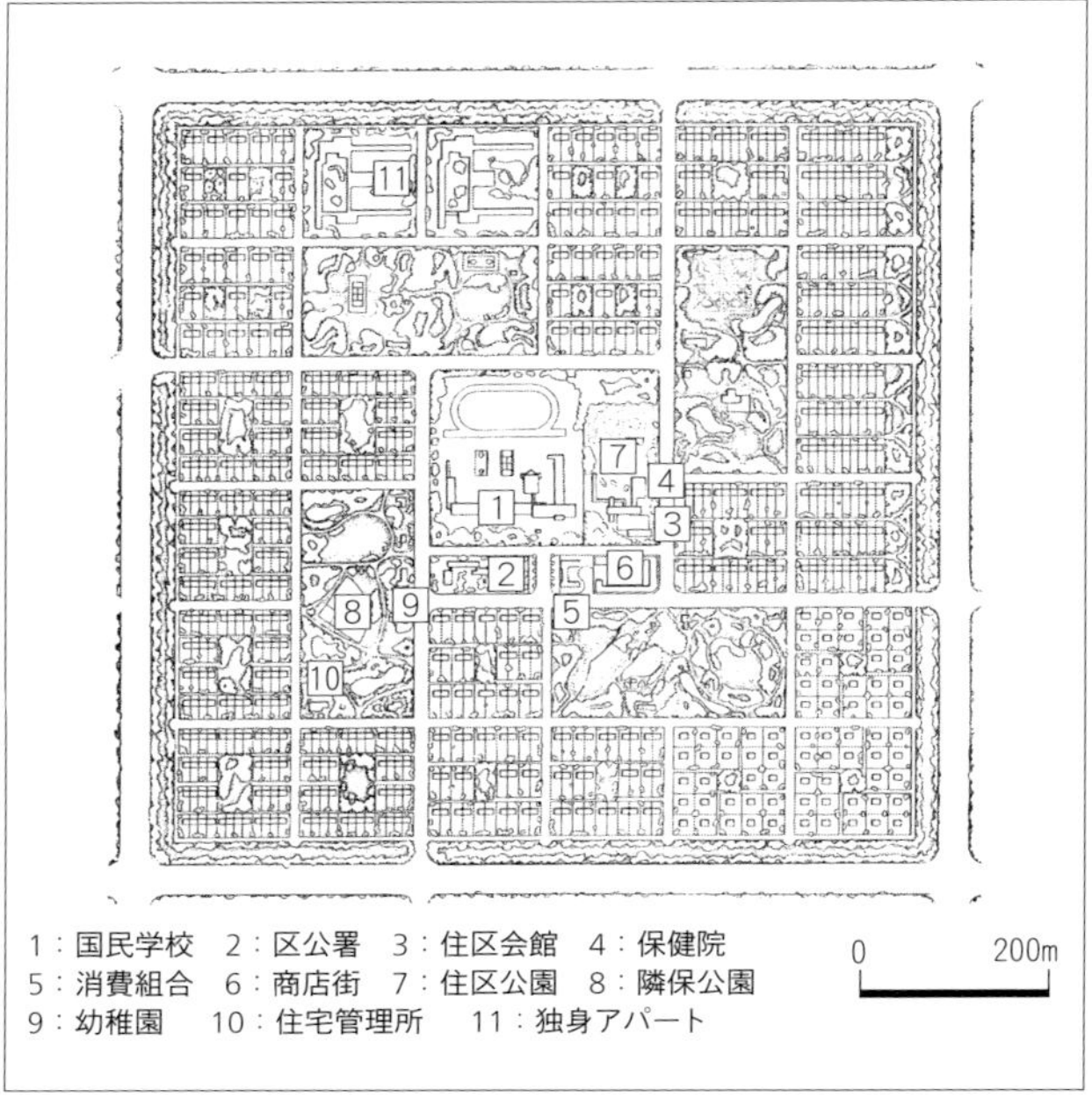

［図1］ 集団住区設計案
（秀島乾「満洲に於ける都市計画と集団住区制」『住宅』27巻、1942年6月号、pp.174～182）

されているが、商店街が幹線道路沿いではなく、集団住区の中心部に位置するなどの違いがある。秀島は、行政・教化・医療・購買などの施設については、❶都市に応じて規摸・性格を計画し、❷都市内の人口配置計画に応じて下位施設の配置・規模を定め、❸これらを有機的に組織して、集団住区を都市構成の基礎単位とするとしている。近隣住区の規模は、小学校や商店街のサービス圏から設定されるが、集団住区の規模は各種公共施設経営機関の計画標準および新京の大同大街・順天大街・興仁大路・至聖大路に囲まれたエリア（第一期国都建設事業として一九三二〜一九三七年に造成された）の実態から設定されている。つまり、国土計画に基づいた人口配分を与条件に公共施設を配置し、幹線街路の既定計画に合わせて集団住区が編成されているのである。文字どおり国土計画における人口配分の基礎単位化による管理であって、都邑計画の与条件を保続させるための手法である。

近隣住区は、戦後日本のニュータウン建設においても基礎理論として採用された。千里ニュータウンでは、小学校のクラス編成から住区あたりの人口規模が設定され、商業施設などの利用圏から配置が計画されるなど、積み上げ型で計画されている。[*69] この考え方は、集団住区とは大いに異なる。集団住区は、内地を経由しない計画理論の輸入ではあるが、人間的なスケールの都市空間の計画的な創造より、人口配分の管理統制手段として重視されているのが特徴である。

新京の集団住区計画

一九四二年に新京の計画人口が一〇〇万人に設定され、[*70] それに対応する都邑計画案が構想

*66 クラレンス・A・ペリー（倉田和四生訳）『近隣住区論』鹿島出版会、一九七五年、二七〜二八頁

*67 秀島乾「集団住区制に就て」『建築学会論文集』第二九号、一九四三年、三五九〜三六三頁

*68 秀島乾「集団住区制に就て」『建築学会論文集』第三〇号、一九四三年、九三〜九九頁

*69 大阪府『千里ニュータウンの建設』一九七〇年、二一〜二三頁

*70 満洲帝国政府編『満洲建国十年史』原書房、一九六九年、二二九頁

された。秀島乾は戦後の一九五四年にその内容を発表している[*71]【図2】。秀島は「東部満系地区、西部日系地区としてこれら住区群の中央を二つの地下鉄ループ線で結んでこの結合点に各種都心区を布置する」と説明している。

既成市街地を考慮しない整備手法

佐野利器は一九三三年に、「国都建設計画法令中には土地区画整理のことが相当量規定されて居るが是は寧ろ事業区域外、所謂計画区域中に多く適用さらるべきものである」[*72]と述べている。国都建設計画区域内かつ第一期国都建設計画事業区域より外側では、土地区画整理が想定されていた。国都建設計画第一期事業区域、旧満鉄附属地等旧市街地および秀島が示した集団住区の位置を重ねて図2を作成した。

図2によれば、集団住区の構想の多くが、国都建設計画区域内かつ第一期国都建設計画事業区域より外側に分布していることがわかる。第一期国都建設計画事業の時点では、土地区画整理が想定されていたエリアである。

土地区画整理について、「国都建設計画法」（一九三三）の第十条から第十六条に規定があったが、事業化されなかった。一

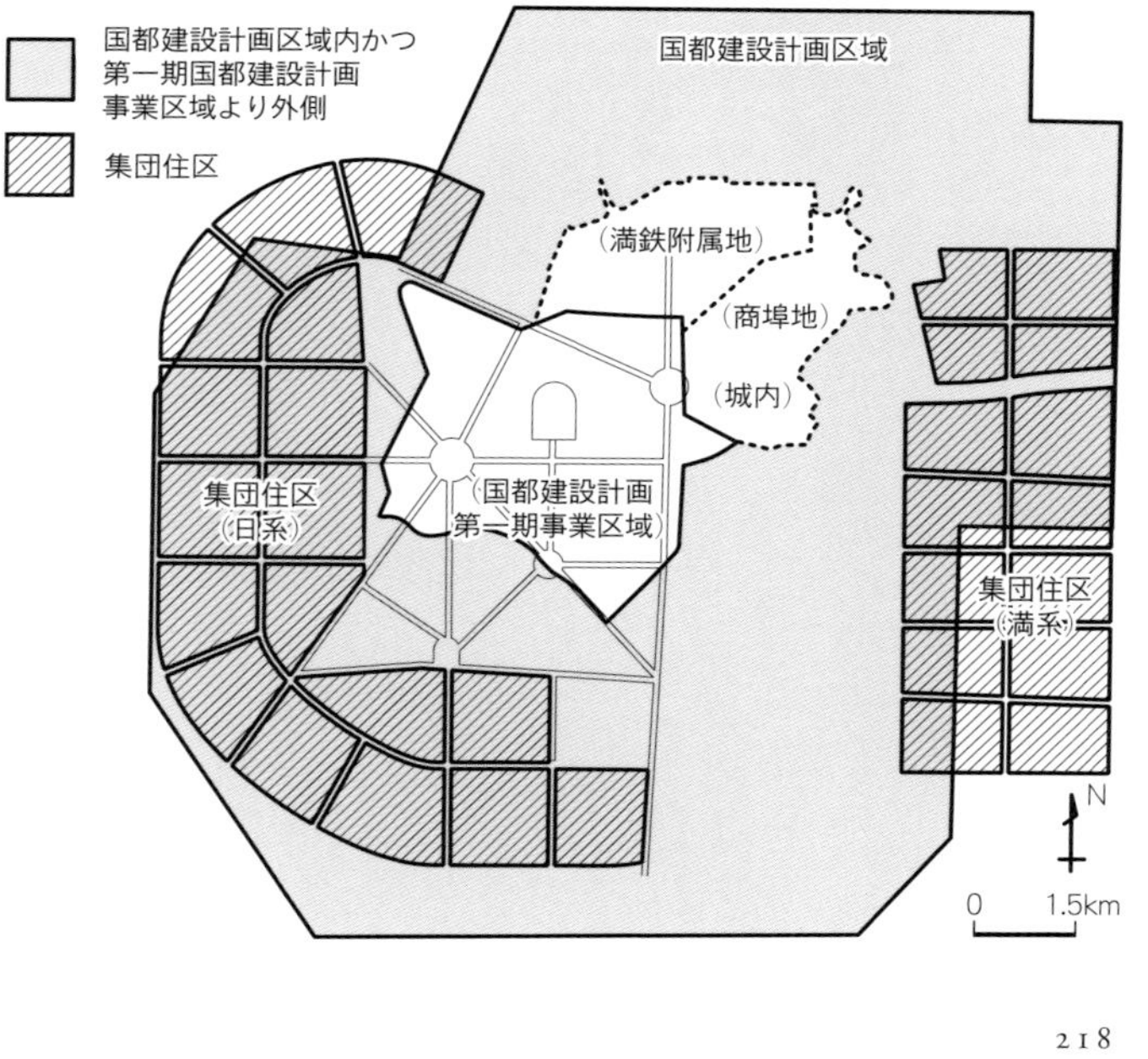

【図2】満洲国都建設計画と集団住区の位置関係
（佐野利器「満洲の国都建設計画」『都市問題』東京市政調査会、十七巻、二号、一九三三年、三七～五二頁、（満洲国）政府公報一四一九号、一九三八（康徳五）年二月二八日、秀島乾「新都邑計画の原案について」『日本建築学会研究報告』二八巻、二号、一九五四年、四〇七～四一〇頁より筆者作成）

九三八年の国都建設計画法改正でもほぼ同じ条文が存置された。「都邑計画法」（一九三六）は第十六条に「都邑計画区域内ノ土地ニ付テハ其ノ宅地トシテノ利用ヲ増進スル為都邑計画事業トシテ土地重画ヲ施行スルコトヲ得／前項ノ土地重画ニ関シテハ別ニ之ヲ定ム」とあるが、別途法制化はされていない。「都邑計画法」（一九四二）もほぼ同様の規定の存置で、施行規則にも規定がなかった。これに対し、集団住区は、「都邑計画法」（一九四二）第六十二条から第六十六条および同施行規則（一九四三）第六十条から第六十七条に定められて、手続き書類に至るまで関係条文が充実している。法第六十六条で都邑計画事業に位置付けられているから、法第十九条による収用の対象となる他、施行規則第六十四条では「事業計画書」や「財政計画書」の提出が求められている。集団住区は、単なる理論的な概念あるいは地区計画のような規制誘導手法ではなく、開発事業である。

集団住区は、❶土地区画整理が想定されていたエリアに構想され、❷面的な開発事業として土地区画整理よりも関係条文が充実したことが明らかになった。以上から、集団住区制度は土地区画整理に代わる主要な開発手法としての役割が期待されていたと考えられる。「都邑計画法」（一九四二）は、既成市街地の改良に煩わされずに新規市街地を計画する方針であった。集団住区を基礎単位として新市街地を計画する手法はその方針に合致している。土地区画整理の制度化は具体化しないまま停滞した。また、第7章では「都邑計画法」（一九四二）で超過収用制度が廃止されていることを確認した。規制市街地の再整備あるいは整序を促す手法の停滞や廃止に代わって導入された集団住区による面整備は、既成市街地に煩わされない新規市街地の創出・保続、という「都邑計画法」（一九四二）の基本思想に整合している。

*71 秀島乾「新京都邑計画の原案について」『日本建築学会関東支部第一八回研究発表会』一九五四年、二一～二四頁

*72 佐野利器「満洲の国都建設計画」『都市問題』一七巻二号、東京市政調査会、一九三三年、三七～五二頁

本章では、外地都市計画法令における開発手法について検討した。

土地区画整理は、既存の他地域の法令を参照しながら新たな法令が策定されており、時系列的な発展が見られる。「朝鮮市街地計画令」は、内地の「特別都市計画法」で規定されていた市街地の土地区画整理を一般化させ、「台湾都市計画令」ではその充実が見られた。「関東州州計画令」の土地整理は大局的には充実に向かっているが、内務省の意向による地方計画法令としてさまざまな制度を総花的に一体化したため、一部理想型が実現していない。外地都市計画法令で観察された組合区画整理施行の排除は、実務者にとっての理想型の実現であった。満洲国「都邑計画法」は、土地区画整理による市街地整序が発達せず、一九四二年の改正で、既成市街地を切り捨てて新規市街地の創設と統制に特化している。

満洲国で発展した土地経営は、ロシアの鉄道附属地のような土地の占有状態を目標に、超過収用の拡張として制度化されたことが明らかになった。ドイツの土地公有化政策を直接の起源とはしていない。集団住区は外国の理論の輸入であったが、人間的なスケールの都市空間の創造よりも、国土計画に基づいた人口配分の管理統制手段として重視されていた。集団住区導入の一方で、土地区画整理の制度化は停滞し、超過収用は廃止された。

内地・朝鮮・台湾および傍流となる関東州では、一連の法令群のごとく進歩・改良されて既成市街地の整序手法が拡充されたのに対し、満洲国は法令の基本構造を共有しつつも新規市街地の創設と統制に特化し、既成市街地の再整備や整序を促す手法に代わって集団住区制度が導入されている。第6章で明らかにした用途規制の細分化手法と同様に、既成市街地に煩わされない新規市街地の創出・保続という「都邑計画法」（一九四二）の基本思想に基づいた結果と考えられる。

第8章

戦後の韓国と台湾での継続

韓国と台湾では、日本統治時代の都市計画法令が戦後も一時期まで継続使用された。本章ではその背景や法整備への影響を分析する。

第8章では、韓国と台湾における第二次世界大戦後の都市計画法令の継続使用と、その後の独自の法整備における都市計画法と建築法の分離の過程、独自の法整備に対する日本統治時代の都市計画法令からの影響について分析する。日本の敗戦による外地喪失に伴って、外地都市計画法令はその役割を終えるはずであったが、戦後の一九六〇年代まで、韓国では「朝鮮市街地計画令」が、台湾では「台湾都市計画令」が使用されたことが指摘されている。

越沢明は次のように述べている。[*1]

日本の都市計画・建築行政について（中略）戦前の方が（中略）密接であった。戦前の日本の植民地や満州国ではこの関係がさらに密接であり、都市計画と建築は合体して同一の法規となっている。（中略）いずれも都市計画法規の中に建築規則が包含されており、またその内容も市街地の形成をコントロールする規制手法の点で日本国内の規則に比べて先進的な条項が少なくない。韓国と台湾では一九六〇年代半ばまで戦前植民地時代の都市計画法規をそのまま使用していた。しかし、一九六〇年代に独自の法規を策定した際、都市計画法と建築法を別個の法律にしてしまい、戦前の法規の長所を放棄してしまった。

越沢によれば、都市計画と建築の法令一体化は長所であり、韓国と台湾では六〇年代まで適用された後、別々の都市計画法と建築法になったという。韓国や台湾での法整備において、「長所を放棄」してまで都市計画と建築が分離されたのはなぜだろうか。越沢は、放棄されたとする「長所」について具体的に説明していないため、長所の存否についても検討が必要

*1 越沢明『哈爾浜の都市計画』総和社、一九八九年、二八八頁

*2 越沢明「台北の都市計画一八九五－一九四五」『第七回日本土木史研究会発表会論文集』一九八七年、一二一～一三二頁

*3 黄世孟編訳『台湾都市計画講習録』胡氏図書出版社（台湾）、一九九二年

*4 黄世孟「従台北都市計画歴史探討空間結構変遷特質之研究」国立台湾大学建築与城郷研究学報、第四巻第一期、一九八九年、六七～八三頁

*5 孔憲法他『台湾城郷発展』国立空中大学（台湾）、二〇〇三年、九二～九三頁

である。さらに越沢は韓国と台湾で都市計画と建築が分離された背景にも言及していない。越沢は、「台湾都市計画令」が中華民国「都市計画法」を一定期間代替していたとも述べている。[*2]

一九三九年六月に国民政府が公布した都市計画法の内容は極めて簡単なものであり、光復後の台湾の日常の行政実務の使用に耐えるものではないため、戦前の台湾都市計画令がそのまま援用された（一九六四年九月の都市計画法の修正公布まで）。

黄世孟は、「台湾都市計画令」は中華民国の「都市計画法」「建築法」「土地法」に相当するとし、[*3] 越沢と同様に一九六四年の中華民国「都市計画法」修正公布までそのまま使用されたと説明している。[*4] この言説は台湾でも広く浸透し、国立の通信制大学の教科書にも記述されている。[*5] しかしながら、一九六四年の中華民国「都市計画法」の改正をもって「台湾都市計画令」が廃止されたとするならば、守備範囲の重なる中華民国「建築法」にも影響が及ぶはずだが、「建築法」は改正されていない。「台湾都市計画令」の位置付けや、「都市計画法」を代替していたとする言説についても検討が必要である。

本章では、戦後の韓国・台湾における継続使用の背景および法整備の過程ならびに建築法令の分離、日本統治時代の都市計画法令から受けた法整備の影響について分析する。

第1節 大韓民国成立後の朝鮮市街地計画令

第二次世界大戦後に独立した韓国では、一九六二年まで「朝鮮市街地計画令」が継続して使用された後、都市計画法と建築法が策定された。日本の統治から離れた後も継続して使用されたのはなぜだろうか。また、独立後の法整備において建築と都市計画が分離されたのはなぜだろうか。

独立前後の韓国の法制度と朝鮮市街地計画令

第二次世界大戦で日本が降伏すると、朝鮮半島北緯三八度線以南に進駐したアメリカ軍は、在朝鮮アメリカ陸軍司令部軍政庁（United States Army Military Government in Korea）を設置し、一九四五年一一月二日に「Ordinance Number 12」（法令第二十一号）を告示した。[*6] この告示には朝鮮語と日本語の訳文が付されており、日本語の訳文には「総テノ法律及ビ朝鮮政府ガ発布シ法律的ノ効力ヲ有スル規則、命令、告示其ノ他ノ文書ニテ一九四五年八月九日実行中ノ

*6 Official Gazette United States Army Military Government in Korea 21 November 1945.

*7 （大韓民国）官報、一九四八年（大韓民国三〇年）九月一日、第一号

*8 鄭泰容『都市計畫法』法令編纂普及会、一九八八年、一八頁

*9 西尾昭『韓国その法と文化』啓文社、一九九三年、一五三～一五七頁

*10 （大韓民国）官報、一九五八年二月二二日、第一九八三号

*11 （大韓民国）官報、一九六二年一月二〇日、第三〇五四号

*12 （大韓民国）官報、一九六二年一月二〇日、第三〇五四号

*13 （大韓民国）官報、一九六二年一月二〇日、第三〇五四号

モノハ其ノ間スデニ廃止サレタノヲ除ク朝鮮軍政庁ガ特殊命令ニテ廃止スル迄全効力ヲ以テ存続ス」とある。この法令によって「朝鮮市街地計画令」を含む日本統治時代の制令は効力をもちつづけた。その後、一九四八年七月一二日に制定された「大韓民国憲法」は第百条「現行法令은 이憲法에 牴觸되지 아니하는 限 效力을 가진다（日本語訳：現行法令はこの憲法に抵触しない限り効力を持つ）」で現行法令が有効であることを規定している。[*7]

この条文を根拠として「朝鮮市街地計画令」は有効な法令として運用された。[*8] 独立後の韓国の基本的な法律の起草作業は朝鮮戦争やクーデターの影響で大きく遅れ、[*9] 公布時期を見ると、民法（法律第四七一号）は一九五八年二月二二日、[*10] 商法（法律第一〇〇〇号）は一九六二年一月二〇日[*11]である。韓国独立後も「朝鮮市街地計画令」が効力をもちつづけたのは、法律の制定に時間を要したための、言わば緊急避難であって、「朝鮮市街地計画令」の内容が個別に評価された結果ではない。

大韓民国の都市計画法・建築法

韓国「都市計画法」（一九六二年一月二〇日法律第九八三号）[*12]と韓国「建築法」（一九六二年一月二〇日法律第九八四号）[*13]は、「旧法令整理に関する特別措置法」（一九六一年七月一五日法律第六五九号）[*14]に基づいて制定されている。この法律の目的は、日本統治時代や米軍政時代の法令を、憲法に基づく法律・命令に置き換えることである（第二条）。当時の韓国の最高統治機関は、五・一六軍事クーデターで政権を掌握した国家再建最高会議（議長：朴正熙《パクチョンヒ》）で、国会の権限も行使している。建築法案の審議は、次のようなやりとりで始まる。[*15]

*14 （大韓民国）官報、一九六一年（檀紀四二九四年）七月一五日、第二九〇九号

*15 （大韓民国）国会事務処『国家再建最高会議常任委員会会議録 第六号』一九六二年、六頁

국토건설청장: 제안이유 설명. 주요골자 설명.
（国土建設庁長：提案理由説明。主要骨子説明。）
이석제 위원: 제안이 늦은 이유 여하.
（李錫濟委員：提案が遅れた理由はいかに。）
국토건설청장: 최초에 도시계획법과 같이 성안되었다가 분리하다 늦어졌음.
（国土建設庁長：最初に都市計画法と一緒に成案されたが、分離したりで遅れたもの。）

ここから、❶都市計画と建築取締が一体化した法律案が起草されていたことと、❷あえてそこから建築取締が分離されたこと、の二点がわかる。会議録には分離の理由に言及がないため、分離後に残された都市計画法の条文に着目する。

表1は韓国「都市計画法」（一九六二）の構成と、「朝鮮市街地計画令」「朝鮮市街地計画令施行規則」（一九四〇）、日本の「都市計画法」（一九四〇）との対応関係である。

韓国「都市計画法」（一九六二）は、「朝鮮市街地計画令」（一九四〇）の条文の構成と内容を受け継いでいることがわかる。地域地区の趣旨に関する規定など、「市街地建築物法」に相当する「朝鮮市街地計画令」第二章の規定も多く存置されていることが特徴である。「朝鮮市街地計画令」（一九四〇）第一九條ノ二に規定された「混合地域」は一九六三年四月一一日の改正で第一七条に追加された（法律第一三二二号）[*16]。

「朝鮮市街地計画令」には、内地の「市街地建築物法」に相当する規定が含まれていた。分離された、韓国「建築法」も、韓国「都市計画法」と同様に、「朝鮮市街地計画令」の条文

[表1] 韓国都市計画法（1962）の構成
規制の対象は同じでも数値基準などが違なる場合は条名を（　）に含めた。
（（大韓民国）官報、1862年1月20日、第3054号、官報、1999号、1919年4月5日、官報、3969号、1940年4月1日、朝鮮総督府官報、2232号、1934年6月20日、朝鮮総督府官報、4173号、1940年12月18日）

*16 （大韓民国）官報、一九六三年四月一一日、第三四一八号

	条名	趣旨	朝鮮市街地計画令·施行規則の対応条名	都市計画法の対応条名
第一章 総則	第1条	目的		
	第2条	定義	第1条，規則第1条	(第1条)
	第3条	権限委任		
	第4条	区域および計画の決定	第2条	(第2条)
	第5条	事業執行者	第3条第1項	第5条
	第6条	実施計画の認可	第3条第2項	(第3条)
	第7条	告示	第3条第3項	
	第8条	費用の負担	第4条	第6条第1項
	第9条	受益者負担	第5条	第6条第2項
	第10条	収用および使用	第6条	(第16条)
	第11条	土地収用法準用	第7条	(第18条)
	第12条	細目告示	第8条	
	第13条	土地等の保全	第9条	(第11条)
	第14条	管理	第10条	(第14条)
	第15条	土地の出入等	第13条	
	第16条	書類の送達	第14条	
第二章 地域と地区	第17条	地域の指定	第15条	
	第18条	住居地域	第16条	
	第19条	商業地域	第17条	
	第20条	工業地域	第18条	
	第21条	緑地地域	第18条ノ2	
	第22条	地区の設定	第21条，第22条，第23条，第24条	
	第23条	建築物の制限	第19条	
	第24条	地域の区分指定等	第19条ノ3	
	第25条	地域，地区の変更および廃止	第25条	(第10条)
第三章 土地区画整理	第26条	定義	第42条	
	第27条	土地区画整理	第43条	(第12条)
	第28条	区画整理事業の手続き	第44条，第46条	
	第29条	認可取消および停止処分	第45条	(第13条)
	第30条	施設物移転等	第47条	(第15条ノ2)
	第31条	換地計画		
	第32条	換地基準		
	第33条	不用地の換地交付		
	第34条	公共用地編入	規則第144条	第15条ノ3
	第35条	換地予定地指定および使用		
	第36条	換地処分		
	第37条	換地処分の効果		
	第38条	土地所有者·関係人の費用負担	第48条	
	第39条	清算業務の終結		
	第40条	他法令の準用	第49条	
第四章 都市計画委員会	第41条	中央都市計画委員会		
	第42条	中央委員会の構成		
	第43条	委員長等の職務		
	第44条	会議		
	第45条	幹事および書記		
	第46条	地方都市計画委員会		
	第47条	運営細則		
第五章 雑則	第48条	国有または公有土地の処分制限		
	第49条	他法令適用の排除		
	第50条	施行令		
第六章 罰則	第51条	罰則		
	附則	施行日，経過措置		

を受け継いでいるのだろうか。

表2は韓国「建築法」（一九六二）の構成と、「朝鮮市街地計画令」・「朝鮮市街地計画令施行規則」（一九四〇）との対応関係である。

韓国「建築法」（一九六二）は、「朝鮮市街地計画令施行規則」（一九四〇）の規制対象に重なるが、条文の順序や数値基準などが著しく異なるため、「都市計画法」で観察された対応関係がない。

表2には、日本の「建築基準法」（一九五〇）[*17]との関係も併せて記載した。「建築基準法」（一九五〇）と韓国「建築法」との比較では、条文の順序や規程の概念、数値基準の一致が極めて多い。韓国

[表2] 韓国建築法（1962）の構成

規制の対象は同じでも数値基準等が違なる場合は条名を（　）に含めた。

（《大韓民国》官報、1962年1月20日、第3054号、官報、7007号、1950年5月24日、朝鮮総督府官報、2232号、1934年6月20日、朝鮮総督府官報、4173号、1940年12月18日）

	条名	趣旨	朝鮮市街地計画令・施行規則の対応条名	建築基準法の対応条名
第一章 総則	第1条	目的		第1条
	第2条	用語の定義	（規則第31条）	第2条
	第3条	史跡等の適用除外、都市計画区域外の一部適用除外	（規則第38条）	第3条
	第4条	国土建設庁長から道知事への権限委任		―
	第5条	建築許可	（規則第122条）	（第6条）
	第6条	許可の取消	（規則第130ノ2条）	―
	第7条	建築物の検査および使用承認	（規則第130,136条）	（第7条）
	第8条	公用建築物に対する特例		―
第二章 建築物の敷地、構造および建築設備	第9条	排水等に関する敷地の安全	（規則第50，51，52条）	第19条
	第10条	構造耐力		第20条
	第11条	大規模建築物の主要構造部	（規則第53条）	第21条
	第12条	指定地域の屋根の不燃化	（規則第81条）	第22条
	第13条	指定地域の木造建築物外壁の延焼防止		第23条
	第14条	木造特殊建築物の外壁等		第24条
	第15条	大規模の木造建築物の外壁等の防火構造		第25条
	第16条	防火壁による区画	（規則第83条）	第26条
	第17条	特殊建築物の耐火構造		第27条
	第18条	居室の採光および換気	（規則第75条）	第28条
	第19条	住宅における地下居室の禁止		第30条
	第20条	指定区域内の水洗便所義務化		第31条
	第21条	避雷設備	（規則第95条）	第34条
	第22条	昇降機		第35条
	第23条	特殊建築物等における避難および消火に関する技術的基準		第36条
	第24条	閣令への委任		第37条
	第25条	建築材料の品質		第38条
	第26条	災害危険地区		第39条
第三章 道路および建築線	第27条	建築敷地の接道義務	（第26条，規則第48条）	第43条
	第28条	道路内の建築制限		第44条
	第29条	私道廃止，変更の制限		第45条
	第30条	建築線の指定	（第27条）	―
	第31条	建築線に依る建築制限	（第28条）	

法では、❶建築主事の概念・関係規程がない、❷建築確認ではなく建築許可、❸建築線の概念が存続、❹用途地域と地域内の特別地区が「朝鮮市街地計画令」に一致などが日本法と異なる。❷について、日本の「建築基準法」では建築確認であるが、韓国の「建築法」では建築許可である。許可と確認は行政法上の処分行為としては異なる類型であるが、条文はほぼ直訳で、数値基準なども同一である。

建築基準法（一九五〇）

（建築物の建築等に関する申請および確認）

第六条　建築主は、第一号から第三号までに掲げる建築物を建築しようとする場合（増築しようとする場合においては、建築物が増築後において第一号から第三号までに掲げる規模のものとなる場合を含む。）、これらの建築物の大規模の修繕若しくは大規模の模様替をしようとする場合又は第四号に掲げる建築物を建築しようとする場合においては、当該工事に着手する前に、その計画が当該建築物の敷地、構造および建築設備に関する法律並びにこれに基く命令および条例の規定に適合するものであることについて、確認の申請書を提出して建築主事の確認を受けなければならない。ただし、防火地域および準防火地域外において建築物を増築し、又は改築しようとする場合で、その増築又は改築に係る部分の延べ面積が十平方メートル以内のものについては、この限りでない。

一　学校、病院、診療所、劇場、映画館、演芸場、観覧場、公会堂、集会場、

*17 官報、一九五〇年（昭和二五年）五月二四日、七〇〇七号

百貨店、マーケット、公衆浴場、ホテル、旅館、下宿、共同住宅、寄宿舎又は自動車車庫の用途に供する特殊建築物で、その用途に供する部分の延べ面積が百平方メートルをこえるもの

二　木造の建築物で三以上の階数を有し、又は延べ面積が五百平方メートルをこえるもの

三　木造以外の建築物で二以上の階数を有し、又は延べ面積が二百平方メートルをこえるもの

四　前各号に掲げる建築物を除く外、都市計画区域内又は都道府県知事

[表2] 韓国建築法（1962）の構成　つづき

	条名	趣旨	朝鮮市街地計画令・施行規則の対応条名	建築基準法の対応条名
第四章 地域および 地区内の 建築物の制限	第32条	地域内での建築物	（規則第96,97,98,99条）	（第49条）
	第33条	地区内での建築物	（規則第99，100条）	
	第34条	特殊建築物の位置	（第31条）	第53条第1項
	第35条	防火地区内の建築物	（規則第112，113条）	（第61条第1項）
	第36条	防火地区内の屋根、防火門および隣地境界線に接する外壁		（第63，64条）
	第37条	防火地区内外にまたがる措置	（規則第116条）	第67条
	第38条	閣令への委任		
第五章 建築物の面積 および高さ	第39条	建築面積の敷地面積に対する比率		（第55条）
	第40条	高さの限度		（第57条）
	第41条	通路幅に依る建築物高さ制限	（規則第54，56条）	（第58条）
第六章 監督	第42条	違反建築物等に対する措置	（第33条）	（第9条）
	第43条	報告および検査等	（規則第132条）	第12条
	第44条	監督		
	第45条	承認および認可		第31条第3項
第七章 雑則	第46条	災害地区での建築制限		（第84，85条）
	第47条	都市計画道路・公園・広場内への仮設建築物の許可		
	第48条	用途変更	（第20条）	第87条第1項
	第49条	擁壁および工作物への準用	（規則第37条）	第88条
	第50条	標識の設置等		第89条
	第51条	工事現場の危害の防止		第90条
	第52条	建築物の敷地が区域、地域又は地区の内外に跨る時の措置		第91条
	第53条	面積、高さおよび階数の算定		第92条
第八章 罰則	第54条	罰則		第98条
	第55条	同前		第99条
	第56条	同前		第100条
	第57条	両罰規定		第101条
	第58条	罰則規定の委任		第102条

が関係町村の意見を聞いてその区域の全部若しくは一部について指定する区域内における建築物

（韓国）建築法（一九六二）

第五條（建築許可）다음 各號에 揭記하는 建築物의 建築、大修繕 또는 主要變更을 하고자 하는 者는 서울特別市長 또는 市長、郡守（以下 市長、郡守라한다）의 許可를 얻어야한다．但、都市計劃法 第二十二條第一項의 規定에 依한 防火地區外에서 建築物을 增築 또는 改築하고자 할 때에 增築 또는 改築하는 部分의 延面積이 十平方米以內의 것인 境遇에는 이를 事前에 申告하여야 한다．

一、學校、病院、診療所、劇場、映畵館、演藝場、觀覽場、集會場、百貨店、市場、公衆의用에供하는 浴場、旅館、共同住宅、寄宿舍 또는 車庫의 用途에 供하는 延面積百平方米以上의 것

二、延面積이 五百平方米以上이거나 三層以上인 木造의 建築物

三、延面積이 二百平方米以上이거나 二層以上인 木造以外의 建築物

四、其他 都市區域內에 있어서의 建築物

（日本語訳）

第五条（建築許可）次の各号に掲げる建築物の建築、大修繕または主要な変更をしようとする者は、ソウル特別市長又は市長、郡守（以下市長、郡守という。）

の許可を得なければならない。ただし、都市計画法第二十二条第一項の規定による防火地区外の建築物を増築または改築しようとする時に増築または改築する部分の延べ面積が一〇平方メートル以内のものである場合には、これを事前に申告しなければならない。

一、学校、病院、診療所、劇場、映画館、演芸場、観覧場、集会場、百貨店、市場、公衆の用に供する浴場、旅館、共同住宅、寄宿舎または車庫の用途に供する延べ面積一〇〇平方メートル以上のもの

二、延べ面積が五〇〇平方メートル以上であるか、三階以上である木造の建築物

三、延べ面積が二〇〇平方メートル以上であるか、二階以上である木造以外の建築物

四、その他の都市区域内における建築物

「朝鮮市街地計画令」（施行規則）で建築許可を規定している条文は施行規則第百二十二条であるが、右記と比較すると、韓国の「建築法」は「朝鮮市街地計画令」ではなく、「建築基準法」の影響を強く受けていることがわかる。

朝鮮市街地計画令施行規則（一九三五）

第百二十二条　建築物ノ建築、移転、大修繕又ハ大変更ヲ為サントスルトキハ建築物ノ敷地ヲ管轄スル道知事ノ許可ヲ受クベシ

韓国「建築法」は、「朝鮮市街地計画令」の地域制度や集団規定を継承しつつ、建築基準法の諸規定が導入されている。なお、「建築法」の附則では、「朝鮮市街地計画令」の廃止が明文化されている。

(韓国) 建築法(一九六二)

附　則

❷(廢止法令) 西紀一千九百三十四年六月制令第十八號朝鮮市街地計劃令은 이를 廢止한다

(日本語訳)

附　則

❷(廃止法令) 西紀一千九百三十四年六月制令第十八号朝鮮市街地計画令はこれを廃止する

韓国では、「建築法」が「都市計画法」と一緒にいったん成案化されたが、あえて分離されて別に制定されたことをすでに確認した。「建築法」が分離された後に残った「都市計画法」は「朝鮮市街地計画令」の枠組みを強く残している。このことから、韓国では「朝鮮市街地計画令」をベースに都市計画と建築が一体化した法律の起草作業が進み、いったん成案化された後に、「建築基準法」の移入による「建築法」が制定されることになったと考えられる。

法整備における都市計画と建築の分離ではあるが、正確には「朝鮮市街地計画令」と「建築基準法」の移入による法整備である。なお、本書は「建築基準法」の移入を確認したが、現時点では移入が選択された背景の具体的な解明には至っていない。

「朝鮮市街地計画令施行規則」（一九三五）第四十八条・第百二条では、建蔽率が用途地域に連動していたが、「朝鮮市街地計画令施行規則」（一九四〇）第五十二条ノ二では、建築区域制度が導入され、用途地域指定と建蔽率指定が分離されていたが、韓国の「建築法」第三十九条は「建築基準法」（一九五〇）の第五五条とほぼ同じ規定であるため、建蔽率の指定は用途地域に連動している。建蔽率の指定手法については、一九四〇年の施行規則改正以前の水準に戻ったとも言える。

都市計画法・建築法に対する朝鮮市街地計画令の影響

越沢明は、「朝鮮市街地計画令」が都市計画と建築を包含した法令であることについて、「都市計画と建築行政の関係は密接」で「都市計画法規の中に建築規則が包含されて」いると述べていたが、どのような長所があったのかは述べていない。朝鮮総督府系の『京城日報』は、法令の統合について「（朝鮮総督府内で）適用上にも便利であり、審議にも好都合であるとの意向あり」と報じている。ここに、「適用上にも便利」とは、「都市計画法」と「市街地建築物法」のそれぞれに要した適用範囲を定める手続きの一元化で、「審議にも好都合」とは、総督官房や法制局の審議が一度で済むことである。朝鮮総督府は、適用手続きの簡素化を長所と捉えていたことがわかる。[*18]

*18 「市街地整理令は撤回計画令のみで進む」『京城日報』一九三三年、四月八日夕刊二面

「朝鮮市街地計画令」における建築物の除却や使用禁止等の措置命令（第三十三条）、罰則（第三十五条）、道路の定義（第三十七条）、適用範囲（第三十八条〜第四十一条）の効力は、「市街地建築物法」相当部分である「第二章：地域及地区ノ指定並ニ建築物等ノ制限」に限定されていたことを、本書は第4章で確認した。「朝鮮市街地計画令」において、都市計画・建築法令は一体化したというよりも同一の法令内に併存していたと見ることが妥当である。都市計画・建築法令の一体化によって都市計画の実現手段が強化されたわけではない。

韓国「建築法」は文化財を除く建築物の全てが対象（第三条第一項）で、都市計画法と分離されても適用手続きは二元化せず、朝鮮総督府が長所と捉えていた適用手続きの簡素化は、実質的に損なわれていない。韓国法では「都市計画法」で各用途地域の趣旨を規定し、「建築法」で具体的な規制内容を示して建築物の取締措置命令を行っている。

このように、「市街地建築物法」に相当する用途地域の規定を含め、「朝鮮市街地計画令」は、韓国「都市計画法」の根幹として継承されている。

第2節 中華民国体制下の台湾都市計画令

本節では、中華民国政府の統治下における「台湾都市計画令」の位置付けや、一九六四年まで中華民国の都市計画法を代替していたとする言説について再検討を行うとともに、中華民国統治下の法整備における「台湾都市計画令」の影響について考察する。

台湾接収後の法制度と台湾都市計画令

第二次世界大戦後、台湾を実行支配下に編入した中華民国国民政府は、一九四三年のカイロ宣言を受けて、台湾を円滑に接収すべく統治計画の検討に着手し、一九四五年三月一四日に「台湾接管計画綱要」[*19]を策定する。これは「第一　通則」「第二　内政」「第三　外交」「第四　軍事」「第五　財政」「第六　金融」「第七　工鉱商業」「第八　教育文化」「第九　交通」「第十　農業」「第十一　社会」「第十二　糧食」「第十三　司法」「第十四　水利」「第十五　衛生」「第十六　土地」の十六部八二款で構成されている。「第一　通則」に含まれる第五款

*19 中国国民党中央委員会党史委員会『光復臺灣之籌劃與受降接收』一九九〇年、一〇九～一一九頁

*20 台湾省行政長官公署公報、一九四五年（民国三六年）一二月一九日、第一巻第六期

には以下の記述がある。

臺灣接管計劃綱要
五、民國一切法令、均通用於臺灣、必要時得制頒暫行法規。日本佔領時代之法令、除壓榨、箝制臺灣民、牴觸三民主義及民國法令者應悉予廢止外、其餘暫行有効、視事實之需要、逐漸修訂之。

（日本語訳）
五　中華民国の全ての法令は等しく台湾に適用し、必要に応じて暫定法規を制定することができる。日本占領時代の法令は、台湾人民を抑圧するものや三民主義と中華民国法令に抵触するものは全て廃止する。それ以外は暫く有効とし、需要の実態を見ながら徐々に修訂する。

国民政府は台湾の統治機関として台湾省行政長官公署を設置し、一九四五年一一月三日には、台湾省行政長官公署布告署法字第三六号[*20]【図1】を発し、「台湾接管計画綱要」第五款の条件内で日本時代の法令が有効である旨を確認した。そして、一年後の一九四六年一〇月二四日に、台湾省行政長官公署布告致酉廻署法字第三六二八三号「事由：為前日本佔領時

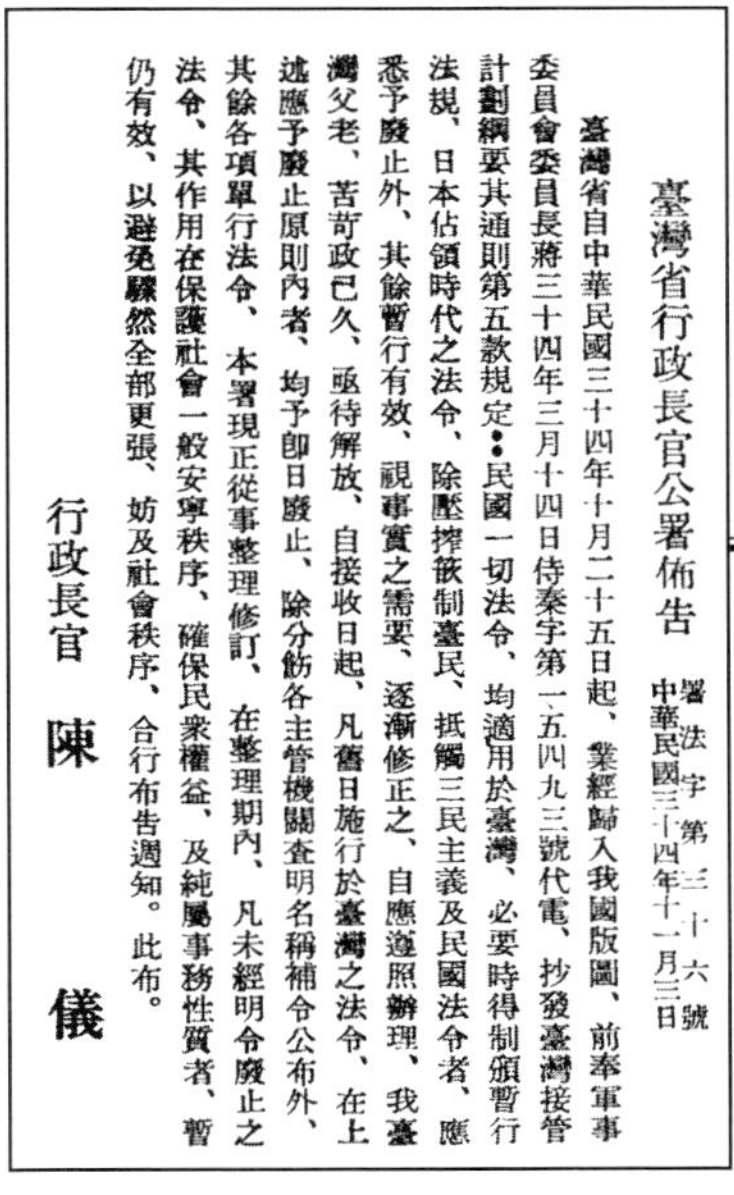
署法字第三十六號
中華民國三十四年十一月三日

臺灣省行政長官公署佈告

臺灣省自中華民國三十四年十月二十五日起、業經歸入我國版圖、前奉軍事委員會委員長蔣三十四年三月十四日侍秦字第一五四九三號代電、抄發臺灣接管計劃綱要其通則第五款規定：民國一切法令、均適用於臺灣、必要時得制頒暫行法規、日本佔領時代之法令、除壓搾箝制臺民、抵觸三民主義及民國法令者、應悉予廢止外、其餘暫行有效、視事實之需要、逐漸修正之、自應遵照辦理、我臺灣父老、苦苛政已久、亟待解放、自接收日起、凡舊日施行於臺灣之法令、在上述應予廢止原則內者、均予即日廢止、除分飭各主管機關查明名稱補令公布外、其餘各項單行法令、本署現正從事整理修訂、在整理期內、凡未經明令廢止之法令、其作用在保護社會一般安寧秩序、確保民衆權益、及純屬事務性質者、暫仍有效、以避免驟然全部更張、妨及社會秩序、合行布告週知。此布。

行政長官　陳　儀

【図1】台湾省行政長官公署布告署法字第三十六号
（台湾省行政長官公署公報、一九四五年（民国三六年）一二月一九日、第一巻第六期）

【図2】 一時廃止を見合わせる法令の告示
（台湾省行政長官公署公報、一九四六年（民国三五年）一〇月二四日、冬字第二〇期）

臺灣省行政長官公署布告　致酉迴署法字第三六二八三號（不另行文）
中華民國卅五年十月廿四日

事由：爲前日本佔領時代之法令除附表所列暫緩廢止外其餘悉予廢止

査本省自光復日起，對於以前日本佔領時代之法令，凡壓榨箝制臺民，及抵觸三民主義與民國法令者，均經明令予以廢止，共未經廢止部份，作用在維護社會一般安寧秩序，確保人民權益及純屬事務性質者，暫仍有效，前經本署於民國卅四年十一月三日以署法字第卅六號布告周知在案。茲以光復經年，法制大體略備，爲求貫澈國策，便利民生起見，前項未經廢止之日本佔領時代法令，除附表所列各種因事實需要暫准繼續援用仍候整理修訂外，其餘均自卅五年十月廿五日起，悉予廢止。今後公私有關行爲，均以中華民國及本省現行法令爲依據，其現行法令所未規定者，准於原有法令許可範圍內，暫依慣例處理，惟各機關處理此項事件，均應專案層報本署査核，以昭愼重。合行布告周知。此布。

（布告原文見本署公報第一卷第六期通告公告專刊）

行政長官　陳　儀

附暫緩廢止日本佔領時代之法令名稱一覧表

法令名稱	法令種類及番號	備考
臺灣都市計劃令	昭和一一年律令第二號	
臺灣都市計劃關係民法等特例	昭和一一年勅令第二七三號	
臺灣都市計劃令施行規則	昭和一一年府令第一〇九號	
臺灣都市計劃令施行規則臨時特例	昭和一四年府令第八一號	
臺灣都市計劃委員會規則	昭和一五年府令第三八號	
臺灣都市計劃關係土地區劃整理登記規則	昭和一一年府令第一一一號	
土地區劃整理施行細則	昭和一三年府令第八二號	
官廳ニ於テ爲ス行爲モ臺灣都市計劃令ニ準據スベキ件	昭和一二年訓令第三九號	

代之法令除附表所列暫緩廃止外其餘悉予廃止（日本占領時代の法令は、附表に記載されたー時廃止を見合わせるものを除き、全て廃止）」[21]を布告し、引き続き有効とされる法令二三六本を限定列挙した。その中には「台湾都市計画令」「同施行規則」「同臨時特例」「台湾都市計画関係民法等特例」「台湾都市計画委員会規則」「台湾都市計画関係土地区画整理登記規則」「土地区画整理施行細則」「官庁ニ於テ為ス行為モ台湾都市計画令ニ準拠スベキ件」が含まれている**【図2】**。布告本文によれば、有効とされた法令の条件は「社会の安定や人民の権益、純粋に手続きに属するもの（引用者要約）」である。日本統治期法令の一部の暫時存続は、日本統治期、社会

*21 台湾省行政長官公署公報、一九四六年（民国三五年）一〇月二四日、冬字第二〇期

*22 国民政府公報、一九三九年（民国二八年）六月八日、渝字第一六〇号

*23 国民政府公報、一九三八年（民国二七年）一二月二八日、渝字第一一三号

*24 国民政府公報、一九三〇年（民国一九年）六月三〇日、第五〇九号

*25 総統府公報、一九六四年（民国五三年）九月一日、第一五七一号

*26 行政院『第一届立法院議案関係文書院総第六六六号政府提案第六九〇号』一九六三年、三頁

*27 国民政府公報、一九四四年（民国三三年）九月一三日、渝字第七一二号

*28 総統府公報、一九七一年（民国六〇年）一二月一二日、第二三五四号

の安定や住民の権益保護のための包括的な既定方針であり、「台湾都市計画令」が含まれたのは、中華民国の法令や三民主義の理念と抵触しなかったためで、条文の充実が評価された結果ではない。

中華民国の都市計画法・建築法・土地法

中華民国国民政府は、台湾接収以前の一九三九年に都市計画法[22]を、一九三八年に「建築法[23]」を、一九三〇年に「土地法[24]」を制定していた（図3）。従来説は、「台湾都市計画令」が戦後も「都市計画法」を代替し、一九六四年の「都市計画法」全面改正[25]をもって廃止されたとしているが、韓国の事例とは異なり、「都市計画法」の附則には「台湾都市計画令」の廃止などは記されていない。行政院が作成した修正草案説明には、日本の他、欧米諸国の都市計画法を参考とした旨の記載はあるが[26]、個々の条文の説明にも「台湾都市計画令」への言及がない。さらに、「台湾都市計画令」と対象領域が重なっていた「建築法」や「土地法」は同時期に改正されていない。「建築法」は一九四四年に全面改正[27]された後、一九七一年[28]まで改正がない。「土地法」は土

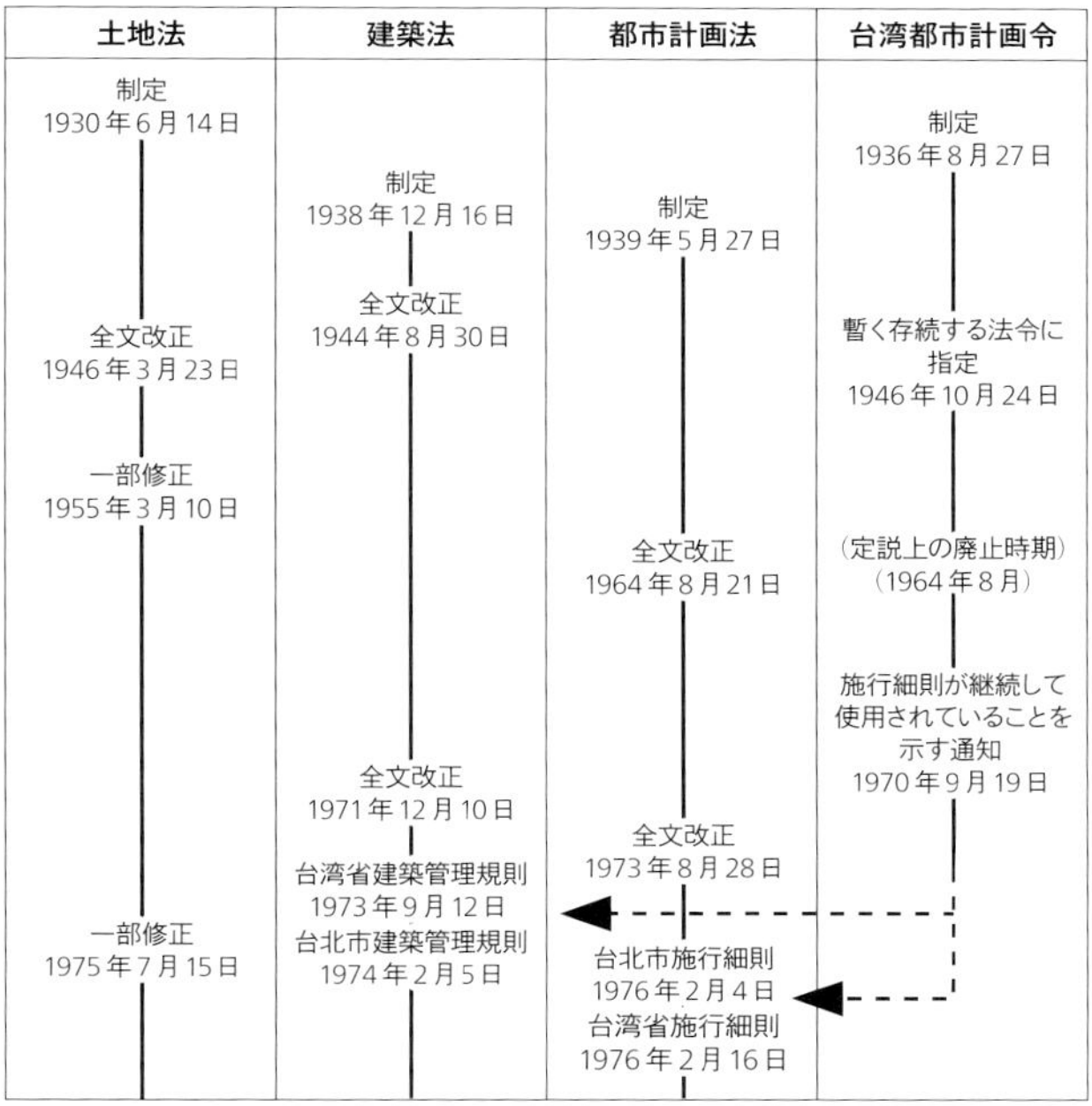

【図3】中華民国における都市計画関係法令（（台湾総督）府報、二七七〇号、一九三六年八月二七日、国民政府公報、一九三〇年六月三〇日、第五〇九号、一九三八年一二月二八日、渝字第一一三号、一九三九年六月八日、渝字第一六〇号、一九四四年九月二三日、渝字第七一二号、一九四六年四月二九日、渝字第一〇四六号、総統府公報、一九五五年三月一九日、第五八五号、一九六四年九月一日、第一五七一号、一九七一年一二月二二日、第二三五四号、台湾省行政長官公署公報、一九四六年一〇月二四日、冬字第二〇期、台湾省政府公報、一九七六年二月一六日、春字第三五期、一九七三年九月一七日、秋字第六七期、台北市政府公報、一九七四年二月七日、春字第二四期、一九七六年二月五日、春字第二二期）

地に関する幅広い規定を有し、日本でいう「民法」の一部、「不動産登記法」「農地法」「土地収用法」、各税法を包括した。当初は都市設計に応じた土地の権利制限、建築線指定、建物の高さ・階数、建蔽率・空地率（第一四九条）、最小敷地（第一五一条）などの規定があったが、一九四六年の全文改正で削除された。[*29] それ以降は一九五五年と一九七五年に一部修正がある[*30]が、一九六四年には修正がない。つまり、「都市計画法」の改正前後の二〇年間に「建築法」にも「土地法」にも改正がないのである。したがって、中華民国の法律と「台湾都市計画令」の関係について再検討が必要である。

台湾省行政長官公署は、一九四六年一二月一七日に、高雄市政府からの法令解釈の疑義に対し、「日本統治時代の高雄都市計画案は現在も有効。台湾都市計画令および土地区画整理施行規則は現在も有効。ただし都市計画法及土地法に抵触する部分は無効。（台湾省行政長官公署民政処代電致亥篠（三五）民地技字第二九二号：引用者要約）[*31]」と回答している。この時点の台湾では、中華民国「都市計画法」と「土地法」が有効で、「台湾都市計画令」よりも優先的に適用されていたことが判明する。「台湾都市計画令」は中華民国「都市計画法」の代替ではなく補完と考えるのが妥当である。

一九五二年五月二九日に[*32]「台湾都市計画関係民法等特例」は廃止されたが、「台湾都市計画令」と「同施行規則」は廃止されていない。台湾省建設庁は、一九五三年一一月三日に、洪水が発生しやすい低地での建設申請は「建築技術規則」第二十三条と「台湾都市計画令施行規則」第六十三条に従うとする通知[*33]を発している。「建築技術規則」とは、中華民国「建築法」（一九四四）第四十七条に基づく「建築技術上の準則」である。中華民国「建築法」もまた効力が停止されていないことが確認できる。また、一九五五年七月二〇日には、台中市

*29 国民政府公報、一九四六年（民国三五年）四月二九日、渝字第一〇四六号

*30 総統府公報、一九五五年（民国四〇年）三月一九日、第五八五号

*31 台湾省行政長官公署公報、一九四六年（民国三五年）一二月一八日、冬字第六五期

*32 台湾省政府公報、一九五二年（民国四一年）五月三〇日、夏字第五二期

*33 台湾省政府公報、一九五三年（民国四二年）一一月七日、冬字第三二期

*34 台湾省政府公報、一九五五年（民国四四年）七月二二日、秋字第一九期

*35 台湾省政府公報、一九七〇年（民国五九年）九月二三日、秋字七二期

*36 台湾省政府公報、一九五六年（民国四五年）一一月二日、冬字二七期

政府から寄せられた「台湾都市計画令施行規則」第三十五条の解釈上の疑義に対し、コンクリートは「煉瓦、土器類、陶磁器、人造砥石又ハ坩堝」に類すると回答している。[*34]

一九七〇年九月一九日に台湾省建設庁は、「都市計画区域の土地は、都市計画法および台湾都市計画令施行細則に従って取り扱われるものとする」という通知（五九建一字第八三六三七号）[*35]を発している【図4】。これは「台湾都市計画令施行細則」が継続して使用されていることを示す通知である。一九六四年の「都市計画法」の改正以後も「台湾都市計画令施行細則」が有効であったことが公文書上から確認できる。「台湾都市計画令が戦後も（中華民国）都市計画法を代替し、一九六四年の都市計画法全面改正をもって廃止された」とする言説は誤りである。

臺灣省政府建設廳函　(59) 9 19 建一字第八三六三七號

事由：為都市計劃區域內土地使用問題一案，函請查照。

受文者：各縣市政府

一　查都市計劃區域內土地使用問題，經呈奉經濟部經(59)工第三七六〇八號令復：「二、查行政院(58)2 24臺(內)內一五五九號令規定在工業用地以外農地變更使用者應避免使用一至六等則水田係指一般農地而言，至都市計劃區域內之土地已依照都市計劃法及現沿用之臺灣都市計劃令施行細則規定其用途者自應依照其規定之用途辦理。」

二　函請查照。"

廳長　陳友欽

【図4】台湾都市計画令が継続して使用されていることを示す通知
（台湾省政府公報、1970年（民国59年）9月23日、秋字72期）

中華民国時代の台湾都市計画令の役割

台湾省政府は、一九五六年一一月一日に台湾省における法規の整理と簡素化について通知（四五府秘法字第一二三八五五号）し、各法規の整理の方向や検討状況を提示している。その中で、「台湾都市計画令」および「同施行細則」について、「都市計画法本省施行細則および本省建築管理規則が起草・検討中（引用者訳）」と説明している[*36]【図5】。「都市計画法本省施行細則」とは、中華民国「都市計画法」（一九三九）第三十一条に基づく台湾省政府の政令で、地方（台湾省）の状況に応じた施行細則である。「本省建築管理規則」とは、中華民国「建築法」（一九四四）第四六条に基づく台湾省政府の政令で、地方の状況に応じた建築管理規程である。中華民国政府は中国全土とモンゴルの領有を主張していたことから、台湾（省）は一地方という位置付けである。「台湾都市計画令」および「同施行細則」が「都市計画法施行細則」や「建築管理規則」として制定されるべく検討中であるということは、「台湾都市計画令」および「同施行細則」は「都市計画法」「建築法」の下位法令として運用されていたということである。

「台湾省建築管理規則」は一九七三年九月一二日に[*37]、「都市計画法台湾省施行細則」は一九七六年二月一六日に[*38]、それぞれ制定公布されている。台北市は一九六七年七月一日に直轄市として台湾省から分離されているため[*39]、台湾省とは別に一九七四年二月五日に「台北市建築管理規則」が[*40]、一九七六年二月四日に「都市計画法台北市施行細則」が[*41]、制定公布されている。「都市計画法」「建築法」の下位法令としての再編によって、「台湾都市計画令」および「同施行規則」は都市計画と建築に分離されている。その点において「戦後台湾の法整備において都市計画と建築が分離された」とする言説は誤りではないが、戦後の台湾では中華民国の「都市計画法」と「建築法」が一貫して機能していたから、「一九六〇年代に独自の法規を策定した際、都市計画法と建築法を別個の法律にしてしまった」という言説は誤りである。

都市計画法・建築法に対する台湾都市計画令の影響

建築管理規則や都市計画法施行細則は、中華民国の「建築法」や「都市計画法」の下位法令である。独立した建築・都市計画法令であった「台湾都市計画令」とは構成が異なるため、

*37 台湾省政府公報、一九七三年（民国六二年）九月一七日、秋字第六七期

*38 台湾省政府公報、一九七六年（民国六五年）二月一六日、春字第三五期

*39 台湾省政府公報、一九六七年（民国五六年）六月二九日、夏字第七七期

*40 台北市政府公報、一九七四年（民国六三年）二月七日、春字第二四期

*41 台北市政府公報、一九七六年（民国六五年）二月五日、春字第二二期

*42 早川透「台湾都市計画令の異色」『都市問題』第二四巻第五号、一九三七年、六四～六九頁

対応関係の追跡は複雑で、単純な条文の比較は困難である。そこで、本節では「台湾都市計画令」の代表的な特徴に着目し、建築管理規則ないし都市計画法施行細則への継承を考察する。

早川透（台湾総督府技師）は、「台湾都市計画令」の特徴として、❶建築物の接道要件の限定（計画道路を基調とする）、❷都市計画事業決定の廃止（計画の決定に統合）、❸組合施行土地区画整理の排除、❹用途地域内での特別地区（専用地域等）の導入、❺亭仔脚《ていしきゃく》（tîng-á-kha：台湾ホーロー語でアーケードの意）設置の義務化、❻建築様式の相違に起因する高さ制限の緩和、❼シロアリの害を考慮した木骨レンガ造や木骨石造の禁止、❽亜熱帯気候での通風換気を考慮した内地より五パーセント低い建蔽率、を挙げている。*42

❶は「台湾省建築管理規則」第三条と「台北市建築管理規則」第九条に同様の規定がある。❷について、「都市計画法」（一九七三）第十五条では事業スケジュールと経費を都市計画の決定事項に含めており、そもそも一九三九年の法制化以来独立した事業決定の概念がない。❸は、「土地法」（一九四六）第百三十五条が、施行者を行政機関に限定している。❹について、「都市計画法台湾省施行細則」第十四条と「都市計画

臺灣省政府令

中華民國四十五年十一月一日
（肆伍府秘法字第一二二八五五號）

事由：爲令發本府整理法規案再行整理簡化後各項單行法規目錄彙編，希知照。

本府所屬各廳處局會
各縣市政府（局）：

一　査整理本省單行法規一案，迭經分飭所屬先後檢討整理，並繕具目錄，報請行政院核備在案。
二　旋奉　行政院臺四十二（規）字第七二五〇號令副本附發再行整理簡化後保留及修正部份法規目錄，飭遵照辦理，當經轉飭所屬再行檢討簡化，並成立本省法規整理委員會統籌辦理。茲據簽報再行整理簡化法規前來。
三　除呈報並分令外，合行抄附再行整理簡化後各項單行法規目錄彙編乙份，令希知照。〃

主席　嚴家淦

臺灣省政府整理法規案再行整理簡化後各項單行法規目錄彙編

建設法規保留部份（營建類）

法規名稱	公布機關	公布及施行日期	整理意見	備註
臺灣都市計劃令	沿用	二五、八、廿七		已擬訂都市計劃法本省施行細則及本省建築管理規則正在審核中
臺灣省都市計劃令施行細則	沿用	二五、十二、卅		已擬訂都市計劃法本省施行細則及本省建築管理規則正在審核中

【図5】台湾省における法規の整理と簡素化（一九五六）
（台湾省政府公報、一九五六年（民国四五年）一一月二日、冬字二七期）

法台北市施行細則」第十条に、土地使用分区で必要に応じて特定専用区を定められる旨の規定がある。ただし、一九四一年の「台湾都市計画令施行規則」改正（台湾総督府令第一七二号）[*43]で設定された、住居専用地区（戸建てまたは二戸建ての住宅のみを許容）、特別住居地区（労働者住居のみを許容）、商業専用地区（店舗、料理屋、飲食店、劇場等のみを許容）、工業専用地区（工場、倉庫等のみを許容）、特別工業地区（火薬庫、有害・危険な工場を許容する唯一の地区）に直接対応する土地使用分区は設定されていない。❺は、「台湾都市計画令」第三十三条と「同施行規則」第七十四条で指定された道路に沿った亭仔脚設置の義務化である。台北州（現在の台北市、基隆市、新北市、宜蘭県）内では「台北州建築物制限規則」（昭和一二年四月一日台北州令第一四号）[*44]第二十一条により、幅員七メートル以上の道路が指定された。「台湾都市計画令施行規則」第七十三条では亭仔脚部分の建築面積への不算入が規定されていた。

台湾都市計画令（一九三六）

第三十三条　都市計画区域内ニ於ケル道路ニシテ行政官庁ノ指定スルモノニ沿ヒテ建築物ヲ建築スル者ハ台湾総督ノ定ムル所ニ依リ亭仔脚又ハ之ニ準ズル設備ヲ設クベシ

台湾都市計画令施行規則（一九三六）

第七十三条　建築物ノ建築面積ハ建築物ノ敷地ノ面積ニ対シ十分ノ六・五ヲ超ユルコトヲ得ズ但シ知事又ハ庁長ニ於テ指定シタル角地其ノ他ノ区域ニ於ケル建築物及知事又ハ庁長ニ於テ支障ナシト認ムル建築物ニ付テハ此ノ限ニ在

*43 （台湾総督）府報、四二九二号、一九四一年（昭和一六年）九月一四日

*44 台北州報、号外、一九三七年（昭和一二年）四月一日

ラズ
第七十四条ノ規定ニ依ル亭仔脚及檐庇ナキ歩道ノ敷地ノ面積並ニ亭仔脚ノ建築面積ハ前項ノ建築物ノ敷地ノ面積及建築面積ニ之ヲ算入セズ
第七十四条　知事又ハ庁長ノ指定スル道路ニ沿ヒテ建築物ヲ建築スル者ハ亭仔脚（檐庇アル歩道）ヲ設クベシ但シ特別ノ事由アルトキハ知事又ハ庁長ノ許可ヲ受ケ檐庇ナキ歩道ヲ設クルコトヲ得
知事又ハ庁長ハ本節ニ規定スルモノノ外亭仔脚及檐庇ナキ歩道ノ幅員及構造ニ関シ必要ナル命令ヲ発シ又ハ処分ヲ為スコトヲ得

台北州建築物制限規則（一九三七）
第二十一条　規則第七十四条ノ規定ニ依リ亭仔脚ヲ設クベキ道路ハ幅員七メートル以上ノ道路トス

台湾省建築管理規則第十三条では商業区内の幅員七メートル以上の道路で騎楼《きろう》（qílóu：北京語でアーケードの意）設置が義務化され、第十八条で建築面積への不算入が規定されている。

臺灣省建築管理規則（一九七三）
第十三條　商業區面臨七公尺寬以上計畫道路之建築基地、應一律設置騎樓或庇廊、但經讓出其寬度退後建築、而經縣（市）政府許可者、不在此限。
第十八條　騎樓或庇廊所佔之面積、計算空地比率時、得不計入基地面積及建築面積之內。

（日本語訳）
第十三条　幅七メートルを超える計画道路に面する商業区の建築敷地は、騎樓または庇廊を設置しなければならない。ただし、壁面を後退し県（市）政府の許可を受けた場合はこの限りではない。
第十八条　騎樓または庇廊の占める面積は、空地率の計算にあたり敷地面積および建築面積に含めないことができる。

台北市では都市計画法台北市施行細則第二十八条で住宅区以外の指定地区の道路で騎樓設置義務と建築面積への不算入が規定されている。

都市計畫法臺北市施行細則（一九七六）
第二十八條　本府得經都市計畫委員會議決就住宅區以外之地區部份道路必須設置騎權或無遮簷人行道、其設置標準依本市建築管理規則之規定、建築面積不計入建蔽率。

（日本語訳）
第二十八条　台北市政府は、都市計画委員会の決議を経て、住宅地以外の一部の道路に騎樓または屋根のない歩道を設置することができる。設置基準は台北

*45 朱萬里『台北市都市建設史稿』台北市工務局、一九五四年、二六七〜二八四頁

市の建設管理規則の規定に従うものとする。建築面積は建蔽率に算入しない。

亭仔脚（騎楼）の設置は、台北市では都市計画法で、台湾省では建築法にのっとって継承されている。❻と❼には都市計画法施行細則と建築管理規則に対応する規定がなく、❽は、「都市計画法台湾省施行細則」第二十七条および「都市計画法台北市施行細則」第二十三条において「市街地建築物法施行令」第十四条と同等（住居系六〇パーセント、商業系八〇パーセント）である。❶❹❺は中華民国の法体系への編入された「台湾都市計画令」の規定である。中華民国の法体系に吸収されているため、韓国のように条文構成まで一致していることはなく、継承は限定的である。本書は亭仔脚の設置義務など「台湾都市計画令」からの継承を確認したが、「台湾都市計画令」の廃止に関する告示文などの発見には至っていない。「台湾都市計画令」は中華民国「都市計画法」「建築法」の下位法令として運用された後、正式に管理規則・施行細則として中華民国の法体系に吸収された。既存の中華民国の法体系を前提として、各論の部分的な継承に留まっていることから、韓国よりも影響は限定的であった。

なお、中華民国政府は終戦後に日本人技術者を留用し、一九四七年に『大台北市綜合都市計画草案』を作成させている。[*45] この計画は大台北市区計画（第2章参照）の改変であった。計画の内容は日本時代から直接継承されている。

「台湾都市計画令」では、「都市計画法」と「市街地建築物法」をそれぞれ適用する必要がないことが利点と認識されていた。中華民国「建築法」（一九七一）第三条は都市計画実施地区への「建築法」の適用を明記しており、法律が別々でも適用手続きは二元化していない。さらに、中華民国「都市計画法」（一九七三）は第四十条で「都市計画が公布・実施後は、建築法の規定にのっとって建築管理が実施されなければならない」と規定し、「建築法」（一九七二）第五十八条は、行政官署が建築物の改修・使用停止・解体を命じられる事由の一つとして、「都市計画の防げとなる場合」を含んでいる。「台湾都市計画令」の違反建築物の措置制度（第三十七条）が、「市街地建築物法」に相当する第二章への違反に限定されたことと比較すると、都市計画と建築取締が一体化している。

なお、現在台湾で使用されている区段徴収（超過収用）と土地重画（土地区画整理）を「日本統治期の都市計画の遺産」と見なす見解[*46]があるが、土地法には制定当初から土地重画（第二百十一条以下）や区段徴収（第三百四十三条以下）の規定がある。台湾における土地区画整理や超過収用の事例は日本統治時代に始まり、戦後の事例でも施行規則として「台湾都市計画令」が踏襲されてはいるものの、根拠法令は中華民国の「土地法」である。したがって現在の台湾の区段徴収や土地重画は、純粋に日本の遺産とは言い切れない。

本章では、韓国と台湾における第二次世界大戦後の継続使用と、その後の独自立法における都市計画法令からの建築法令の分離の背景、独自の法整備に対する日本統治時代の都市計画法令からの影響について分析した。戦後の韓国・台湾で継続使用された理由は、韓国では戦争やクーデターの影響で法整備に時間を要したためであり、台湾では社会の安定や住民の権益保護を目的とした法制度全般に関する包括的な措置の一環であったためであって、いずれも法令の内容が個別に評価された結果ではなかった。法整備における都市計画・建築の分離について、韓国では「朝鮮市街地計画令」をベースとした法律の起草作業が進んでいたところに、「建築基準法」を移入したため、都市計画と建築が分離した。台湾では、中華民国

*46 前掲、『台北の都市計画一八九五—一九四五』

の既存の法体系を前提に「都市計画法」と「建築法」が別々に存在していて、「台湾都市計画令」は既存の中華民国法の下位法令として運用された後、法整備の過程で既存の法体系に吸収された。都市計画・建築の分離の背景はさまざまで、態様にも共通性がない。また、戦後の韓国・台湾における法整備では、戦前の法令の長所と指摘された適用手続きの一元化は実質的に損なわれていない。韓国の「都市計画法」は、「朝鮮市街地計画令」をその根幹として継承しているが、台湾では中華民国の法体系が前提とされたため、「台湾都市計画令」の影響は各論に留まっていた。

第9章

まとめ——外地都市計画制度と都市空間改造の実態

本書の成果を総括する。

第1章では、本書の背景、位置付け、構成について述べている。

第2章では、各地域の制度の成立過程を踏まえ、都市計画の通史を概説し、都市計画法令相互の位置関係と特徴を考察した。土地所有形態の違いや統治施策の影響から、都市計画法令導入以前の外地の市街地建設制度は多様であったが、外地都市計画法令は内地法の移入を基調とし、大局的には制度の標準化であることを指摘している。各都市計画法令は、先行する他地域の法令を参照しながら策定されており、個別制度の基本的構造が共通することを明らかにしている。

第3章では、京城と台北の市区改正による伝統的な都市空間の改造の実態を考察した。京城市区改正は、漢城の骨格街路網を格子型に転換していく過程であり、台北市区改正は、既存の骨格を利用して環境改善を図っている。風水地理説に基づく空間の調和は、意図的に破壊すべき対象という認識にすら達しないほど軽視されていたこと、主要な官庁施設や神社について、系統的な配置計画を駆使するには至っていないこと、を指摘した。

第4章では、内地における「都市計画法」と「市街地建築物法」の成立過程と外地における法令一体化の効果を検討した。内地では「都市計画法」を基本法、「建築法」を個別法とする体系として構想されたことを明らかにした。また、用途地域が「都市計画法」ではなく「市街地建築物法」で規定され、施設として都市計画に位置付けられるという構造に至った背景を考察した。外地における都市計画法令と建築法令一体化は、通説では外地都市計画法令の先進性の象徴とされていたことから、その嚆矢となる「朝鮮市街地計画令」の立案過程を分析し、手続きの簡略化と適用の便利さの結果であったことを明らかにした。また、建築工事の許可制度や違反建築物の措置制度に関する分析を通して、朝鮮・台湾・関東州において「市街地建築物法」に相当する規定の範囲に限定されていて、都市計画と建築は一体化したというよりも同一の法令内に併存していたと考えるのが妥当と結論している。満洲国においても都市計画法の原状回復命令が統合されただけで、法令一体化による機能強化や新たな権能の獲得は見られなかったことを指摘している。

第5章では、外地都市計画制度の特徴とされる緑地系用途規制について分析した。緑地系用途規制は、従来説において、「都市計画法」（一九六八）の市街化調整区域の先取りと説明されてきたが、飯沼一省が『地方計画論』で紹介した三種類の緑地確保手法（都市施設、用途規制、建築線）の一つで、都市施設方式と並列の関係にあることを明らかにした。また、台北では建築線方式が存在していたことを指摘している。満洲国の「都邑計画法」（一九三六）の緑地区は、財政上の理由で施設としての緑地の買収が困難であったための妥協であったことを指摘している。さらに、「都市計画法」（一九六八）の市街化調整区域が、土地利用規制のみに頼る緑地系用途地域の欠陥を克服すべく考案された経緯を明らかにするとともに、人口圧力の吸収策の存在をもって、市街化調整区域を緑地区域（満洲国都邑計画法）の次世代の技術に位置付けている。

第6章では、用途規制と形態規制の細分化について分析した。満洲国「都邑計画法」（一九四二）に於ける用途地域の細分化は、従来説において「建築基準法」（一九七〇）を超える水準と説明されてきたが、満洲国「都邑計画法」（一九四二）において基調となった用途規制細分化手法は、「市街地建築物法」の工業地域内特区別地区の拡張であったこと、を発見している。工業地域内特区別地区が既成市街地で運用しにくいために内地で廃れた手法であることを論証し、満洲国の「都邑計画法」が新規市街地の統制へ特化していたことを指摘している。既成市街地に煩わされない新規市街地の創出・保続という「都邑計画法」（一九四二）の基本思想に基づいた結果と結論している。

第7章では、外地都市計画法令における面整備手法について検討した。土地区画整理では、市街地での事業展開を中心に、時系列的な発展が見られることを明らかにしている。外地都市計画法令で観察された組合区画整理の排除は、実務者にとっての理想型の実現であったことを指摘している。満洲国の土地公有化は、ロシアの鉄道附属地における土地の占有状態の再現を目標とし、超過収用の拡張として制度化されたことを明らかにしている。内地・朝鮮・台湾および傍流となる関東州では、一連の法令群のごとく進歩・改良されて既成市街地の整序手法が拡充されたのに対し、満洲国は法令の基本構造を共有しつつも新規市街地の創設と統制に特化し、既成市街地の再整備や整序を促す手法が軽視されていることを指摘し、用途規制の細分化手法と同様に、既成市街地に煩わされない新規市街地の創出・保続という「都邑計画法」（一九四二）の基本思想に基づいた結果と結論している。

第8章では、韓国と台湾における第二次世界大戦後の継続使用と、その後の独自立法における都市計画法と建築法の分離の背景、独自の法整備に対する日本統治時代の都市計画法令からの影響について分析している。戦後の韓国・台湾で使用された理由は、いずれも法令の内容が個別に評価された結果ではなかったことを明らかにしている。韓国では「朝鮮市街地計画令」をベースとした法律の起草作業が進んでいたところに、建築基準法を移入したことと、台湾では「台湾都市計画令」は既存の中華民国法の下位法令として運用された後、法整備の過程で既存の法体系に吸収されたことを指摘し、韓国の「都市計画法」は、「朝鮮市街地計画令」をその根幹として継承したが、台湾では中華民国の法体系を前提としたため、「台湾都市計画令」の影響は各論にとどまっていたと結論している。
第9章では、本書の結論と成果について述べている。

本書の成果

外地都市計画における「先進性」の再検討

従来説では、❶都市計画・建築取締法令の一体化、❷用途規制の細分化、❸緑地区域の創設は、外地の都市計画制度の先進性を象徴する特徴と見なされてきた。本書はこうした既往の評価をくつがす知見を提供している。❶の嚆矢となる「朝鮮市街地計画令」の一体化の理由が、審議の迅速さと適用手続きの一元化にあることを立証するとともに、一体化が新たな権能の獲得につながっていないことを検証している。❷は満洲国「都邑計画法」（一九四二）では既成市街地で適用しにくい用途細分化手法が基調となっていたことを指摘し、専用地域の導入による細分化を基調とした「建築基準法」（一九七〇）の先取りではなかったことを明らかにしている。❸は「都市計画法」（一九六八）起草者の論文から、市街化調整区域が、緑地系用途地域の弱点を克服すべく考案された制度であることを確認し、満洲国「都邑計画法」

（一九四二）の緑地区域を市街化調整区域の先取りとした通説を退けている。❷と❸については、その時代なりの技術水準をもって体系化はされているものの、既成市街地改良を放棄することで理想型が追求されているという、「都邑計画法」（一九四二）の限界を指摘している。

緑地系用途地域の体系的な位置付けの解明

緑地系用途地域は、飯沼一省が『地方計画論』で紹介した三種類の緑地確保の手法の一つで、都市施設としての緑地整備や、建築線による規制とは並列の関係であった。満洲国での導入理由は、都市施設として用地を買収する財源がなかったことによる妥協的な選択であったことを指摘している。また、台北の地域計画図と建築線による農業地域の運用実態の発掘は貴重な発見である。

内地に見られない制度や手法の導入背景と運用実態の分析

土地公有化は、ロシアの鉄道附属地における土地の占有状態の再現を目標としたことを指摘している。土地公有化が超過収用の拡張として理論化・制度化された背景を明らかにしたことは貴重な発見である。容積率規制は技術的に未成熟で、高さ規制の併用を要したことを指摘している。「都邑計画法」（一九四二）については、土地区画整理法制化の停滞および超過収用の廃止に着目し、その時代なりの技術水準をもって体系化はされているものの、既成市街地改良を放棄することで理想型が追求されているという、用途規制の細分化手法の特徴と同様「都邑計画法」(一九四二)の限界を指摘している。

外地都市計画相互の関係史の再構築

外地都市計画法令の相互比較において、時系列的変化を視野に含め、評価の相対化を図っている。起草過程における先行法令の参照のみならず、市街地の土地区画整理関連の条文や特別地区制度の伝播を追跡し、内地を含む他地域での運用を踏まえた条文の改良実績を発掘している。これらをもって、先進的な外地法令と旧態以前とした内地法という単純な二項対立ではなく、一連の法令群として進歩・改良されてきた足跡を明らかにしている。

都市計画法令導入以前の制度と運用実態の解明

関東庁報の告示図面を新たに発見し、市街計画の制度的位置付けを解明している。台湾の市区計画や朝鮮の京城市区改修予定計画路線と合わせ、都市計画法令導入以前の法制度の運用実態を系統的に追跡し、統治施策や土地利用形態の違いを背景とする多様性を提示した。都市計画法令の導入が大局的には制度標準化であるとする見解を補完している。

戦後の韓国・台湾における法整備への影響の分析

韓国の法整備における「朝鮮市街地計画令」や「建築基準法」の影響を具体的に指摘して

いる。台湾については、通達類の追跡を通して、中華民国統治下の「台湾都市計画令」の運用を分析し、戦後も中華民国の都市計画法を代替したとする従来説を退けているとともに、正確な運用実態の把握に成功している。

一次資料に基づく精緻な論考の展開

これまでの研究では、主に計画や制度を総括した二次的史料が使用されている。本書では行政機関の文書など、膨大な一次資料を精力的に渉猟し、論考の精度を高めている。二次的史料の取りまとめでは得られない知見を蓄積するとともに、日本の外地都市計画制度の総体と相互関係を体系的に再構築した。

付録 1

外地都市計画法令の出典

本書で引用した外地の都市計画法令は官報・公報を出典としている。
掲載された巻号は以下のとおりである。

	法令名	掲載官報・公報
台湾	台湾都市計画関係民法等特例（1936） （昭和11年8月26日勅令第273号）	府報（台湾総督府）、2770号、1936年（昭和11年）8月27日 官報、2897号、1936（昭和11）年8月27日
	台湾都市計画令（1936） （昭和11年8月27日律令第2号）	府報（台湾総督府）、2770号、1936年（昭和11年）8月27日 官報、2912号1936（昭和11）年9月14日
	台湾都市計画令施行規則（1937） （昭和11年12月30日府令第109号）	府報（台湾総督府）、2871号、1936（昭和11）年12月30日 官報、3021号1937（昭和12）年1月30日
	台湾都市計画令施行規則（1941） （昭和16年9月14日府令第172号）	府報（台湾総督府）、4292号、1941（昭和16）年9月14日 官報、4450号、1941（昭和16）年11月7日
朝鮮	朝鮮市街地計画令（1934） （昭和9年6月20日制令第18号）	朝鮮総督府官報、2232号、1934（昭和9）年6月20日 官報、第2259号、1934（昭和9）年7月13日
	朝鮮市街地計画令施行規則（1934） （昭和9年7月27日朝鮮總督府令第78号）	朝鮮総督府官報、2264号、1934（昭和9）年7月27日 官報、第2288号、1934（昭和9）年8月16日
	朝鮮市街地計画令施行規則（1935） （昭和10年9月2日朝鮮總督府令第105号）	朝鮮総督府官報、2593号、1935（昭和10）年9月2日 官報、第2639号、1935（昭和）年10月18日
	朝鮮市街地計画令（1940） （昭和15年12月18日制令第41号）	朝鮮総督府官報、4173号、1940（昭和15）年12月18日 官報、第4203号、1941（昭和16）年1月13日
	朝鮮市街地計画令施行規則（1940） （昭和15年12月20日朝鮮總督府令第296号）	朝鮮総督府官報、4175号、1940（昭和15）年12月20日 官報、第4233号、1941（昭和16）年2月18日
関東州	関東州州計画令（1938） （昭和13年2月19日勅令第92号）	官報、3338号、1938（昭和13）年2月21日
	関東州州計画令施行規則（1939） （昭和14年12月29日関東局令第110号）	官報、3924号、1940（昭和15）年2月7日
満洲国	国都建設計画法（1933） （大同2年4月19日教令第24号）	満洲国政府公報日訳、224号、1933（大同2）年4月26日
	国都建設計画法施行令（1933） （大同2年4月19日教令第25号）	満洲国政府公報日訳、224号、1933（大同2）年4月26日
	都邑計画法（1936） （康徳3年6月12日勅令第82号）	政府公報（満洲国）、669号、1936（康徳3）年6月12日
	都邑計画法施行規則（1937） （康徳4年12月28日院令第38号）	政府公報（満洲国）、1125号、1937年（康徳4年）12月28日
	都邑計画法建築細則（新京）（1939） （康徳6年7月17日首都警察庁令第4号）	政府公報（満洲国）、1628号、1939（康徳6）年9月16日
	国都建設計画法（1938） （康徳5年12月28日勅令第343号）	政府公報（満洲国）、1419号、1938（康徳5）年12月28日
	国都建設計画法施行令（1938） （康徳5年12月28日勅令第344号）	政府公報（満洲国）、1419号、1938（康徳5）年12月28日
	都邑計画法（1942） （康徳9年12月23日勅令第267号）	政府公報（満洲国）、2578号、1942（康徳9）年12月23日
	都邑計画法施行規則（1943） （康徳10年2月10日院第2号、交通部令第3号、司法部第3号）	政府公報（満洲国）、2612号、1943（康徳10）年2月10日

付録2

（満洲国）建築法案

（出典：小栗忠七［刊行年不詳］「滿洲國都邑計畫法 附建築法案」復興建設叢書第二輯、pp.65-90、復興建設研究所）

第一章　總則

第一條　本法ハ建築物ノ規制、改良竝ニ需給調整及建築ノ指導監督等ヲ行ヒ國民生活ノ向上及文化ノ進展ヲ圖ルヲ以テ目的トス

第二條　建築物ヲ新築、增築、改築、移轉又ハ除却セントスルトキハ交通部大臣ノ定ムル所ニ依リ許可ヲ受ケ又ハ屆出ヲ爲スコトヲ要ス

前項ノ屆出ニ關スル規定ハ建築物ガ災害ニ因リ滅失シタル場合ニ之ヲ準用ス

第三條　本法又ハ本法ニ基キテ發スル命令ニ依ル土地又ハ物件ニ關スル權利義務ハ其ノ承繼人ニ移轉ス承繼ニ因ラズシテ之ヲ取得シタル者ニ付亦同ジ

第四條　本法又ハ本法ニ基キテ發スル命令ニ依リテ爲シタル手續其ノ他ノ行爲ハ土地又ハ物件ニ關スル權利義務ノ承繼人ニ對シテモ其ノ效力ヲ有ス承繼ニ因ラズシテ之ヲ取得シタル者ニ付亦同ジ

第五條　本法ニ於テ地方官署トハ新京特別市長、市長、縣長又ハ旗長ヲ謂フ

第六條　本法又ハ本法ニ基キテ發スル命令ニ基ク地方官署ノ權限ハ都邑計畫法第九條ノ規定ニ依リ都邑計畫ノ保續ヲ爲ス地方官署ノ指定アリタル場合ニ於テハ其ノ指定セラレタル地方官署之ヲ行フ

第七條　宅地ニ非ザル土地ヲ敷地トシテ第二條ノ許可ヲ受ケタルトキハ其ノ敷地タルベキ土地ハ許可アリタル時ニ於テ宅地ト成ル屆出ヲ承認シタルトキ亦同ジ但シ交通部大臣ノ指定スル建築物ニ付テハ此ノ限ニ在ラズ

前項ノ許可又ハ屆出ノ承認ヲ爲シタル官署ハ宅地ト成リタル旨ヲ登錄官署ニ通知スベシ

第八條　地方官署ハ建築物臺帳ヲ備ヘ付クベシ

建築物臺帳ニ登錄スベキ事項其ノ他必要ナル事項ハ交通部大臣之ヲ定ム

第九條　地方官署ハ建築物臺帳ニ登錄スベキ事項中建築物ノ新築又ハ增築ニ該當スルモノアルトキハ其ノ敷地ノ所在地及地號竝ニ建築物ノ種類、構造、面積及竣工年月日ヲ當該土地ヲ管轄スル登錄官署ニ通知スベシ

第二章　建築敷地ノ規制

第十條　一構ノ建築物ノ建築敷地ハ一筆ノ宅地タルコトヲ要ス但シ特別ノ事情ニ依リ地方官署ノ許可ヲ受ケタルトキハ此ノ限ニ在ラズ

本法ニ於テ一構ノ建築物トハ一箇所若ハ數箇ノ建築物全一トシテ機能ヲ有スルモノヲ謂フ此ノ場合ニ於テ一棟ノ集合住宅又ハ共同住宅ハ之ヲ一構ト看做ス

第十一條　宅地ハ交通部大臣ノ定ムル所ニ依リ道路敷地ニ接セシムルコトヲ要ス但シ特別ノ事由アル場合ニ於テ地方官署ノ許可ヲ受ケタルトキハ此ノ限ニ在ラズ

道路ノ新設又ハ變更ノ計畫アル場合ニ於ケル其ノ計畫ノ道路ハ前項ノ適用ニ付テハ道路ト看做ス

第十二條　宅地ノ地盤面ハ少クトモ其ノ宅地ノ一邊ガ接スル道路境界ニ於ケル道路面ヨリ高カラシムベシ但シ適當ナル排水設備ヲ有スルカ又ハ土地ノ傾斜其ノ他土地ノ狀況ニ依リ地方官署支障ナシト認ムルトキハ此ノ限ニ在ラズ

第十三條　本法ニ於テ道路トハ國ノ管理スル道路ヲ謂フ

第十四條　裏界線ニ通路ヲ設ケタル場合ニ於テハ其ノ通路ハ互ニ地役權ヲ設定シタルモノト看做ス

通路ハ宅地ノ一部トス

交通部大臣ハ通路ニ關シ必要ナル規定ヲ設クルコトヲ得

第十五條　公共下水道ヲ設ケタル地ニ於テハ甲地ノ雨水汚水ヲ疎通スル爲必要アルトキハ乙地ニ雨水汚水ヲ通過セシメ又ハ乙地ノ雨水汚水ヲ通過セシムル爲設ケタル工作物ヲ使用スルコトヲ得但シ乙地ノ爲ニ損害最モ少キ場所及方法ヲ選ブベシ

前項ニ依リ他人ノ工作物ヲ使用スル者ハ其ノ利益ヲ受クル割合ニ應ジ工作物ノ施設及管理ノ費用ヲ負擔スベシ

第十六條　地方官署ハ交通部大臣ノ定ムル所ニ依リ宅地面積ノ最小限度ヲ定ムルコトヲ得

第十七條　地方官署防火又ハ修景等ノ爲必要アリト認ムルトキハ宅地内ニ植樹セシムルコトヲ得

交通部大臣ハ前庭及圍牆ニ付必要ナル規定ヲ設クルコトヲ得

第十八條　交通都大臣ハ宅地内ニ存セシムベキ空地ノ面積、位置及用途ニ關シ必要ナル規定ヲ設クルコトヲ得

第十九條　地方官署宅地トシテ保安、衛生、其ノ他建築ヲ不適當ト認ムル土地ニ對シテハ建築ヲ禁止制限シ其ノ他必要ナル措置ヲ命ズルコトヲ得宅地ガ本法又ハ本法ニ基キテ發スル命令ニ違反スベキモノト成リタルトキ亦同ジ

第二十條　交通部大臣ハ宅地ニ關シ本法ニ規定スルモノヲ除クノ外必要ナル事項ヲ定ムルコトヲ得

第三章　建築物ノ規制

第二十一條　道路飛行場其ノ他公用又ハ公共ノ用ニ供スル土地ト決定シタル地域内ニハ其ノ用途ヲ阻害スル建築物ハ之ヲ建築スルコトヲ得ズ

地方官署前項ノ計畫ニシテ決定シタルトキハ公用又ハ公共用ニ供スル旨ヲ告示スベシ

第二十二條　建築物ハ本法又ハ本法ニ基キテ發スル命令ニ依リ定メタル用途又ハ營業ノ種類ニ從ヒ之ヲ利用スベシ

建築物ノ所有者又ハ占有者建築物ノ用途又ハ營業ノ種類ヲ變更セントスルトキハ地方官署ノ許可ヲ受クベシ

地方官署ハ建築物ノ所有者ニ對シ其ノ建築物ニ於テ營業スベキ營業ノ種類ヲ指定スルコトヲ得

第二十三條　地方官署必要アリト認ムルトキハ建築物ノ用途又ハ規模ヲ指定シ其ノ用途ニ供スル建築物ノ建築ヲ制限又ハ禁止スルコトヲ得

第二十四條　交通部大臣ハ建築物ノ種類ニ應ジ一人當リ占有面積ノ最大限度又ハ最小限度ヲ定ムルコトヲ得

第二十五條　住宅ノ主要居室ハ交通部大臣ノ定ムル所ニ依リ日光ニ直射セシムルコトヲ要ス

隣地住宅ノ主要居室ニ日光ノ直射ヲ妨グル建築物ハ之ヲ建築スルコトヲ得ズ

第二十六條　丘陵地、景勝地又ハ觀光地等ニ於ケル建築物ハ建築物ニ依リ主景ヲ掩蔽セザル樣互ニ配置セシムルト共ニ環境ニ卽應スル如ク意匠スベシ

第二十七條　建築物ハ相隣スル宅地ノ境界線ヨリ交通部大臣ノ定ムル距離ヲ保タシムベシ

第二十八條　建築物ノ意匠ニ付テハ菊花又ハ蘭花御紋章ト同一又ハ類似ノモノ其ノ他國務總理大臣ノ告示シタルモノヲ用フルコトヲ得ズ

廟其ノ他國務總理大臣ノ告示スル建築物以外ノ建築物ノ屋根瓦ハ黃金色又ハ之ニ類似スル色ヲ用フルコトヲ得ズ

第二十九條　神社、寺院、廟、記念塔其ノ他國ノ文化ヲ表徵スル建築物又ハ工作物ノ建築ニ付テハ建築審議會ノ議ヲ經ルコトヲ要ス但シ國務總理大臣其ノ必要ナシト認ムルトキハ此ノ限ニ在ラズ

第三十條　交通部大臣ハ建築物ノ宅地内ニ於ケル配置、計畫、

構造、意匠、設備、施工及資材ニ關シ本法ニ規定スルモノヲ除クノ外必要ナル事項ヲ定ムルコトヲ得

第三十一條　地方官署ハ前條及同條ニ基キテ發スル命令ノ適用ニ付資材其ノ他ノ都合上一定期間其ノ適用ヲ緩和シ又ハ猶豫スルコトヲ必要ト認ムルトキハ交通部大臣ノ認可ヲ得テ之ヲ緩和シ又ハ猶豫スルコトヲ得

第三十二條　地方官署ハ建築物ガ左ノ各號ノ一ニ該當スルトキハ其ノ除却、改築、修繕、移轉、補强、使用又ハ工事ノ禁止若ハ停止其ノ他必要ナル措置ヲ命ズルコトヲ得

一　保安上危險又ハ衛生上若ハ風紀上有害ト認ムルトキ

二　環境又ハ景觀上支障アリト認ムルトキ

三　本法又ハ本法ニ基キテ發スル命令ニ違反シタルトキ

四　本法又ハ本法ニ基キテ發スル命令ニ違反スベキモノトナリタルトキ

第三十三條　前條ノ規定ニ依リ除却ヲ命ゼラレタル跡地ニハ地方官署ノ許可ヲ受クルニ非ザレバ建築ヲ爲スコトヲ得ズ

第三十四條　建築物ノ賃借人建築物及設備ニ付保安上危險又ハ衛生上有害ニシテ修繕ヲ要スト認ムル場合ニ於テ賃貸人ニ催告スルモ其ノ義務ヲ履行セザルトキハ交通部大臣ノ定ムル所ニ依リ地方官署ノ許可ヲ得テ其ノ支拂ハルベキ賃借料ヲ以テ之ガ修繕ヲ爲スコトヲ得修繕ニ因リ不用ニ歸シタル資材ハ賃借人ノ所得トス

第三十五條　交通部大臣必要アリト認ムルトキハ建築物ノ管理ニ關シ必要ナル命令ヲ爲スコトヲ得

第四章　收用及收用物ノ處置

第三十六條　第十九條又ハ第二十二條第三項ノ規定ニ該當スルニ至リタル土地又ハ建築物ノ所有者ハ地方官署ニ對シ其ノ土地又ハ建築物ノ收用ヲ請求スルコトヲ得

前項ノ請求ヲ受ケタル地方官署ハ之ヲ收用スルコトヲ要ス

交通部大臣ノ告示スル用途ニ供スル建築物ノ立地上又ハ第三十二條第四號ニ該當スル場合ニ於テ地方官署必要アリト認ムルトキハ其ノ土地又ハ土地ニ定著スル物件ヲ收用スルコトヲ得

地方官署第一項又ハ前項ニ依リ土地ヲ收用スル場合ニ於テ必要アリト認ムルトキハ第一項又ハ前項ノ土地ノ附近地若ハ其ノ土地ニ定著スル物件又ハ之ニ關スル所有權以外ノ權利ヲ收用スルコトヲ得

第三十七條　收用ニ因リテ生ジタル損失ハ收用ノ時期ニ於ケル時價ヲ標準トシテ之ヲ補償スベシ

第三十八條　地方官署ハ收用ノ請求ヲ受ケタルトキハ收用ノ時期及補償金額ニ付協議スベシ

地方官署土地、物件又ハ權利ヲ收用セントスルトキハ收用ノ時期ヲ告示シ且其ノ土地ヲ管轄スル登録官署及知レタル所有者、權利者及關係人ニ其ノ旨通知スベシ

前項ノ告示アリタルトキハ所有者、權利者又ハ關係人ハ左ニ掲グル事項ヲ地方官署ニ申告スベシ

一　土地ノ所在、地號、地目及面積

二　物件ノ所在、敷地ノ地號、種類及數量

三　權利ノ種類及內容

四　所有者、權利者又ハ關係人ノ氏名又ハ名稱及住所

第三十九條　地方官署ハ前條第二項ノ告示後遲滯ナク補償金額ニ付土地又ハ物件ノ所有者、權利者又ハ關係人ト協議スベシ

前條第一項又ハ前項ノ協議調ハザルトキ又ハ協議ヲ爲スコト能ハザルトキハ地方官署ハ直接監督官署ニ之ガ裁定ヲ申請スベシ

第四十條　土地又ハ物件ノ收用ナルトキハ其ノ所有權ハ收用

ノ時期ニ於テ地方官署ノ統轄スル公共團體之ヲ取得シ其ノ他ノ權利ハ消滅ス

土地又ハ物件ニ關スル所有權以外ノ權利ノ收用ナルトキハ其ノ權利ハ收用ノ時期ニ於テ地方官署ノ統轄スル公共團體之ヲ取得ス

第四十一條　補償金ハ收用ノ時期迄ニ之ヲ拂渡スベシ但シ特別ノ事情アル場合ハ此ノ限ニ在ラズ

左ノ場合ニ於テハ前項ノ補償金ヲ供託スルコトヲ要ス

一　補償金ヲ受クベキ者ガ其ノ受領ヲ拒ミタルトキ又ハ之ヲ受領スルコト能ハザルトキ

二　補償金ヲ受クベキ者ヲ確知スルコト能ハザルトキ

三　補償金ノ差押又ハ假差押ヲ受ケタルトキ

收用ノ目的物ガ强制執行手續、假差押手續、假處分手續又ハ國稅徵收法ニ依ル强制徵收手續中ノモノハ收用ノ時期ニ於テ補償金ノ請求權ニ對シテ爲サレタルモノト看做ス

第四十二條　第三十六條ノ規定ニ依リ收用セラレタル土地ノ從前ノ所有者若ハ其ノ土地ニ在ル建築物ノ所有者又ハ占有者ハ收用ニ依リ公共團體ニ於テ所有權ヲ取得シタル後ニ於テモ事業ニ妨ゲナキ限リ從前通其ノ土地又ハ建築物ヲ利用スルコトヲ得

第四十三條　收用ニ要スル費用ハ地方官署ノ統轄スル公共團體ノ負擔トス

第四十四條　登錄官署ハ第三十八條第二項ノ通知ヲ受ケタル日ヨリ收用ノ時期ニ至ル迄所有權ノ移轉權利ノ設定其ノ他一切ノ登錄ヲ停止スベシ

第四十五條　土地又ハ物件ヲ收用シタル場合ニ於ケル登錄ニ付テハ本法ニ別段ノ定アル場合ヲ除クノ外不動產登錄法第百五十二條ノ規定ニ依ル但シ其ノ囑託書ニハ收用請求書謄本又ハ告示アリタルコトヲ證スル書面ヲ添付シ補償金ノ受取證又ハ供託受領書ノ添附ハ之ヲ要セズ

第四十六條　第十條第一項ノ規定ニ依リ一筆ノ宅地タラシムル爲又ハ一筆ノ一部ヲ收用スル爲必要アルトキハ地方官署ハ土地所有者ニ代位シテ土地ノ分割又ハ合併ノ登錄ヲ登錄官署ニ申請スルコトヲ得

前項ノ申請ヲ爲シタルトキハ理由ヲ具シ其ノ旨所有者ニ通知スベシ

第四十七條　地方官署ガ收用シタル土地ニ介在スル國有ノ道路、溝渠其ノ他ノ公共用地ニシテ區劃形質ノ變更ニ依リ其ノ全部又ハ一部ガ不用ニ歸シタル場合ハ其ノ敷地及其ノ附屬物ハ無償ヲ以テ地方官署ノ統轄スル公共團體ニ歸屬ス

區劃形質ノ變更ニ依リ造成シタル道路、溝渠其ノ他ノ公共用地及其ノ附屬物ハ無償ヲ以テ之ヲ國有ノ公共用財產ニ編入ス

前項ノ公共用地及其ノ付屬物ハ交通部大臣ノ定ムル所ニ依リ之ヲ管理スル官署ニ引繼グベシ

第四十八條　地方官署土地ノ區劃形質ノ變更ヲ完了シタルトキハ遲滯ナク當該土地ニ付從前ノ地籍ノ消滅ノ登錄ヲ登錄官署ニ囑託スベシ

第四十九條　地方官署前條ノ消滅登錄ヲ囑託シタルトキハ其ノ土地ニ付遲滯ナク地名、地號ノ新設ヲ爲シ登錄官署ニ對シ所有權保存ノ登錄ヲ囑託スベシ

第五十條　第三十六條ノ規定ニ依リ收用シタル土地及物件ノ拂下ゲヲ受ケントスル者拂下ノ許可アリタルトキハ拂下代金ノ豫納金トシテ地方官署ノ指定シタル期日迄ニ其ノ命ジタル金額ヲ納付スベシ

前項豫納金ヲ指定期日迄ニ納付セザルトキハ拂下ノ許可ハ其ノ効力ヲ失フ

第一項ノ豫納金ハ改良工事竣功ノ時ニ於テ土地及物件ノ拂下代金ニ充當ス

豫納金土地及物件ノ拂下代金ノ充當ニ過不足アルトキハ交通部大臣ノ定ムル所ニ依リ還付シ又ハ追徵ス

第三十六條ノ規定ニ依リ收用セラレタル土地物件ノ所有者ニ對スル補償金ハ第四十一條第一項本文ノ規定ニ拘ラズ第一項ノ豫納金納付ノ時迄ニ之ヲ拂渡スベシ但シ不許可ノ決定ヲ受ケタル者ニ對シテハ其ノ決定後遲滯ナク拂渡ヲ爲スコトヲ要ス

第五十一條　前條ノ規定ニ依リ優先拂下ノ許可ヲ爲シタル者ニ對スル處分ニ付テハ民法第百七十八條但書ノ規定ヲ適用セズ

前項ノ土地物件ヲ處分シタルトキハ交通部大臣ノ定ムル所ニ依リ地方官署ハ遲滯ナク登錄官署ニ對シ相手方ノ爲ニ所有權保存ノ登錄ヲ囑託スベシ

第五十二條　公共團體ハ本法ニ別段ノ定アルモノヲ除クノ外其ノ取得シタル土地又ハ物件ヲ交通部大臣ノ定ムル所ニ依リ管理又ハ處分スベシ

第五十三條　地方官署ハ第三十六條ノ規定ニ依ル收用ニ因リ其ノ土地又ハ建築物ノ附近地若ハ其ノ土地ノ附近地ニ在ル建築物ガ利益ヲ受クルト認ムル場合ニ於テハ交通部大臣ノ認可ヲ得テ其ノ土地ノ附近地又ハ其ノ土地ノ附近地ニ在ル建築物ノ所有者ニ對シ其ノ改良事業ニ要スル費用ノ一部ヲ受益者負擔金トシテ負擔セシムルコトヲ得

受益者負擔金ノ徵收官署ハ地方官署トス

受益者負擔金ハ前項ノ規定ニ依ル徵收官署國稅徵收法ノ例ニ依リ之ヲ徵收ス

受益者負擔金ハ地方官署ノ統轄スル公共團體ニ歸屬ス

第五十四條　前條ノ規定ニ依リ受益者負擔金ヲ課シタル場合ニ於テハ徵收官署ハ各建築物又ハ各筆ニ付負擔金ノ總額納入期間及納入方法ノ登錄ヲ登錄官署ニ囑託スベシ負擔完濟シタルトキニ於ケル其ノ抹消登錄ニ付亦同ジ

登錄官署前項ノ囑託ヲ受ケタルトキハ其ノ登錄ヲ爲スコトヲ要ス

第五章　建築物ノ需給調整

第五十五條　地方官署需給調整上必要アリト認ムルトキハ交通部大臣ノ定ムル所ニ依リ建築物（工事中ノ建築物及造作其ノ他ノ附屬設備ヲ含ム以下同ジ）又ハ建築物ノ用途達成ニ必要ナル土地（以下土地ト稱ス）ノ貸渡讓渡又ハ讓受ヲ命ズルコトヲ得

前項ノ命令ヲ受ケタル者ハ地方官署ノ許可ヲ受クルニ非ザレバ當該建築物又ハ土地ノ效用ヲ害スル行爲ヲ爲スコトヲ得ズ

第五十六條　前條第一項ノ場合ニ於ケル貸借又ハ讓渡ノ條件ハ當事者間ノ協議ニ依ル

前項ノ協議ハ地方官署ノ認可ヲ受クルニ非ザレバ其ノ效力ヲ生ゼズ

第一項ノ協議調ハズ又ハ協議ヲ爲スコト能ハザルトキハ地方官署ハ貸借又ハ讓渡ニ關シ必要ナル決定ヲ爲スコトヲ得協議ノ内容特ニ不相當ト認ムルトキ亦同ジ

第五十七條　地方官署第五十五條第一項ノ規定ニ依リ貸渡又讓渡ヲ命ジタル建築物又ハ土地ノ上ニ知レタル擔保權、地上權、賃借權其ノ他ノ權利ノ存スル爲當該建築物又ハ土地ノ貸借又ハ讓渡ノ目的ニ支障ヲ及ボス虞アリト認ムルトキハ當事者及當該者權利者ニ對シ其ノ權利ノ處理ニ付協議ヲ爲スベキコトヲ命ズルコトヲ得

前條第二項及第三項ノ規定ハ前項ノ場合ニ之ヲ準用ス

第五十八條　地方官署第五十五條第一項ノ規定ニ依ル命令ヲ

爲ナサントスル場合ニ於テ必要アリト認ムルトキハ建築物又ハ土地ノ工事又ハ權利ノ處分ヲ禁止又ハ制限スルコトヲ得

第五十九條 地方官署第五十五條第一項ノ規定ニ依ル命令ヲ爲シタル場合ニ於テ必要アリト認ムルトキハ貸借又ハ讓渡ノ效力發生前ト雖モ必要ナル事項ヲ定メ當該建築物又ハ土地ヲ占有スル者ヲシテ之ヲ借受ケ又ハ讓受クベキ者ノ用ニ供セシムルコトヲ得

第六十條 地方官署ハ第五十五條第一項ノ規定ニ基キ建築物又ハ土地ヲ借受ケ又ハ讓受ケタル者ガ當該建築物又ハ土地ヲ使用スルニ付之ヲ妨グル者アルトキハ其ノ者ニ對シ妨害ノ除去ニ關シ必要ナル命令ヲ爲スコトヲ得

第六十一條 地方官署ハ第五十五條第一項ノ規定ニ基キ建築物又ハ土地ヲ借受ケ又ハ讓受ケタル者ニ對シ當該建築物又ハ土地ノ使用又ハ處分ニ關シ必要ナル命令ヲ爲スコトヲ得

第六十二條 第五十五條第一項ノ規定ニ依リ建築物又ハ土地ノ貸付ヲ命ゼラレタル者當該建築物又ハ土地ニ付管理人ヲ必要トスルトキハ之ガ管理ヲ地方官署ニ請求スルコトヲ得

地方官署前項ノ請求ヲ受ケタルトキハ之ヲ管理シ又ハ其ノ統轄スル公共團體若ハ第三者ヲシテ管理セシムルコトヲ要ス

第六十三條 第五十七條又ハ第五十八條ノ協議又ハ決定ニ基キテ爲ス當該建築物又ハ土地ノ權利ニ關スル登錄ハ登錄權利者ノミニテ之ヲ申請スルコトヲ得此ノ場合ニ於テハ登錄義務者ノ權利ニ關スル登錄濟證ヲ提出スルコトヲ要セズ

不動資登錄法第百五十二條第二項及第百五十三條ノ規定ハ前項ノ場合ニ之ヲ準用ス

第六章 地代及賃貸料

第六十四條 建築物ノ所有ヲ目的トスル地上權若ハ土地ノ賃借權ヲ設定セントスルトキ又ハ建築物ヲ賃貸セントスルトキハ交通部大臣ノ定ムル所ニ依リ其ノ旨地方官署ニ屆出ヅベシ

第六十五條 地代若ハ建築物ノ所有ヲ目的トスル土地ノ賃貸借ノ場合ニ於ケル土地ノ賃貸料又ハ建築物ノ賃貸料ハ交通部大臣ノ定ムル所ニ依リ評價委員會ノ議ヲ經テ地方官署之ヲ決定ス

前項ノ規定ニ依リ地方官署ノ決定シタル地代及土地ノ賃貸料ヲ公定地代ト謂ヒ建築物ノ賃貸料ヲ公定賃貸料ト謂フ

第六十六條 地上權設定者若ハ地上權者又ハ建築物ノ所有ヲ目的トスル宅地ノ賃貸借ノ場合ニ於ケル賃貸人若ハ賃借人又ハ建築物ノ管理者ハ土地ノ改良又ハ受益者負擔其ノ他ノ事由ニ因リ土地ノ利用價値ニ著シキ變化ヲ生ジタルトキハ地方官署ニ對シ公定地代ノ改訂ヲ申請スルコトヲ得建築物ノ增築、改築又ハ受益者負擔其ノ他ノ事由ニ因リ建築物ノ利用價値ニ著キ變化ヲ生ジタルトキニ於ケル公定賃貸料ノ改訂ニ付亦同ジ

第六十七條 地方官署前項ノ申請ヲ理由アリト認ムルトキハ公定地代又ハ公定賃貸料ノ改訂ヲ決定スベシ

前項ノ改訂ニ關シ重要又ハ異例ニ涉ルモノニ付テハ評價委員會ノ議ヲ經ルコトヲ要ス

第六十八條 前二條ノ規定ニ依リ決定セラレタル公定地代若ハ公定賃貸料ニ付異議アル地上權設定者若ハ地上權者、建築物ノ所有ヲ目的トスル土地ノ賃貸借ノ場合ニ於ケル土地ノ賃貸人若ハ賃借人又ハ建築物ノ賃貸人若ハ賃借人又ハ建築物ノ管理者ハ地方官署ノ直接監督官署ニ對シ其ノ裁定ヲ求ムルコトヲ得

直接監督官署前項ノ申立ヲ理由アリト認ムルトキハ前項ノ

公定地代若ハ公定賃貸料ヲ改訂シ其ノ旨地方官署ニ通知スベシ理由ナシト認ムルトキハ之ヲ却下スベシ

第六十九條　建築物ノ管理者必要アリト認ムルトキハ原泉賃貸料ト均衡賃貸料トヲ定メ地方官署ニ届出ヅベシ

原泉賃貸料トハ建築物ノ所有者ノ取得スル賃料ヲ謂ヒ均衡賃貸料トハ賃借人ガ支拂フ賃借料ヲ謂フ

均衡賃貸料ヲ定メタル結果均衡賃貸料ガ公定賃貸料ヲ超過スル場合ニ於テハ公定賃貸料ノ改訂ヲ許可セラレタルモノト看做ス

第七十條　公定地代若ハ公定賃貸料ヲ超ヘテ地上權若ハ典權ヲ設定シ又ハ土地若ハ建築物ノ賃貸ヲ契約シ、支拂ヒ又ハ之ヲ收受スルコトヲ得ズ

地上權設定者、典權設定者、地上權者、典權者若ハ建築物ノ所有ヲ目的トスル土地ノ賃借ノ場合ニ於ケル賃貸人若ハ賃借人又ハ建築物ノ賃貸人若ハ賃借人ハ何等ノ名義ヲ以テスルヲ問ハズ前項ノ規定ニ依ル禁止ヲ免ルル行爲ハ之ヲ爲スコトヲ得ズ

第七十一條　地方官署ハ交通部大臣ノ定ムル所ニ依リ敷金ノ收受ニ付制限ヲ爲スコトヲ得

第七十二條　地方官署ハ賃貸建築物ノ修繕條件又ハ暖房費ニ關シ必要ナル命令ヲ爲スコトヲ得

第七十三條　地方官署必要アリト認ムルトキハ貸間ノ賃料ノ制限ニ關シ命令ヲ爲スコトヲ得

第七十四條　旅館業者ハ貸間又ハ之ニ類似スル行爲ヲ爲スコトヲ得ズ但シ特別ノ事情ニ依リ地方官署ノ許可ヲ受ケタルトキハ此ノ限ニ在ラズ

第七十五條　賃貸人ハ建築物ノ賃貸ニ付、賃借人ハ建築物ノ明渡ニ付權利金ヲ約束シ若ハ要求シ又ハ支拂ヒ若ハ之ヲ收受スルコトヲ得ズ

第七章　建築工事ノ調整

第七十六條　交通部大臣建築統制上必要アリト認ムルトキハ建築工事ノ制限、中止又ハ停止ニ關シ必要ナル命令ヲ爲スコトヲ得

前項ノ規定ニ依リ建築工事ノ制限、中止又ハ停止ニ關シ命令ヲ爲シタル場合ニ於テ交通部大臣必要アリト認ムルトキハ建築主又ハ建築工事施工者ニ對シ其ノ所有又ハ所持ニ係リ且當該工事ニ使用スル物資ノ使用、消費、讓渡、保管又ハ移動ニ付命令ヲ爲スコトヲ得

第一項ノ命令ニ因リテ生ジタル損失ハ之ヲ補償スベシ

第七十七條　交通部大臣必要アリト認ムルトキハ前條第二項ノ物資又ハ第七十八條ノ工事用施設若ハ機器ヲ徴用スルコトヲ得此ノ場合ニ於テハ第三十七條ノ規定ヲ準用ス

第七十八條　交通部大臣必要アリト認ムルトキハ建築主又ハ建築工事施工者ニ對シ其ノ管理ニ屬スル工事用施設若ハ機器ノ供用又ハ勞務者ノ使用、保有若ハ移動ニ付命令ヲ爲スコトヲ得

第八章　雜則

第七十九條　公共團體ガ事業施行ノ爲取得セル建築物又ハ土地ニ付登錄ヲ爲ストキハ不動産登錄税ハ之ヲ課セズ地方税ハ之ヲ課スルコトヲ得ズ

前項ノ規定ハ第五十一條第二項ノ規定ニ依ル登錄ヲ爲ス場合ニ之ヲ準用ス

第八十條　交通部大臣建築物ノ管理保全竝ニ需給調整上必要アリト認ムルトキハ建築物管理組合ヲ設ケシムルコトヲ得

建築物管理組合ニ關シテハ別ニ之ヲ定ム

第八十一條　本法又ハ本法ニ基キテ發スル命令ハ工事中ノ建

築物又ハ交通部大臣ノ指定スル工作物若ハ工事中ノ工作物ニ之ヲ準用ス

第八十二條　交通部大臣ハ其ノ指定スル建築物ニ付本法ノ一部又ハ全部ヲ適用セザルコトヲ得

第八十三條　建築學上特ニ保存ノ必要アル建築物又ハ工作物ハ交通部大臣之ヲ指定シ所有者又ハ管理者ヲシテ之ヲ保存セシムルコトヲ得

前項ノ規定ニ依リ指定セラレタル建築物又ハ工作物ノ維持管理其ノ他必要ナル事項ニ關シテハ交通部大臣之ヲ定ム

第八十四條　交通部大臣必要アリト認ムルトキハ團體又ハ個人ヲ指定シ建築ニ關スル研究又ハ調査ヲ爲サシムルコトヲ得

前項ノ研究調査ニ要スル費用ハ國庫ノ負擔トス

第八十五條　交通部大臣ハ建築ニ關スル創意發明ノ助成ニ關シ必要ナル規定ヲ設クルコトヲ得

第八十六條　地方官署ハ建築物又ハ土地ノ損失補償金等ニ充ツル爲建築ノ認可、建築資材ノ試驗檢定又ハ檢査等ニ關シ手數料ヲ徴收スルコトヲ得

前項ノ手數料ハ地方官署ノ統轄スル公共團體ノ收入トス

地方官署第一項ノ手數料ヲ徴收セントスルトキハ條例ヲ定メ交通部大臣ノ認可ヲ受クベシ

第八十七條　本法ニ於テ建築士ト稱スルハ建築ノ設計、監督ニ從事スル者ヲ謂フ

交通部大臣ハ建築士ニ關シ公益上又ハ統制上必要ナル事項ヲ定ムルコトヲ得

第八十八條　當該官署必要アリト認ムルトキハ建築主、建築設計業者又ハ建築工事施工者、建築工事管理者若ハ建築用資材ノ製造販賣若ハ供出者又ハ建築物ノ所有者、管理者又ハ占有者ニシテ設計工事又ハ資材ノ製造、保有若ハ供出又ハ建築物ノ利用狀況等ニ關シ必要ナル報告ヲ爲サシメ又ハ所屬職員ヲシテ建築物其ノ他ノ場所ニ立入リ建築物、業務、資材、帳簿書類其ノ他ノ物件ノ調査若ハ檢査ヲ行ハシムルコトヲ得

前項ノ規定ニ依リ所屬職員其ノ職務ヲ執行スル場合ニ於テハ其ノ身分ヲ證スル書面ヲ携帶スベシ

第八十九條　交通部大臣ノ指定スル建築物ノ設計又ハ工事施行ニ付地方官署必要アリト認ムルトキハ監督上必要ナル命令ヲ發シ又ハ所屬職員ヲシテ工事ノ施工ヲ監督セシムルコトヲ得此ノ場合ニ於テハ前條ノ規定ヲ準用ス

第九十條　地方官署ハ本法又ハ本法ニ基キテ發スル命令ニ依リ送付スベキ書類ヲ其ノ受取ルベキ者ノ住所又ハ居所ノ不分明其ノ他ノ事由ニ因リ送付スルコト能ハザル場合ハ交通部大臣ノ定ムル所ニ依リ告示スベシ

前項ノ規定ニ依リ告示ヲ爲シタル場合ニ於テ其ノ告示ヲ爲シタル日ノ翌日ヨリ起算シ二十日ヲ經過シタルトキハ其ノ末日ニ於テ書類ノ到達アリタルモノト看做ス

第九十一條　行政官署ハ本法又ハ本法ニ基キテ發スル命令ニ依ル許可又ハ認可ノ申請ニ對シ申請ノ趣旨ニ反セズト認ムル範圍内ニ於テ更正シテ許可又ハ認可ヲ與フルコトヲ得

行政官署ハ前項ノ許可又ハ認可ニ必要ナル條件ヲ附スルコトヲ得

第九十二條　交通部大臣ハ本法ニ基ク權限ノ一部ヲ省長又ハ新京特別市長ニ委任スルコトヲ得

省長ハ交通部大臣ノ認可ヲ得テ前項ノ規定ニ依リ委任セラレタル權限ノ一部ヲ市長、縣長又ハ旗長ニ委任スルコトヲ得

第九章　罰則

第九十三條　交通部大臣ノ指定スル建築物ノ設計又ハ工事施行ノ瑕疵ニ因リ人命ニ傷害ヲ生ジタルトキニ於テ其ノ瑕疵ガ建築物ノ設計者又ハ施工者ノ故意又ハ過失ニ因リタルモノナルトキハ五年以下ノ徒刑又ハ一萬圓以下ノ罰金ニ處ス

第九十四條　第二條又ハ第三十三條ノ許可ヲ受ケズシテ建築物ヲ新築又ハ移築シタル者ハ三年以下ノ徒刑又ハ五千圓以下ノ罰金ニ處シ其ノ資材ハ之ヲ没收ス

没收シタル資材ハ之ヲ地方官署ノ統轄スル公共團體又ハ交通部大臣ノ指定シタル者ニ無償下付スベシ

第九十五條　左ノ各號ノ一ニ該當スル者ハ三年以下ノ徒刑又ハ五千圓以下ノ罰金ニ處ス

一　第五十五條第一項ノ規定ニ依ル命令又ハ第五十八條ノ規定ニ依ル禁止制限ニ違反シタル者

二　第七十條又ハ第七十五條ノ規定ニ違反シタル者

三　第七十六條第一項、第二項又ハ第七十七條ノ規定ニ基ク命令又ハ處分ニ違反シタル者

第九十六條　第三十二條ノ規定ニ基ク命令又ハ處分ニ違反シタル者ハ二年以下ノ徒刑又ハ三千圓以下ノ罰金ニ處ス

第九十七條　左ノ各號ノ一ニ該當スル者ハ一年以下ノ徒刑又ハ二千圓以下ノ罰金又ハ拘留若ハ科料ニ處ス

一　第二條ノ規定ニ依ル届出ヲ爲サズ又ハ虚僞ノ届出ヲ侍シタル者

二　第十條乃至第十二條、第十九條、第二十一條第一項、第二十二條第一項、第二項、第二十三條、第二十五條、第二十八條、第六十四條若ハ第七十條ノ規定ニ違反シタル者又ハ第二條ノ許可ヲ受ケズシテ建築物ノ增築、改築、移轉若ハ除却ヲ爲シタル者

三　第十四條第三項、第十五條、第十七條、第十八條、第二十四條、第二十七條、第三十條、第三十五條、第五十五條第三項、第五十六條第一項、第五十八條乃至第六十條、第七十一條乃至第七十四條、第八十三條、第八十七條又ハ第八十九條ノ規定ニ基ク命令又ハ處分ニ違反シタル者

四　第八十八條ノ規定ニ依リ命ゼラレタル報告ヲ爲サズ又ハ虚僞ノ報告ヲ爲シタル者

五　當該官吏ノ職務ノ執行ヲ阻障シ又ハ訊問ニ對シ答辨ヲ爲サズ若ハ虚僞ノ答辨ヲ爲シタル者

第九十八條　前三條ノ規定ノ適用ニ付テハ康德五年勅令第二百二十五條行政法規ノ罰則適用ニ關スル件ニ依ル

附則

本法ハ康德　年　月ヨリ之ヲ施行ス

本法及本法ニ基ク命令ノ規定ハ都邑計畫區域及交通部大臣ノ指定スル地域ニ之ヲ適用ス

筆者は修士課程修了後直ちに横浜市役所に就職しましたが、一人でこっそりと研究を続けて今日に至っています。学会への論文投稿は修士論文の発表に始まり、主に日本統治時代の朝鮮や台湾の都市計画をとりあげています。市役所での実務としては、みなとみらい21地区の基盤整備や景観制度の運用、横浜港港湾計画の全面改訂、戸塚駅周辺土地区画整理の地区計画への転換等を経験しています。職務の一環でいろいろと妙なことを考案したこともありましたので、研究テーマになりそうな題材はあるものの、①生々しい事実を穏当に表現しにくい、②守秘義務があるので情報開示手続きが必要、③憂鬱な人間関係を思い出したくない、などの大人の事情があるため、論文への表現は控えてきました。

近年の成果の一部を「日本外地都市計画制度史研究」としてとりまとめたところ、日本都市計画学会論文賞を受賞することができました。その受賞論文に、韓国や台湾の現代の都市計画につながる章（第3章）を加え、再整理したものが本書です。学会に投稿した論文との対応関係は概ね次のとおりです。大幅な加筆修正を経ていて、また紙面の制約から、すべてが本書に収録されているわけではありません。個別のマニアックな議論に興味のある方は、原典をご参照いただければ幸いです。

第1章　書き下ろし

第2章
・五島寧（二〇一七）「外地都市計画法令の比較研究」『都市計画論文集』No.52‐3、九〇七〜九一四頁
・五島寧（一九九三）「「京城」の街路建設に関する歴史的研究」『土木史研究』第13号（審査付論文）、九三〜一〇四頁
・五島寧（一九九四）「植民地「京城」における総督府庁舎と朝鮮神宮の設置に関する研究」『第29回日本都市計画学会学術研究論文集』五四一〜五四六頁

第3章
・五島寧（一九九六）「台北の公園道路に関する歴史的研究」『第31回日本都市計画学会学術研究論文集』二六五〜二七〇頁
・五島寧（一九九八）「日本統治下の台北城内の街区形成に関する研究」『土木史研究』第18号（審査付論文）、一〇三〜一一六頁
・五島寧（一九九九）「日本統治下台北市街艋舺・大稲埕の街区形成に関する研究」『土木史研究』第19号（審査付論文）、五三〜六二頁
・五島寧（二〇〇五）「京城市区改正と朝鮮神宮の関係についての歴史的研究」『都市計画論文集』No.40‐3、二三五〜二四〇頁
・五島寧（二〇一〇）「台北城の伝統的計画原理と日本統治下の台北

市区計画における改編に関する論説」『都市計画論文集』No.45-3、二二九〜二三四頁
・五島寧（二〇一三）「京城の市街地整備における日本人居留地の影響に関する研究」『都市計画論文集』No.48-3、五一三〜五一八頁

第4章

・五島寧（二〇一九）「外地における都市計画・建築法令一体化に対する『地方計画論』の影響に関する研究」『都市計画論文集』No.54-3、五八六〜五九二頁
・五島寧（二〇二一）「韓国・台湾の法整備における都市計画・建築法令分離の背景に関する研究」『都市計画論文集』No.56-3、一〇三一〜一〇三八頁
・五島寧（二〇一五）「関東州計画令の土地利用規制に関する研究」『都市計画論文集』No.50-3、七九四〜七九九頁

第5章

・五島寧（二〇一六）「満州国都邑計画法再考」『都市計画論文集』No.51-3、一一三七〜一一四四頁
・五島寧（二〇一七）「外地都市計画法令の比較研究」『都市計画論文集』No.52-3、九〇七〜九一四頁
・五島寧（二〇一九）「外地における都市計画・建築法令一体化に対する『地方計画論』の影響に関する研究」『都市計画論文集』No.54-3、五八六〜五九二頁

第6章　・五島寧（二〇一六）「満州国都邑計画法再考」『都市計画論文集』No.51‐3、一一三七～一一四四頁
・五島寧（二〇一七）「外地都市計画法令の比較研究」『都市計画論文集』No.52‐3、九〇七～九一四頁
・五島寧（二〇二〇）「満州国都市計画制度「先進性」再考」『都市計画論文集』No.55‐3、一三一八～一三二五頁

第7章　・五島寧（二〇一七）「外地都市計画法令の比較研究」『都市計画論文集』No.52‐3、九〇七～九一四頁
・五島寧（二〇一八）「満州国国都建設計画再考」『都市計画論文集』No.53‐3、六七六～六八三頁
・五島寧（二〇二〇）「満州国都市計画制度「先進性」再考」『都市計画論文集』No.55‐3、一三一八～一三二五頁

第8章　・五島寧（二〇一四）「朝鮮市街地計画令と台湾都市計画令の特長に関する研究」『都市計画論文集』No.49‐3、五一三～五一八頁
・五島寧（二〇二一）「韓国・台湾の法整備における都市計画・建築法令分離の背景に関する研究」『都市計画論文集』No.56‐3、一〇三一～一〇三八頁

第9章　書き下ろし

本書で考察してきたとおり、満州国の都市計画制度は、既成市街地の整序を放

棄することで理想型を追求しています。制度の体系化は進んでいても、個別の手法はその時代なりの技術水準を越えていません。京城や台北の市区改正は、伝統的な計画原理を作為的に破壊できるほど体系的な知見を持っていたわけではなく、また、複数の官庁施設や神社の系統的な配置を弄して、景観を演出するノウハウを擁していたわけでもありません。外地都市計画を巡るこれまでの肯定的・否定的言説には、多分に過大評価が含まれていると筆者は考えています。

外地都市計画の一面に理想像を仮託し、預言者然として今日の都市計画を問うかのような言説には注意が必要です。現場の実務者の一人としては、先人たちを神格化してありがたがるよりも、目の前の問題に向き合って自身の頭で答えを出すことの方が遥かに生産的と考えます。

本書が世に出ることになったのは、学会懇親会での饗庭伸さん（東京都立大学）との立ち話が発端です。ご紹介いただいた渡辺奈美さん（鹿島出版会）の尋常ならざる熱意と、青井哲人さん（明治大学）、中島直人さん（東京大学）の推薦を得て出版が具体化しました。この場を借りてお礼申し上げます。

二〇二四年三月

著者

著者

五島　寧（ごとう　やすし）

一九六六年生まれ。

一九八八年早稲田大学理工学部土木工学科卒業、一九九〇年東京工業大学大学院総合理工学研究科社会開発工学専攻修士課程修了。

一九九〇年から横浜市役所勤務、みなとみらい21地区の基盤整備や景観制度の運用、横浜港港湾計画の全面改訂等を担当。並行して、一九九六年東京工業大学から博士（工学）の学位を取得、二〇〇〇年慶應義塾大学法学部通信教育課程乙類卒業。

本書の元となる「日本外地都市計画制度史研究」で二〇二一年度日本都市計画学会学会賞（論文賞）を受賞。

日本《にほん》外地《がいち》都市《とし》計画《けいかく》史《し》

二〇二四年九月一五日第一刷発行

著　者　五島《ごとう》　寧《やすし》

発行者　新妻　充

発行所　鹿島出版会
〒一〇四－〇〇六一
東京都中央区銀座六－一七－一
銀座6丁目-SQUARE　七階
電話　〇三－六二六四－二三〇一
振替　〇〇一六〇－二－一八〇八八三

印刷・製本　壮光舎印刷

デザイン　日向麻梨子（オフィスヒューガ）

ISBN 978-4-306-07369-2 C3052

URL https://www.kajima-publishing.co.jp
e-mail info@kajima-publishing.co.jp